U0062764

科学出版社"十四五"普通高等教育本科规划教材
大学数学系列教材

线性代数

（第三版）

主　编　李福乐
副主编　黄凯美　刘振斌　杨　雪
许　洋　徐　英

科学出版社
北　京

内 容 简 介

本书较全面地介绍了线性代数的主要内容. 全书共 6 章,介绍了行列式、n 维向量、矩阵、线性方程组、方阵的特征值和特征向量、二次型. 本书结构严谨,条理清晰,例题与习题难度适中且题型丰富. 每章后面都附有一篇阅读材料,或介绍一则基础知识,或给出一种重要方法,便于学生查阅和开阔视野. 书后附有习题参考答案、自测题、自测题参考答案与提示、参考文献、线性代数知识应用案例以及 MATLAB 示例.

本书可作为高等农林院校非数学类各专业线性代数课程的教材,也可供其他高等院校非数学类各专业学生、自学者和科技工作者参考使用.

图书在版编目(CIP)数据

线性代数/李福乐主编. —3 版. —北京:科学出版社,2024. 1
科学出版社"十四五"普通高等教育本科规划教材 大学数学系列教材
ISBN 978-7-03-077189-6

Ⅰ. ①线… Ⅱ. ①李… Ⅲ. ①线性代数-高等学校-教材 Ⅳ. ①O151. 2

中国国家版本馆 CIP 数据核字(2023)第 240837 号

责任编辑:王 静 李香叶 / 责任校对:樊雅琼
责任印制:师艳茹 / 封面设计:陈 敬

科学出版社 出版
北京东黄城根北街 16 号
邮政编码:100717
http://www.sciencep.com
石家庄继文印刷有限公司 印刷
科学出版社发行 各地新华书店经销
*
2017 年 1 月第 一 版 开本:720×1000 1/16
2024 年 1 月第 三 版 印张:14
2024 年 1 月第十一次印刷 字数:282 000

定价:45. 00 元

(如有印装质量问题,我社负责调换)

《线性代数》(第三版)编委会

主　编　李福乐

副主编　黄凯美　刘振斌　杨　雪　许　洋　徐　英

编　委　(以姓名汉语拼音为序)

黄凯美　李福乐　刘　倩　刘振斌　吴　慧

辛永训　邢海龙　徐　英　许　洋　杨　雪

赵　静

前　言

本书是根据授课教师及广大学生在使用前版的过程中提出的意见和建议修订而成的.在修订过程中,我们坚持以人为本、因材施教、夯实基础、创新应用的原则,合理利用信息化手段解决数学知识的逻辑性强却抽象难懂等教学难点问题.本次修订的主要内容为

1. 对教材中的部分内容进一步精炼,使得语句更加简练、通俗易懂.

2. 对部分内容进行优化和删减.

3. 增加和更换了部分例题和习题.

4. 将习题进行梳理和分类:(A)为基础题,(B)为难度较高一些的习题.学生可根据自己的情况进行选择.

5. 对重点和难点录制微视频,读者可通过扫描书中的二维码进行观看.

6. 书后附线性代数知识应用案例和 MATLAB 示例.

本书在修订过程中,我们参阅了大量的各种版本的同类教材,并借鉴了一些经典例题和习题,在此表示由衷的感谢!

由于编者水平有限,书中难免出现疏漏,恳请广大读者批评指正!

编　者

2023 年 7 月

第一版前言

线性代数作为一门基础数学课程，其基本概念、理论和方法具有较强的逻辑性、抽象性和广泛的应用性，它不仅是一些数学后继课程的重要基础，同时也是自然科学和工程技术等领域中重要的数学工具.学生通过该课程的学习，可以掌握该课程的基本理论和基本方法，且对学生其他能力的培养（如逻辑推理能力、抽象思维能力）和数学素养的提高也有着重要的作用.

本书是根据全国高等农林院校“十三五”规划教材编写基本要求和高等农业院校数学教学大纲要求编写而成的.在编写过程中，既注重线性代数课程本身结构的科学性、系统性、严谨性，又深入浅出、通俗易懂，同时突出有关理论、方法的应用.在例题与习题的选择上注重代表性，旨在提高学生的计算和解决实际问题的能力.本书共 7 章，主要内容为行列式、n 维向量、矩阵、线性方程组、方阵的特征值和特征向量、二次型以及线性空间与线性变换.考虑到农、林、医、生物类专业之间的差异，打“*”部分可由执教老师自定取舍.为了拓展学生视野，提高学生兴趣，每章末编写了阅读材料，希望有益于本课程的学习.书后有习题参考答案、自测题以及自测题参考答案与提示.

由于编者水平所限，不当之处在所难免，恳请广大读者和使用本教材的师生批评指正.

编　者

2016 年 12 月

目　　录

第一章　行　列　式

中学数学中一个非常重要的内容就是一次方程(组),从一元一次方程、二元一次方程组、三元一次方程组到较为多元的一次方程组,解法往往是换元、替代或高斯消元.对于多元一次方程组而言,用中学的方法求解显然是比较繁杂的,所以进一步研究一次方程组的解法是很有必要的,而行列式是研究一次方程组的重要数学工具之一.本章在对行列式概念和性质讨论的基础上,深入阐述行列式的展开定理和克拉默法则,并介绍拉普拉斯定理与行列式乘法.

1.1　行列式的概念

一、排列和逆序数

在给出行列式定义之前,首先介绍排列的有关概念和结论.先看一个例子.

例 1　用 1,2,3 三个数字,可以组成多少个没有重复数字的三位数?

解　有 6 个不同的三位数,它们是 123,132,213,231,312,321.

同理,对于 n 个不同的数字,也可以作类似的排列.

定义 1　由 n 个正整数 $1,2,\cdots,n$ 组成的一个有序数组称为一个 n 元排列.

一般常用 $j_1j_2\cdots j_n$ 表示一个 n 元排列,其中 j_1 是该排列的第 1 个数,j_2 是该排列的第 2 个数,以此类推.显然,由数集 $\{1,2,\cdots,n\}$ 组成的所有 n 元排列的种数为 $n!$.下面用逆序来对排列进行分类.

定义 2　在一个排列中,若有一个大数排在一个小数之前(即左边),则称这两个数构成该排列的一个逆序(反序).一个排列中逆序的总数,称为该排列的逆序数(反序数),记作 $\tau(j_1j_2\cdots j_n)$.逆序数是偶数的排列称为偶排列,逆序数是奇数的排列称为奇排列.

接下来讨论排列 $j_1j_2\cdots j_n$ 的逆序数的计算.考虑排列中的第 k 个位置上的数 $j_k(k=1,2,\cdots,n)$,如果比 j_k 大的且排在 j_k 前面的数有 a_k 个,则由 j_k 构成的逆序数就是 a_k,由此可得该排列的逆序数就是

$$\tau(j_1j_2\cdots j_n)=a_1+a_2+\cdots+a_n=\sum_{k=1}^{n}a_k.$$

例 2　求排列 24135 的逆序数.

解　在该排列中,2 排在首位,逆序数 $a_1=0$;4 的前面比 4 大的数没有,逆序数 $a_2=0$;1 的前面比 1 大的数有 2 和 4,逆序数 $a_3=2$;3 的前面比 3 大的数有 4,逆

序数 $a_4=1$；5 的前面比 5 大的数没有，逆序数 $a_5=0$. 所以该排列的逆序数 $\tau(24135)=0+0+2+1+0=3$.

二、二阶与三阶行列式

在线性代数发展的过程中，行列式的研究源于对线性方程组的研究. 例如，在中学时求解二元一次线性方程组

$$\begin{cases} a_{11}x+a_{12}y=b_1, \\ a_{21}x+a_{22}y=b_2, \end{cases} \tag{1}$$

用加减消元法不难求出，当 $a_{11}a_{22}\neq a_{12}a_{21}$ 时，得到解

$$x=\frac{b_1a_{22}-a_{12}b_2}{a_{11}a_{22}-a_{12}a_{21}},\quad y=\frac{a_{11}b_2-b_1a_{21}}{a_{11}a_{22}-a_{12}a_{21}}. \tag{2}$$

现把方程组(1)中的未知数系数按照下标次序排列在一起

$$\begin{matrix} a_{11} & a_{12} \\ a_{21} & a_{22} \end{matrix} \tag{3}$$

从(2)式的结果可以看出，分母正好是(3)式排列的对角线乘积之差.

定义 3　$\begin{vmatrix} a_{11} & a_{12} \\ a_{21} & a_{22} \end{vmatrix}$ 叫作一个二阶行列式，它的值定义为

$$a_{11}a_{22}-a_{12}a_{21},$$

即

$$\begin{vmatrix} a_{11} & a_{12} \\ a_{21} & a_{22} \end{vmatrix}=a_{11}a_{22}-a_{12}a_{21},$$

其中，a_{ij} 表示第 i 行第 j 列(i,j 分别为行标和列标)位置上的元素.

由此，若记

$$D=\begin{vmatrix} a_{11} & a_{12} \\ a_{21} & a_{22} \end{vmatrix},\quad D_1=\begin{vmatrix} b_1 & a_{12} \\ b_2 & a_{22} \end{vmatrix},\quad D_2=\begin{vmatrix} a_{11} & b_1 \\ a_{21} & b_2 \end{vmatrix},$$

则(2)式可写成

$$x=\frac{D_1}{D},\quad y=\frac{D_2}{D}.$$

用这个公式可以求解二元一次方程组，请读者自己检验.

注意，在 $a_{11}a_{22}-a_{12}a_{21}$ 里，从 $a_{11}a_{22}$ 到 $-a_{12}a_{21}$，行标顺序没有变，而列标的顺序颠倒了，并且 $a_{11}a_{22}$ 中的列标逆序数为 0(偶数)，它的系数就为正数；反之，$-a_{12}a_{21}$ 的列标逆序数为 1(奇数)，它的系数为负数，这是巧合吗？下面来看三阶行列式.

定义 4　$\begin{vmatrix} a_{11} & a_{12} & a_{13} \\ a_{21} & a_{22} & a_{23} \\ a_{31} & a_{32} & a_{33} \end{vmatrix}$ 叫作一个三阶行列式，它的值定义为

$$a_{11}a_{22}a_{33}+a_{12}a_{23}a_{31}+a_{13}a_{21}a_{32}-a_{11}a_{23}a_{32}-a_{12}a_{21}a_{33}-a_{13}a_{22}a_{31},$$

即

$$\begin{vmatrix} a_{11} & a_{12} & a_{13} \\ a_{21} & a_{22} & a_{23} \\ a_{31} & a_{32} & a_{33} \end{vmatrix}=a_{11}a_{22}a_{33}+a_{12}a_{23}a_{31}+a_{13}a_{21}a_{32}-a_{11}a_{23}a_{32}-a_{12}a_{21}a_{33}-a_{13}a_{22}a_{31},$$

其中 $a_{ij}(i,j=1,2,3)$ 表示第 i 行第 j 列(i,j 分别为行标和列标)位置上的元素.

例 3 计算三阶行列式

$$D=\begin{vmatrix} 4 & -7 & 2 \\ 5 & 3 & 6 \\ 1 & 1 & -1 \end{vmatrix}.$$

解 按三阶行列式的定义代入便有

$$\begin{aligned} D &= 4\times3\times(-1)+(-7)\times6\times1+2\times5\times1 \\ &\quad -4\times6\times1-(-7)\times5\times(-1)-2\times3\times1 \\ &= -12-42+10-24-35-6=-109. \end{aligned}$$

同理,在 $a_{11}a_{22}a_{33}+a_{12}a_{23}a_{31}+a_{13}a_{21}a_{32}-a_{11}a_{23}a_{32}-a_{12}a_{21}a_{33}-a_{13}a_{22}a_{31}$ 里,从正项到负项每项 $a_{1j_1}a_{2j_2}a_{3j_3}$ 行标的顺序没有变,而列标的顺序变了,并且正项的列标逆序数为偶数,负项的列标逆序数为奇数,看来这不是巧合. 这样三阶行列式可表示为

$$\begin{vmatrix} a_{11} & a_{12} & a_{13} \\ a_{21} & a_{22} & a_{23} \\ a_{31} & a_{32} & a_{33} \end{vmatrix}=\sum_{j_1j_2j_3}(-1)^{\tau(j_1j_2j_3)}a_{1j_1}a_{2j_2}a_{3j_3},$$

其中 $\sum\limits_{j_1j_2j_3}$ 表示对所有三元排列 $j_1j_2j_3$ 求和. 由此可以给出 n 阶行列式的定义.

三、n 阶行列式

行列式的定义

定义 5 将 n^2 个数按 n 行 n 列排列为

$$\begin{vmatrix} a_{11} & a_{12} & \cdots & a_{1n} \\ a_{21} & a_{22} & \cdots & a_{2n} \\ \vdots & \vdots & & \vdots \\ a_{n1} & a_{n2} & \cdots & a_{nn} \end{vmatrix}$$

叫作一个 n 阶行列式,它的值定义为

$$\sum_{j_1j_2\cdots j_n}(-1)^{\tau(j_1j_2\cdots j_n)}a_{1j_1}a_{2j_2}\cdots a_{nj_n},$$

即

$$\begin{vmatrix} a_{11} & a_{12} & \cdots & a_{1n} \\ a_{21} & a_{22} & \cdots & a_{2n} \\ \vdots & \vdots & & \vdots \\ a_{n1} & a_{n2} & \cdots & a_{nn} \end{vmatrix} = \sum_{j_1 j_2 \cdots j_n} (-1)^{\tau(j_1 j_2 \cdots j_n)} a_{1j_1} a_{2j_2} \cdots a_{nj_n},$$

其中 $\sum\limits_{j_1 j_2 \cdots j_n}$ 表示对所有 n 元排列 $j_1 j_2 \cdots j_n$ 求和.

例 4 证明上三角行列式

$$D = \begin{vmatrix} a_{11} & a_{12} & \cdots & a_{1n} \\ 0 & a_{22} & \cdots & a_{2n} \\ \vdots & \vdots & & \vdots \\ 0 & 0 & \cdots & a_{nn} \end{vmatrix} = a_{11} a_{22} \cdots a_{nn}.$$

证 我们只关心 D 的展开式中不为零的那些项. D 的展开式是

$$D = \sum_{j_1 j_2 \cdots j_n} (-1)^{\tau(j_1 j_2 \cdots j_n)} a_{1j_1} a_{2j_2} \cdots a_{nj_n}.$$

由于 D 的第 n 行元素除去 a_{nn} 外全是零,所以只要考虑 $j_n = n$ 的那些项;同理,D 的第 $n-1$ 行只需考虑 $j_{n-1} = n-1$. 逐步推导下去,在 D 的展开式中,除 $a_{11} a_{22} \cdots a_{nn}$ 这项外,其余项全为零,且此项前的系数为 $(-1)^{\tau(12\cdots n)} = 1$.

另外,由这个结论可得

$$\begin{vmatrix} a_{11} & & & \\ & a_{22} & & \\ & & \ddots & \\ & & & a_{nn} \end{vmatrix} = a_{11} a_{22} \cdots a_{nn}.$$

同理可得

$$\begin{vmatrix} a_{11} & 0 & \cdots & 0 \\ a_{21} & a_{22} & \cdots & 0 \\ \vdots & \vdots & & \vdots \\ a_{n1} & a_{n2} & \cdots & a_{nn} \end{vmatrix} = a_{11} a_{22} \cdots a_{nn}$$

和

$$\begin{vmatrix} & & & a_{1n} \\ & & a_{2,n-1} & \\ & \iddots & & \\ a_{n1} & & & \end{vmatrix} = (-1)^{\frac{n(n-1)}{2}} a_{1n} a_{2,n-1} \cdots a_{n1}.$$

1.2 行列式的性质

一、排列的对换

在研究 n 阶行列式的性质之前必须要了解排列的性质.

定义 6 在排列中任意对调两个元素,其余的元素不动,这一过程被称为对换.若两个元素相邻,则称为相邻对换.

定理 1 每作一个对换,排列的逆序数改变奇偶性.

证* 先看相邻情况,设

$$\cdots ab \cdots \to \cdots ba \cdots.$$

在这种情况下,a 和 b 与其他数是否构成逆序的事实没有改变.不同的只是对换了 a 与 b 的次序.若原来它们不构成逆序,那么对换后,排列的逆序数增加 1;反之减少 1.因此,相邻数的对换改变了排列的奇偶性.

再看一般情况,设

$$\cdots a j_1 j_2 \cdots j_s b \cdots \to \cdots b j_1 j_2 \cdots j_s a \cdots.$$

显然,这个对换总可以通过一系列的相邻对换来实现.先把 a 与 j_1 对换,再与 j_2 对换,…,即把 a 一位一位地向右移,则经过 $s+1$ 次相邻的对换,就变成了

$$\cdots a j_1 j_2 \cdots j_s b \cdots \to \cdots j_1 j_2 \cdots j_s b a \cdots.$$

同样,再把 b 一位一位相邻左移,经过 s 次相邻的对换可得

$$\cdots j_1 j_2 \cdots j_s b a \cdots \to \cdots b j_1 j_2 \cdots j_s a \cdots.$$

因此,a,b 的对换可以通过 $2s+1$ 次相邻的对换来实现.前面已证明相邻的对换改变排列的奇偶性,显然,$2s+1$ 次相邻对换的最终结果还是改变排列的奇偶性.

定理 2 n 阶行列式也可定义为

$$\begin{vmatrix} a_{11} & a_{12} & \cdots & a_{1n} \\ a_{21} & a_{22} & \cdots & a_{2n} \\ \vdots & \vdots & & \vdots \\ a_{n1} & a_{n2} & \cdots & a_{nn} \end{vmatrix} = \sum_{i_1 i_2 \cdots i_n} (-1)^{\tau(i_1 i_2 \cdots i_n)} a_{i_1 1} a_{i_2 2} \cdots a_{i_n n}.$$

证 按行列式定义,原式有

$$D = \sum_{j_1 j_2 \cdots j_n} (-1)^{\tau(j_1 j_2 \cdots j_n)} a_{1 j_1} a_{2 j_2} \cdots a_{n j_n},$$

记

$$D_1 = \sum_{i_1 i_2 \cdots i_n} (-1)^{\tau(i_1 i_2 \cdots i_n)} a_{i_1 1} a_{i_2 2} \cdots a_{i_n n},$$

对于 D 中任一项 $(-1)^{\tau(j_1 j_2 \cdots j_n)} a_{1 j_1} a_{2 j_2} \cdots a_{n j_n}$,经过因子的交换便得到 D_1 中的唯一一项 $(-1)^{\tau(i'_1 i'_2 \cdots i'_n)} a_{i'_1 1} a_{i'_2 2} \cdots a_{i'_n n}$,以下只需说明 $\tau(j_1 j_2 \cdots j_n)$ 与 $\tau(i'_1 i'_2 \cdots i'_n)$ 的奇偶性

相同即可. 每进行一次因子的交换,行排列和列排列都发生一次对换,由定理 1 可知,行排列和列排列的奇偶性同时改变,而行排列由偶排列 $12\cdots n$ 变成排列 $i'_1 i'_2\cdots i'_n$,列排列则由排列 $j_1 j_2\cdots j_n$ 变成偶排列 $12\cdots n$,所以排列 $i'_1 i'_2\cdots i'_n$ 与 $j_1 j_2\cdots j_n$ 有相同的奇偶性. 于是,$D=D_1$.

二、行列式的性质

定义 7　称行列式

$$\begin{vmatrix} a_{11} & a_{21} & \cdots & a_{n1} \\ a_{12} & a_{22} & \cdots & a_{n2} \\ \vdots & \vdots & & \vdots \\ a_{1n} & a_{2n} & \cdots & a_{nn} \end{vmatrix}$$

是行列式

$$D=\begin{vmatrix} a_{11} & a_{12} & \cdots & a_{1n} \\ a_{21} & a_{22} & \cdots & a_{2n} \\ \vdots & \vdots & & \vdots \\ a_{n1} & a_{n2} & \cdots & a_{nn} \end{vmatrix}$$

的转置行列式,记为 D^{T}.

性质 1　行列式和它的转置行列式相等.

证　根据行列式的定义不难得到

$$D^{\mathrm{T}}=\sum_{j_1 j_2\cdots j_n}(-1)^{\tau(j_1 j_2\cdots j_n)}a_{j_1 1}a_{j_2 2}\cdots a_{j_n n}.$$

行列式的性质

再由定理 2 即可得出结论.

性质 1 告诉我们这样一个事实:行列式中行具有的性质列也具有. 这使得性质的证明过程省掉一半,即只对行(或列)证明即可.

性质 2　互换行列式的两行(或列),行列式变号.

为了便于书写,往往以 r_i 表示行列式的第 i 行,以 c_i 表示行列式的第 i 列. 交换两行记作 $r_i\leftrightarrow r_j(i\neq j)$,交换两列记作 $c_i\leftrightarrow c_j(i\neq j)$.

推论 1　若行列式有两行(或列)完全相同,则行列式为零.

证　把这两行互换,有 $D=-D$,故 $D=0$.

性质 3　行列式的某一行(或列)中所有的元素都乘以同一个数 k,等于用数 k 乘以此行列式,即

$$kD=k\begin{vmatrix} a_{11} & a_{12} & \cdots & a_{1n} \\ \vdots & \vdots & & \vdots \\ a_{i1} & a_{i2} & \cdots & a_{in} \\ \vdots & \vdots & & \vdots \\ a_{n1} & a_{n2} & \cdots & a_{nn} \end{vmatrix}=\begin{vmatrix} a_{11} & a_{12} & \cdots & a_{1n} \\ \vdots & \vdots & & \vdots \\ ka_{i1} & ka_{i2} & \cdots & ka_{in} \\ \vdots & \vdots & & \vdots \\ a_{n1} & a_{n2} & \cdots & a_{nn} \end{vmatrix}.$$

第 i 行(或列)乘以 k,记作 kr_i(或 kc_i).

结合推论 1 立得以下推论.

推论 2 行列式中如果有两行(或列)的元素成比例,则此行列式等于零.

性质 2、性质 3 直接由行列式定义不难验证(略).

性质 4 若行列式的某一行(或列)的元素都是两数之和:

$$D=\begin{vmatrix} a_{11} & a_{12} & \cdots & a_{1n} \\ a_{21} & a_{22} & \cdots & a_{2n} \\ \vdots & \vdots & & \vdots \\ a_{i1}+a'_{i1} & a_{i2}+a'_{i2} & \cdots & a_{in}+a'_{in} \\ \vdots & \vdots & & \vdots \\ a_{n1} & a_{n2} & \cdots & a_{nn} \end{vmatrix},$$

则

$$D=\begin{vmatrix} a_{11} & a_{12} & \cdots & a_{1n} \\ a_{21} & a_{22} & \cdots & a_{2n} \\ \vdots & \vdots & & \vdots \\ a_{i1} & a_{i2} & \cdots & a_{in} \\ \vdots & \vdots & & \vdots \\ a_{n1} & a_{n2} & \cdots & a_{nn} \end{vmatrix}+\begin{vmatrix} a_{11} & a_{12} & \cdots & a_{1n} \\ a_{21} & a_{22} & \cdots & a_{2n} \\ \vdots & \vdots & & \vdots \\ a'_{i1} & a'_{i2} & \cdots & a'_{in} \\ \vdots & \vdots & & \vdots \\ a_{n1} & a_{n2} & \cdots & a_{nn} \end{vmatrix}.$$

证 由行列式的定义,

$$\begin{aligned} D &= \begin{vmatrix} a_{11} & a_{12} & \cdots & a_{1n} \\ a_{21} & a_{22} & \cdots & a_{2n} \\ \vdots & \vdots & & \vdots \\ a_{i1}+a'_{i1} & a_{i2}+a'_{i2} & \cdots & a_{in}+a'_{in} \\ \vdots & \vdots & & \vdots \\ a_{n1} & a_{n2} & \cdots & a_{nn} \end{vmatrix} \\ &= \sum_{j_1j_2\cdots j_n}(-1)^{\tau(j_1j_2\cdots j_n)}a_{1j_1}a_{2j_2}\cdots(a_{ij_i}+a'_{ij_i})\cdots a_{nj_n} \\ &= \sum_{j_1j_2\cdots j_n}(-1)^{\tau(j_1j_2\cdots j_n)}a_{1j_1}a_{2j_2}\cdots a_{ij_i}\cdots a_{nj_n} \\ &\quad+\sum_{j_1j_2\cdots j_n}(-1)^{\tau(j_1j_2\cdots j_n)}a_{1j_1}a_{2j_2}\cdots a'_{ij_i}\cdots a_{nj_n} \\ &= \text{右边}. \end{aligned}$$

性质 5 把行列式的某一行(或列)的各元素乘以同一数后加到另一行(或列)对应的元素上去,行列式不变.

由性质 4 拆开,再由推论 2 即得(略).

以数 k 乘第 j 行(或列)加到第 i 行(或列)上,记作 $r_i+kr_j(c_i+kc_j)$.

例 5　计算行列式

$$\begin{vmatrix} 3 & 1 & -1 & 2 \\ -5 & 1 & 3 & -4 \\ 2 & 0 & 1 & -1 \\ 1 & -5 & 3 & -3 \end{vmatrix}.$$

解

$$\begin{vmatrix} 3 & 1 & -1 & 2 \\ -5 & 1 & 3 & -4 \\ 2 & 0 & 1 & -1 \\ 1 & -5 & 3 & -3 \end{vmatrix} \xlongequal{c_1\leftrightarrow c_2} -\begin{vmatrix} 1 & 3 & -1 & 2 \\ 1 & -5 & 3 & -4 \\ 0 & 2 & 1 & -1 \\ -5 & 1 & 3 & -3 \end{vmatrix}$$

$$\xlongequal[r_4+5r_1]{r_2-r_1} -\begin{vmatrix} 1 & 3 & -1 & 2 \\ 0 & -8 & 4 & -6 \\ 0 & 2 & 1 & -1 \\ 0 & 16 & -2 & 7 \end{vmatrix} \xlongequal{r_2\leftrightarrow r_3} \begin{vmatrix} 1 & 3 & -1 & 2 \\ 0 & 2 & 1 & -1 \\ 0 & -8 & 4 & -6 \\ 0 & 16 & -2 & 7 \end{vmatrix}$$

$$\xlongequal[r_4-8r_2]{r_3+4r_2} \begin{vmatrix} 1 & 3 & -1 & 2 \\ 0 & 2 & 1 & -1 \\ 0 & 0 & 8 & -10 \\ 0 & 0 & -10 & 15 \end{vmatrix} \xlongequal[r_4\div 5]{r_3\div 2} 2\times 5\times \begin{vmatrix} 1 & 3 & -1 & 2 \\ 0 & 2 & 1 & -1 \\ 0 & 0 & 4 & -5 \\ 0 & 0 & -2 & 3 \end{vmatrix}$$

$$\xlongequal{r_3\leftrightarrow r_4} -10\times \begin{vmatrix} 1 & 3 & -1 & 2 \\ 0 & 2 & 1 & -1 \\ 0 & 0 & -2 & 3 \\ 0 & 0 & 4 & -5 \end{vmatrix} \xlongequal{r_4+2r_3} -10\times \begin{vmatrix} 1 & 3 & -1 & 2 \\ 0 & 2 & 1 & -1 \\ 0 & 0 & -2 & 3 \\ 0 & 0 & 0 & 1 \end{vmatrix} = 40.$$

例 6　证明行列式

$$\begin{vmatrix} a_1+b_1x & a_1x+b_1 & d_1 \\ a_2+b_2x & a_2x+b_2 & d_2 \\ a_3+b_3x & a_3x+b_3 & d_3 \end{vmatrix} = (1-x^2)\begin{vmatrix} a_1 & b_1 & d_1 \\ a_2 & b_2 & d_2 \\ a_3 & b_3 & d_3 \end{vmatrix}.$$

证　法 1　利用性质 4

$$\begin{vmatrix} a_1+b_1x & a_1x+b_1 & d_1 \\ a_2+b_2x & a_2x+b_2 & d_2 \\ a_3+b_3x & a_3x+b_3 & d_3 \end{vmatrix} = \begin{vmatrix} a_1+b_1x & a_1x & d_1 \\ a_2+b_2x & a_2x & d_2 \\ a_3+b_3x & a_3x & d_3 \end{vmatrix} + \begin{vmatrix} a_1+b_1x & b_1 & d_1 \\ a_2+b_2x & b_2 & d_2 \\ a_3+b_3x & b_3 & d_3 \end{vmatrix}$$

$$= \begin{vmatrix} a_1 & a_1x & d_1 \\ a_2 & a_2x & d_2 \\ a_3 & a_3x & d_3 \end{vmatrix} + \begin{vmatrix} b_1x & a_1x & d_1 \\ b_2x & a_2x & d_2 \\ b_3x & a_3x & d_3 \end{vmatrix}$$

$$+ \begin{vmatrix} a_1 & b_1 & d_1 \\ a_2 & b_2 & d_2 \\ a_3 & b_3 & d_3 \end{vmatrix} + \begin{vmatrix} b_1x & b_1 & d_1 \\ b_2x & b_2 & d_2 \\ b_3x & b_3 & d_3 \end{vmatrix}.$$

利用性质 3 可得

$$\text{原式}=x\begin{vmatrix} a_1 & a_1 & d_1 \\ a_2 & a_2 & d_2 \\ a_3 & a_3 & d_3 \end{vmatrix}+x^2\begin{vmatrix} b_1 & a_1 & d_1 \\ b_2 & a_2 & d_2 \\ b_3 & a_3 & d_3 \end{vmatrix}+\begin{vmatrix} a_1 & b_1 & d_1 \\ a_2 & b_2 & d_2 \\ a_3 & b_3 & d_3 \end{vmatrix}+x\begin{vmatrix} b_1 & b_1 & d_1 \\ b_2 & b_2 & d_2 \\ b_3 & b_3 & d_3 \end{vmatrix}.$$

利用推论 1 可得

$$\text{原式}=x^2\begin{vmatrix} b_1 & a_1 & d_1 \\ b_2 & a_2 & d_2 \\ b_3 & a_3 & d_3 \end{vmatrix}+\begin{vmatrix} a_1 & b_1 & d_1 \\ a_2 & b_2 & d_2 \\ a_3 & b_3 & d_3 \end{vmatrix}.$$

再利用性质 2 可得

$$\text{原式}=(1-x^2)\begin{vmatrix} a_1 & b_1 & d_1 \\ a_2 & b_2 & d_2 \\ a_3 & b_3 & d_3 \end{vmatrix}.$$

必须注意:以下做法是错误的.

$$\begin{vmatrix} a_1+b_1x & a_1x+b_1 & d_1 \\ a_2+b_2x & a_2x+b_2 & d_2 \\ a_3+b_3x & a_3x+b_3 & d_3 \end{vmatrix}=\begin{vmatrix} a_1 & a_1x & d_1 \\ a_2 & a_2x & d_2 \\ a_3 & a_3x & d_3 \end{vmatrix}+\begin{vmatrix} b_1x & b_1 & d_1 \\ b_2x & b_2 & d_2 \\ b_3x & b_3 & d_3 \end{vmatrix}.$$

一般来讲,拆开的方法较麻烦. 以下我们给出例 6 的更简单证法.

法 2 左边 $\xlongequal{c_1-xc_2}\begin{vmatrix} a_1(1-x^2) & a_1x+b_1 & d_1 \\ a_2(1-x^2) & a_2x+b_2 & d_2 \\ a_3(1-x^2) & a_3x+b_3 & d_3 \end{vmatrix}$

$$=(1-x^2)\begin{vmatrix} a_1 & a_1x+b_1 & d_1 \\ a_2 & a_2x+b_2 & d_2 \\ a_3 & a_3x+b_3 & d_3 \end{vmatrix}$$

$$\xlongequal{c_2-xc_1}(1-x^2)\begin{vmatrix} a_1 & b_1 & d_1 \\ a_2 & b_2 & d_2 \\ a_3 & b_3 & d_3 \end{vmatrix}=\text{右边}.$$

例 7 计算 n 阶行列式

$$\begin{vmatrix} x & a & \cdots & a \\ a & x & \cdots & a \\ \vdots & \vdots & & \vdots \\ a & a & \cdots & x \end{vmatrix}.$$

解 把第 2 列到第 n 列都加到第 1 列上,可得

$$原式=\begin{vmatrix} x+(n-1)a & a & \cdots & a \\ x+(n-1)a & x & \cdots & a \\ \vdots & \vdots & & \vdots \\ x+(n-1)a & a & \cdots & x \end{vmatrix}=[x+(n-1)a]\begin{vmatrix} 1 & a & \cdots & a \\ 1 & x & \cdots & a \\ \vdots & \vdots & & \vdots \\ 1 & a & \cdots & x \end{vmatrix}.$$

再从第 2 行至第 n 行，每行都减去第 1 行可得

$$\begin{aligned} 原式&=[x+(n-1)a]\begin{vmatrix} 1 & a & \cdots & a \\ 0 & x-a & \cdots & 0 \\ \vdots & \vdots & & \vdots \\ 0 & 0 & \cdots & x-a \end{vmatrix} \\ &=[x+(n-1)a](x-a)^{n-1}. \end{aligned}$$

1.3 行列式的展开定理

结合行列式的性质，1.2 节已经详细讨论了行列式的计算方法. 我们不难发现，低阶行列式的化简还是比较容易的. 因此，如果能够把高阶的行列式降阶，这对计算高阶行列式显然是非常有益的. 接下来我们将着重讨论这个问题.

定义 8 在 n 阶行列式中，把元素 a_{ij} 所在的第 i 行和第 j 列划去后，留下来的 $n-1$ 阶行列式叫作元素 a_{ij} 的余子式，记为 M_{ij}；而 $A_{ij}=(-1)^{i+j}M_{ij}$ 被称为元素 a_{ij} 的代数余子式.

例 8 求三阶行列式

$$D=\begin{vmatrix} 1 & 2 & 3 \\ 4 & 5 & 6 \\ 7 & 8 & 9 \end{vmatrix}$$

中元素 1 和 8 的余子式和代数余子式.

解 1 的余子式：$M_{11}=\begin{vmatrix} 5 & 6 \\ 8 & 9 \end{vmatrix}=45-48=-3$；

1 的代数余子式：$A_{11}=(-1)^{1+1}M_{11}=M_{11}=-3$；

8 的余子式：$M_{32}=\begin{vmatrix} 1 & 3 \\ 4 & 6 \end{vmatrix}=6-12=-6$；

8 的代数余子式：$A_{32}=(-1)^{3+2}M_{32}=-M_{32}=6$.

利用代数余子式，我们可以得出一个很重要的行列式展开定理.

定理 3 一个 n 阶行列式，若其中第 i 行所有元素除 a_{ij} 外都为零，则这个行列式等于 a_{ij} 与它的代数余子式的乘积，即

$$D=a_{ij}A_{ij}.$$

证 先证 $i=n,j=n$ 的情况，此时

$$D=\begin{vmatrix} a_{11} & \cdots & a_{1,n-1} & a_{1n} \\ \vdots & & \vdots & \vdots \\ a_{n-1,1} & \cdots & a_{n-1,n-1} & a_{n-1,n} \\ 0 & \cdots & 0 & a_{nn} \end{vmatrix}.$$

根据行列式的定义可知

$$D=\sum_{j_1\cdots j_{n-1}j_n}(-1)^{\tau(j_1\cdots j_{n-1}j_n)}a_{1j_1}\cdots a_{n-1,j_{n-1}}a_{nj_n}.$$

在 D 的展开式中,对应于 $j_n\neq n$ 的项全为零,故只考虑 $j_n=n$ 的项,所以

$$\begin{aligned} D &= \sum_{j_1\cdots j_{n-1}n}(-1)^{\tau(j_1\cdots j_{n-1}n)}a_{1j_1}\cdots a_{n-1,j_{n-1}}a_{nn} \\ &= a_{nn}\sum_{j_1\cdots j_{n-1}}(-1)^{\tau(j_1\cdots j_{n-1})}a_{1j_1}\cdots a_{n-1,j_{n-1}} \\ &= a_{nn}M_{nn} \\ &= a_{nn}A_{nn}. \end{aligned}$$

再看一般形式

$$D=\begin{vmatrix} a_{11} & \cdots & a_{1j} & \cdots & a_{1n} \\ \vdots & & \vdots & & \vdots \\ 0 & \cdots & a_{ij} & \cdots & 0 \\ \vdots & & \vdots & & \vdots \\ a_{n1} & \cdots & a_{nj} & \cdots & a_{nn} \end{vmatrix}.$$

只要对此进行相邻对换行和列,直至 a_{ij} 到第 n 行第 n 列的位置上,再利用上面已得出的结果即可.

利用定理 3,容易得到行列式展开定理的一般形式:

定理 4(展开定理) 一个 n 阶行列式等于它的任一行(或列)的各元素与其对应的代数余子式的乘积之和,即

$$D=a_{i1}A_{i1}+a_{i2}A_{i2}+\cdots+a_{in}A_{in}\quad(i=1,2,\cdots,n)$$

行列式的展开定理

或

$$D=a_{1j}A_{1j}+a_{2j}A_{2j}+\cdots+a_{nj}A_{nj}\quad(j=1,2,\cdots,n).$$

证

$$D=\begin{vmatrix} a_{11} & a_{12} & \cdots & a_{1n} \\ \vdots & \vdots & & \vdots \\ a_{i1}+0+\cdots+0 & 0+a_{i2}+\cdots+0 & \cdots & 0+\cdots+0+a_{in} \\ \vdots & \vdots & & \vdots \\ a_{n1} & a_{n2} & \cdots & a_{nn} \end{vmatrix}$$

$$
=\begin{vmatrix} a_{11} & a_{12} & \cdots & a_{1n} \\ \vdots & \vdots & & \vdots \\ a_{i1} & 0 & \cdots & 0 \\ \vdots & \vdots & & \vdots \\ a_{n1} & a_{n2} & \cdots & a_{nn} \end{vmatrix} + \begin{vmatrix} a_{11} & a_{12} & \cdots & a_{1n} \\ \vdots & \vdots & & \vdots \\ 0 & a_{i2} & \cdots & 0 \\ \vdots & \vdots & & \vdots \\ a_{n1} & a_{n2} & \cdots & a_{nn} \end{vmatrix} + \cdots + \begin{vmatrix} a_{11} & a_{12} & \cdots & a_{1n} \\ \vdots & \vdots & & \vdots \\ 0 & 0 & \cdots & a_{in} \\ \vdots & \vdots & & \vdots \\ a_{n1} & a_{n2} & \cdots & a_{nn} \end{vmatrix}.
$$

由定理 3 的结果可得

$$D=a_{i1}A_{i1}+a_{i2}A_{i2}+\cdots+a_{in}A_{in} \quad (i=1,2,\cdots,n).$$

类似可证

$$D=a_{1j}A_{1j}+a_{2j}A_{2j}+\cdots+a_{nj}A_{nj} \quad (j=1,2,\cdots,n).$$

推论 3　行列式某一行(或列)的元素与另一行(或列)的对应元素的代数余子式的乘积之和等于零,即

$$a_{i1}A_{j1}+a_{i2}A_{j2}+\cdots+a_{in}A_{jn}=0 \quad (i\neq j)$$

或

$$a_{1i}A_{1j}+a_{2i}A_{2j}+\cdots+a_{ni}A_{nj}=0 \quad (i\neq j).$$

证*　把 n 阶行列式按第 j 行展开,有

$$
D=\begin{vmatrix} a_{11} & \cdots & a_{1n} \\ \vdots & & \vdots \\ a_{i1} & \cdots & a_{in} \\ \vdots & & \vdots \\ a_{j1} & \cdots & a_{jn} \\ \vdots & & \vdots \\ a_{n1} & \cdots & a_{nn} \end{vmatrix} = a_{j1}A_{j1}+a_{j2}A_{j2}+\cdots+a_{jn}A_{jn}.
$$

在 D 中把 a_{jk} 换成 $a_{ik}(k=1,2,\cdots,n)$ 得 D_1,将 D_1 仍按第 j 行展开可得

$$
D_1=\begin{vmatrix} a_{11} & \cdots & a_{1n} \\ \vdots & & \vdots \\ a_{i1} & \cdots & a_{in} \\ \vdots & & \vdots \\ a_{i1} & \cdots & a_{in} \\ \vdots & & \vdots \\ a_{n1} & \cdots & a_{nn} \end{vmatrix} = a_{i1}A_{j1}+a_{i2}A_{j2}+\cdots+a_{in}A_{jn}.
$$

当 $i\neq j$ 时,行列式 D_1 有两行对应元素相等,故行列式 D_1 等于零,所以有

$$a_{i1}A_{j1}+a_{i2}A_{j2}+\cdots+a_{in}A_{jn}=0 \quad (i\neq j).$$

同理可以证明另一个式子.

例 9 计算行列式

$$\begin{vmatrix} 1 & 2 & 3 & 4 \\ 1 & 0 & 1 & 2 \\ 3 & -1 & -1 & 0 \\ 1 & 2 & 0 & -5 \end{vmatrix}.$$

解
$$\begin{vmatrix} 1 & 2 & 3 & 4 \\ 1 & 0 & 1 & 2 \\ 3 & -1 & -1 & 0 \\ 1 & 2 & 0 & -5 \end{vmatrix} \xlongequal[r_4+2r_3]{r_1+2r_3} \begin{vmatrix} 7 & 0 & 1 & 4 \\ 1 & 0 & 1 & 2 \\ 3 & -1 & -1 & 0 \\ 7 & 0 & -2 & -5 \end{vmatrix}$$

$$=(-1)\times(-1)^{3+2}\begin{vmatrix} 7 & 1 & 4 \\ 1 & 1 & 2 \\ 7 & -2 & -5 \end{vmatrix}$$

$$\xlongequal[r_3+2r_2]{r_1-r_2} \begin{vmatrix} 6 & 0 & 2 \\ 1 & 1 & 2 \\ 9 & 0 & -1 \end{vmatrix} =1\times(-1)^{2+2}\begin{vmatrix} 6 & 2 \\ 9 & -1 \end{vmatrix} =-6-18=-24.$$

例 10 证明范德蒙德行列式

$$D_n = \begin{vmatrix} 1 & 1 & \cdots & 1 \\ x_1 & x_2 & \cdots & x_n \\ x_1^2 & x_2^2 & \cdots & x_n^2 \\ \vdots & \vdots & & \vdots \\ x_1^{n-1} & x_2^{n-1} & \cdots & x_n^{n-1} \end{vmatrix} = \prod_{1\leqslant j<i\leqslant n}(x_i - x_j), \quad n>1,$$

其中

$$\begin{aligned}\prod_{1\leqslant j<i\leqslant n}(x_i - x_j) = (x_2 - x_1)(x_3 - x_1)\cdots(x_n - x_1) \\ \cdot (x_3 - x_2)\cdots(x_n - x_2) \\ \cdots\cdots \\ \cdot (x_n - x_{n-1}).\end{aligned}$$

证 这是一个很有规律的含 n 个参数的 n 阶行列式. 现用数学归纳法加以证明. 当 $n=2$ 时,

$$D_2 = \begin{vmatrix} 1 & 1 \\ x_1 & x_2 \end{vmatrix} = x_2 - x_1 = \prod_{1\leqslant j<i\leqslant 2}(x_i - x_j),$$

结论显然成立. 假设对 $n-1$ 阶范德蒙德行列式结论成立,只要证明对 n 阶范德蒙德行列式结论也成立就可以了.

在 D_n 中,从第 n 行起依次减去前一行的 x_1 倍,便有

$$D_n=\begin{vmatrix} 1 & 1 & \cdots & 1 \\ 0 & x_2-x_1 & \cdots & x_n-x_1 \\ 0 & x_2(x_2-x_1) & \cdots & x_n(x_n-x_1) \\ \vdots & \vdots & & \vdots \\ 0 & x_2^{n-2}(x_2-x_1) & \cdots & x_n^{n-2}(x_n-x_1) \end{vmatrix}.$$

按第 1 列展开后各列分别提取公因子得

$$D_n=(x_2-x_1)(x_3-x_1)\cdots(x_n-x_1)D_{n-1}.$$

而 D_{n-1} 是 $n-1$ 阶范德蒙德行列式，根据归纳假设有

$$D_n=(x_2-x_1)(x_3-x_1)\cdots(x_n-x_1)\prod_{2\leqslant j<i\leqslant n}(x_i-x_j)=\prod_{1\leqslant j<i\leqslant n}(x_i-x_j).$$

1.4 克拉默法则

作为对行列式的应用，我们来讨论方程的个数与未知量个数相等的线性方程组的求解，它的一般形式为

$$\begin{cases} a_{11}x_1+a_{12}x_2+\cdots+a_{1n}x_n=b_1, \\ a_{21}x_1+a_{22}x_2+\cdots+a_{2n}x_n=b_2, \\ \cdots\cdots \\ a_{n1}x_1+a_{n2}x_2+\cdots+a_{nn}x_n=b_n. \end{cases} \tag{4}$$

方程组(4)的一种特殊形式就是当 $b_1=b_2=\cdots=b_n=0$ 时，被称为**齐次线性方程组**，即

$$\begin{cases} a_{11}x_1+a_{12}x_2+\cdots+a_{1n}x_n=0, \\ a_{21}x_1+a_{22}x_2+\cdots+a_{2n}x_n=0, \\ \cdots\cdots \\ a_{n1}x_1+a_{n2}x_2+\cdots+a_{nn}x_n=0. \end{cases} \tag{5}$$

与二元一次线性方程组一样，当满足一定条件时，方程组(4)的解也可以用 n 阶行列式表示，即有如下定理.

定理 5（克拉默法则） 如果线性方程组(4)的系数行列式不等于零，即

$$D=\begin{vmatrix} a_{11} & a_{12} & \cdots & a_{1n} \\ a_{21} & a_{22} & \cdots & a_{2n} \\ \vdots & \vdots & & \vdots \\ a_{n1} & a_{n2} & \cdots & a_{nn} \end{vmatrix}\neq 0,$$

则方程组(4)有唯一解

$$x_1=\frac{D_1}{D},\quad x_2=\frac{D_2}{D},\quad \cdots,\quad x_n=\frac{D_n}{D},$$

其中 $D_j(j=1,2,\cdots,n)$ 是把系数行列式 D 中的第 j 列元素用方程组右端的常数项代替后所得的 n 阶行列式，即

$$D_j=\begin{vmatrix} a_{11} & \cdots & a_{1,j-1} & b_1 & a_{1,j+1} & \cdots & a_{1n} \\ a_{21} & \cdots & a_{2,j-1} & b_2 & a_{2,j+1} & \cdots & a_{2n} \\ \vdots & & \vdots & \vdots & \vdots & & \vdots \\ a_{n1} & \cdots & a_{n,j-1} & b_n & a_{n,j+1} & \cdots & a_{nn} \end{vmatrix}.$$

该定理的证明略. 它作为线性方程组的一个特殊结论见第四章相关内容.

推论 4 若齐次线性方程组(5)的系数行列式 $D\neq0$，则齐次线性方程组(5)没有非零解，即齐次线性方程组(5)只有零解.

定理 5 的逆否命题为

定理 6 如果线性方程组(4)无解或有无穷多解，则它的系数行列式 $D=0$.

推论 5 若齐次线性方程组(5)有非零解，则它的系数行列式必为零.

例 11(谷物称重问题) 《九章算术》是中国古代的一部数学专著. 书中提到谷物称重问题：有三种谷物，如果第一种谷物有 3 袋、第二种谷物有 2 袋、第三种谷物有 1 袋，以上三种谷物总重量是 39 个重量单位. 如果第一种谷物有 2 袋、第二种谷物有 3 袋、第三种谷物有 1 袋，以上三种谷物总重量是 34 个重量单位. 如果第一种谷物有 1 袋、第二种谷物有 2 袋、第三种谷物有 3 袋，以上三种谷物总重量是 26 个重量单位. 请问：每种谷物一袋重量是多少(假设每种谷物每袋重量一样)?

解 设三种谷物重量分别为 x,y,z，则可建立线性方程组

$$\begin{cases} 3x+2y+z=39, \\ 2x+3y+z=34, \\ x+2y+3z=26, \end{cases}$$

其系数行列式

$$D=\begin{vmatrix} 3 & 2 & 1 \\ 2 & 3 & 1 \\ 1 & 2 & 3 \end{vmatrix}=12\neq0,$$

由克拉默法则知，方程组有唯一解.

因为

$$D_1=\begin{vmatrix} 39 & 2 & 1 \\ 34 & 3 & 1 \\ 26 & 2 & 3 \end{vmatrix}=111,\quad D_2=\begin{vmatrix} 3 & 39 & 1 \\ 2 & 34 & 1 \\ 1 & 26 & 3 \end{vmatrix}=51,\quad D_3=\begin{vmatrix} 3 & 2 & 39 \\ 2 & 3 & 34 \\ 1 & 2 & 26 \end{vmatrix}=33,$$

所以

$$x=\frac{D_1}{D}=\frac{37}{4},\quad y=\frac{D_2}{D}=\frac{17}{4},\quad z=\frac{D_3}{D}=\frac{11}{4},$$

即三种谷物一袋的重量分别为$\frac{37}{4}$,$\frac{17}{4}$,$\frac{11}{4}$.

例 12　问λ取何值时,齐次线性方程组

$$\begin{cases}\lambda x_1+x_2+x_3=0,\\ x_1+x_2+3x_3=0,\\ 2x_1+x_2-x_3=0\end{cases}$$

有非零解.

解　根据题意我们知道系数行列式

$$D=\begin{vmatrix}\lambda & 1 & 1\\ 1 & 1 & 3\\ 2 & 1 & -1\end{vmatrix}=0,$$

从而可得$-\lambda+1+6-2+1-3\lambda=0$,于是,$\lambda=\frac{3}{2}$.

1.5* 拉普拉斯定理与行列式的乘法

一、拉普拉斯定理

如果一个单独数字被称为**一阶行列式**,那么行列式的完全展开式就是按照某一行的一阶行列式与其代数余子式的乘积进行的. 拉普拉斯定理可以看作这一结论的推广,首先推广余子式和代数余子式的概念.

定义 9　在n阶行列式D中任选k行、k列,位于这些行与列交点处的k^2个元素按原来的相对位置组成的k阶行列式M,叫作D的一个k阶子式. 在D中划去M所在的行与列得到的$n-k$阶子式N,叫作M的余子式. 如果M所在行的序数是$i_1,i_2,\cdots,i_k$,所在列的序数是$j_1,j_2,\cdots,j_k$,则称$(-1)^{(i_1+i_2+\cdots+i_k)+(j_1+j_2+\cdots+j_k)}N$为$M$的代数余子式.

显然M与N互为余子式.

如五阶行列式

$$\begin{vmatrix}a_{11} & a_{12} & a_{13} & a_{14} & a_{15}\\ a_{21} & a_{22} & a_{23} & a_{24} & a_{25}\\ a_{31} & a_{32} & a_{33} & a_{34} & a_{35}\\ a_{41} & a_{42} & a_{43} & a_{44} & a_{45}\\ a_{51} & a_{52} & a_{53} & a_{54} & a_{55}\end{vmatrix}$$

的二阶子式$M_1=\begin{vmatrix}a_{21} & a_{23}\\ a_{41} & a_{43}\end{vmatrix}$和三阶子式$M_2=\begin{vmatrix}a_{11} & a_{14} & a_{15}\\ a_{31} & a_{34} & a_{35}\\ a_{51} & a_{54} & a_{55}\end{vmatrix}$的代数余子式分

别为

$$(-1)^{2+4+1+3}\begin{vmatrix} a_{12} & a_{14} & a_{15} \\ a_{32} & a_{34} & a_{35} \\ a_{52} & a_{54} & a_{55} \end{vmatrix} = \begin{vmatrix} a_{12} & a_{14} & a_{15} \\ a_{32} & a_{34} & a_{35} \\ a_{52} & a_{54} & a_{55} \end{vmatrix}$$

和

$$(-1)^{1+3+5+1+4+5}\begin{vmatrix} a_{22} & a_{23} \\ a_{42} & a_{43} \end{vmatrix} = -\begin{vmatrix} a_{22} & a_{23} \\ a_{42} & a_{43} \end{vmatrix}.$$

定理 7 (拉普拉斯定理) 若在 n 阶行列式 D 中,取定某 k 行($1\leqslant k\leqslant n-1$),那么这 k 行中的所有 k 阶子式(共有 C_n^k 个)分别与它们的代数余子式的乘积之和等于行列式 D.

证明略.

例 13 计算五阶行列式

$$D=\begin{vmatrix} 3 & -1 & 0 & 0 & 0 \\ 1 & 3 & -1 & 0 & 0 \\ 0 & 1 & 3 & -1 & 0 \\ 0 & 0 & 1 & 3 & -1 \\ 0 & 0 & 0 & 1 & 3 \end{vmatrix}.$$

解 由于前两行有较多的零,所以利用拉普拉斯展开定理,把 D 按前两行展开,前两行共有 $C_5^2=10$ 个二阶子式,但其中不为零的只有 3 个,即

$$M_1=\begin{vmatrix} 3 & -1 \\ 1 & 3 \end{vmatrix},\quad M_2=\begin{vmatrix} 3 & 0 \\ 1 & -1 \end{vmatrix},\quad M_3=\begin{vmatrix} -1 & 0 \\ 3 & -1 \end{vmatrix}.$$

根据定理 7 可得

$$D=\begin{vmatrix} 3 & -1 \\ 1 & 3 \end{vmatrix}\begin{vmatrix} 3 & -1 & 0 \\ 1 & 3 & -1 \\ 0 & 1 & 3 \end{vmatrix}-\begin{vmatrix} 3 & 0 \\ 1 & -1 \end{vmatrix}\begin{vmatrix} 1 & -1 & 0 \\ 0 & 3 & -1 \\ 0 & 1 & 3 \end{vmatrix}$$

$$+\begin{vmatrix} -1 & 0 \\ 3 & -1 \end{vmatrix}\begin{vmatrix} 0 & -1 & 0 \\ 0 & 3 & -1 \\ 0 & 1 & 3 \end{vmatrix}=360.$$

例 14 设 $D_1=\begin{vmatrix} a_{11} & \cdots & a_{1k} \\ \vdots & & \vdots \\ a_{k1} & \cdots & a_{kk} \end{vmatrix}$,$D_2=\begin{vmatrix} b_{11} & \cdots & b_{1n} \\ \vdots & & \vdots \\ b_{n1} & \cdots & b_{nn} \end{vmatrix}$,证明:

$$D=\begin{vmatrix} a_{11} & \cdots & a_{1k} & & & \\ \vdots & & \vdots & & \boldsymbol{O} & \\ a_{k1} & \cdots & a_{kk} & & & \\ c_{11} & \cdots & c_{1k} & b_{11} & \cdots & b_{1n} \\ \vdots & & \vdots & \vdots & & \vdots \\ c_{n1} & \cdots & c_{nk} & b_{n1} & \cdots & b_{nn} \end{vmatrix}=D_1D_2.$$

证　由定理 7 将 D 按前 k 行展开即得结论.

二、行列式的乘法

定理 8　两个 n 阶行列式

$$D_1=\begin{vmatrix} a_{11} & a_{12} & \cdots & a_{1n} \\ a_{21} & a_{22} & \cdots & a_{2n} \\ \vdots & \vdots & & \vdots \\ a_{n1} & a_{n2} & \cdots & a_{nn} \end{vmatrix} \quad 和 \quad D_2=\begin{vmatrix} b_{11} & b_{12} & \cdots & b_{1n} \\ b_{21} & b_{22} & \cdots & b_{2n} \\ \vdots & \vdots & & \vdots \\ b_{n1} & b_{n2} & \cdots & b_{nn} \end{vmatrix}$$

的乘积等于一个 n 阶行列式

$$C=\begin{vmatrix} c_{11} & c_{12} & \cdots & c_{1n} \\ c_{21} & c_{22} & \cdots & c_{2n} \\ \vdots & \vdots & & \vdots \\ c_{n1} & c_{n2} & \cdots & c_{nn} \end{vmatrix},$$

其中,C 的元素 c_{ij} 是 D_1 的第 i 行元素与 D_2 的第 j 列的对应元素的乘积之和,即

$$c_{ij}=a_{i1}b_{1j}+a_{i2}b_{2j}+\cdots+a_{in}b_{nj}=\sum_{k=1}^{n}a_{ik}b_{kj}, \quad i,j=1,2,\cdots,n.$$

证明略.

习　题　1

(A)

1. 求下列排列的逆序数,并说明奇偶性.

(1) 312645; (2) 2341657; (3) $n(n-1)\cdots 321$.

2. 选择 i,j 与 k,使下列九元排列为奇排列.

(1) $1274i5jk9$; (2) $718i3j26k$.

3. 用定义求下列行列式:

(1) $\begin{vmatrix} 3 & 6 \\ -1 & 2 \end{vmatrix}$;　(2) $\begin{vmatrix} \cos x & \sin x \\ \sin x & \cos x \end{vmatrix}$;　(3) $\begin{vmatrix} -2 & 1 & 0 \\ 4 & -3 & -7 \\ 4 & 6 & 10 \end{vmatrix}$;

(4) $\begin{vmatrix} a & b & c \\ b & c & a \\ c & a & b \end{vmatrix}$；　(5) $\begin{vmatrix} 0 & 0 & 0 & d \\ 0 & 0 & c & 0 \\ 0 & b & 0 & 0 \\ a & 0 & 0 & 0 \end{vmatrix}$；　(6) $\begin{vmatrix} & & & a_1 \\ & & a_2 & \\ & \iddots & & \\ a_n & & & \end{vmatrix}$.

4. 写出四阶行列式中，所有含因子 $a_{21}a_{32}$ 的项.

5. 求下列行列式：

(1) $\begin{vmatrix} 246 & 427 & 327 \\ 1014 & 543 & 443 \\ -342 & 721 & 621 \end{vmatrix}$；　(2) $\begin{vmatrix} x & y & x+y \\ y & x+y & x \\ x+y & x & y \end{vmatrix}$；

(3) $\begin{vmatrix} 0 & 1 & -1 & 2 \\ -1 & -1 & 2 & 1 \\ -1 & 0 & -1 & 1 \\ 2 & 2 & 0 & 0 \end{vmatrix}$；　(4) $\begin{vmatrix} 3 & 2 & 1 & 1 \\ 2 & 3 & 5 & 9 \\ -1 & 2 & 5 & -2 \\ 1 & 0 & -1 & 3 \end{vmatrix}$；

(5) $\begin{vmatrix} a & b & c & d \\ a & a+b & a+b+c & a+b+c+d \\ 0 & a & a+b & a+b+c \\ 0 & 0 & a & a+b \end{vmatrix}$；　(6) $\begin{vmatrix} 1 & 1 & 1 & 1 \\ a & b & c & a+b+c \\ a^2 & b^2 & c^2 & (a+b+c)^2 \\ a^3 & b^3 & c^3 & (a+b+c)^3 \end{vmatrix}$；

(7) $\begin{vmatrix} 4 & 3 & 3 & \cdots & 3 \\ 3 & 4 & 3 & \cdots & 3 \\ 3 & 3 & 4 & \cdots & 3 \\ \vdots & \vdots & \vdots & & \vdots \\ 3 & 3 & 3 & \cdots & 4 \end{vmatrix}_n$；　(8) $\begin{vmatrix} 0 & \cdots & 0 & 1 & 0 \\ 0 & \cdots & 2 & 0 & 0 \\ \vdots & & \vdots & \vdots & \vdots \\ n-1 & \cdots & 0 & 0 & 0 \\ 0 & \cdots & 0 & 0 & n \end{vmatrix}$　$(n\geqslant 2)$；

(9) $\begin{vmatrix} 1 & 2 & 2 & \cdots & 2 \\ 2 & 2 & 2 & \cdots & 2 \\ 2 & 2 & 3 & \cdots & 2 \\ \vdots & \vdots & \vdots & & \vdots \\ 2 & 2 & 2 & \cdots & n \end{vmatrix}$；　(10) $\begin{vmatrix} 1+a_1 & a_2 & a_3 & \cdots & a_n \\ a_1 & 1+a_2 & a_3 & \cdots & a_n \\ a_1 & a_2 & 1+a_3 & \cdots & a_n \\ \vdots & \vdots & \vdots & & \vdots \\ a_1 & a_2 & a_3 & \cdots & 1+a_n \end{vmatrix}$.

6. 证明行列式：

(1) $\begin{vmatrix} a^2 & ab & b^2 \\ 2a & a+b & 2b \\ 1 & 1 & 1 \end{vmatrix}=(a-b)^3$；　(2) $\begin{vmatrix} 1 & a & b & c+d \\ 1 & b & c & a+d \\ 1 & c & d & a+b \\ 1 & d & a & b+c \end{vmatrix}=0$.

7. 计算行列式

$$\begin{vmatrix} 0 & 2 & 1 & -4 \\ -1 & 3 & 2 & -2 \\ a & b & 2 & 1 \\ 0 & 2 & 1 & 3 \end{vmatrix}$$

的元素 a 和 b 的代数余子式.

8. 用克拉默法则解下列方程组：

(1) $\begin{cases} 4x_1+x_2=6, \\ 2x_1-3x_2=-4; \end{cases}$　　(2) $\begin{cases} x+y-2z=-3, \\ 5x-2y+7z=22, \\ 2x-5y+4z=4; \end{cases}$

(3) $\begin{cases} x_2-x_3+x_4=-3, \\ x_1-2x_2+3x_3-4x_4=4, \\ x_1+3x_2+x_4=1, \\ -7x_2+3x_3+x_4=-2; \end{cases}$　　(4) $\begin{cases} x_1+x_2+x_3+x_4=4, \\ x_1+2x_2-x_3+4x_4=6, \\ 2x_1-3x_2-x_3-5x_4=-7, \\ 3x_1+x_2+2x_3+11x_4=17. \end{cases}$

9. 问 λ 为何值时，齐次线性方程组

$$\begin{cases} x_1+x_2+(\lambda-1)x_3=0, \\ 2x_1+(3-\lambda)x_2-x_3=0, \\ (1-\lambda)x_1-2x_2-4x_3=0 \end{cases}$$

有非零解？

(B)

1. 已知 $\begin{vmatrix} a_{11} & a_{12} & a_{13} \\ a_{21} & a_{22} & a_{23} \\ a_{31} & a_{32} & a_{33} \end{vmatrix}=1$，求 $\begin{vmatrix} 4a_{11} & 2a_{11}-3a_{12} & a_{13} \\ 4a_{21} & 2a_{21}-3a_{22} & a_{23} \\ 4a_{31} & 2a_{31}-3a_{32} & a_{33} \end{vmatrix}$.

2. 已知 $\begin{vmatrix} a & 3 & 1 \\ b & 0 & 1 \\ c & 2 & 1 \end{vmatrix}=1$，求 $\begin{vmatrix} a-3 & b-3 & c-3 \\ 5 & 2 & 4 \\ 1 & 1 & 1 \end{vmatrix}$.

3. 求多项式

$$f(x)=\begin{vmatrix} 5x & 1 & 2 & 3 \\ x & x & 1 & 2 \\ 1 & 2 & x & 3 \\ x & 1 & 2 & 2x \end{vmatrix}$$

中 x^4 和 x^3 项的系数.

4. 证明行列式：

$$\begin{vmatrix} a_{n1} & \cdots & a_{nn} \\ \vdots & & \vdots \\ a_{11} & \cdots & a_{1n} \end{vmatrix} = (-1)^{\frac{n(n-1)}{2}} \begin{vmatrix} a_{nn} & \cdots & a_{1n} \\ \vdots & & \vdots \\ a_{n1} & \cdots & a_{11} \end{vmatrix}.$$

5. 证明行列式：

$$D_n = \begin{vmatrix} a+b & ab & 0 & \cdots & 0 & 0 \\ 1 & a+b & ab & \cdots & 0 & 0 \\ 0 & 1 & a+b & \cdots & 0 & 0 \\ \vdots & \vdots & \vdots & & \vdots & \vdots \\ 0 & 0 & 0 & \cdots & a+b & ab \\ 0 & 0 & 0 & \cdots & 1 & a+b \end{vmatrix} = \frac{a^{n+1}-b^{n+1}}{a-b} \quad (a \neq b).$$

6. 计算下列行列式：

(1) $D_n = \begin{vmatrix} 1 & 2 & 3 & \cdots & n \\ 2 & 1 & 0 & \cdots & 0 \\ 3 & 0 & 1 & \cdots & 0 \\ \vdots & \vdots & \vdots & & \vdots \\ n & 0 & 0 & \cdots & 1 \end{vmatrix}$；

(2) $D_n = \begin{vmatrix} 2 & -1 & 0 & \cdots & 0 & 0 \\ -1 & 2 & -1 & \cdots & 0 & 0 \\ 0 & -1 & 2 & \cdots & 0 & 0 \\ \vdots & \vdots & \vdots & & \vdots & \vdots \\ 0 & 0 & 0 & \cdots & 2 & -1 \\ 0 & 0 & 0 & \cdots & -1 & 2 \end{vmatrix}$.

7. 已知四阶行列式中第 2 行上的元素分别为 $-1,0,2,4$，第 4 行上的元素的余子式分别为 $5,10,a,4$，求 a 的值.

8. 已知

$$D = \begin{vmatrix} 1 & -1 & 2 & 3 \\ 2 & 2 & 0 & 2 \\ 4 & 1 & -1 & -1 \\ 1 & 2 & 3 & 0 \end{vmatrix},$$

求 (1) $A_{31}-A_{32}+2A_{33}+3A_{34}$；(2) $M_{11}+M_{21}+M_{31}+M_{41}$；(3) $A_{41}+A_{44}$.

9. 求解下列行列式方程：

(1) $\begin{vmatrix} x-6 & 5 & 3 \\ -3 & x+2 & 2 \\ -2 & 2 & x \end{vmatrix} = 0$；　　(2) $\begin{vmatrix} x-1 & 1 & 1 \\ 0 & x-2 & 0 \\ 8 & 3 & x-3 \end{vmatrix} = 0$.

10. 求二次多项式 $f(x)=a_0+a_1x+a_2x^2$,满足 $f(1)=0,f(-1)=2,f(2)=1$.

11. 讨论含参数 a,b 的齐次线性方程组

$$\begin{cases}3ax_1+x_2-x_3=0,\\ 3x_1+x_2-bx_3=0,\\ 3x_1+x_2-2bx_3=0\end{cases}$$

解的情况.

12. 用拉普拉斯展开定理计算行列式:

(1) $\begin{vmatrix}\lambda & 1 & 0 & 0\\ 1 & \lambda & 0 & 0\\ 0 & 0 & \lambda & 1\\ 0 & 0 & 1 & \lambda\end{vmatrix}$;　　(2) $\begin{vmatrix}a & 1 & 0 & 0\\ -1 & b & 0 & 0\\ 0 & -1 & c & 0\\ 0 & 0 & -1 & d\end{vmatrix}$;

(3) $\begin{vmatrix}1 & 0 & 0 & 0 & 0\\ 0 & 1 & 2 & 0 & 0\\ 0 & 2 & 3 & 4 & 5\\ 0 & 0 & 0 & 3 & 2\\ 0 & 0 & 0 & 5 & 4\end{vmatrix}$;　　(4) $D_{2n}=\begin{vmatrix}a_n & & & & & b_n\\ & \ddots & & & \iddots & \\ & & a_1 & b_1 & & \\ & & c_1 & d_1 & & \\ & \iddots & & & \ddots & \\ c_n & & & & & d_n\end{vmatrix}$.

阅读材料 1　连加号“$\sum$”与连乘号“$\prod$”

数学中经常遇到多个数连加

$$a_1+a_2+\cdots+a_n, \tag{1}$$

为方便起见我们把它简记为

$$\sum_{i=1}^{n}a_i, \tag{2}$$

其中,“$\sum$”称为连加号,也叫和号;a_i 称为一般项,也叫通项;i 称为求和指标;和号 $\sum$ 上下方两个数 1 和 n 表示了求和指标 i 的取值范围,(2) 式中表示求和指标 i 取正整数从 1 一直取到 n.

有两点需要说明,其一,在不引起混淆的前提下,求和指标是任意的. 如(2) 式又可表示成 $\sum\limits_{j=1}^{n}a_j$,$\sum\limits_{k=1}^{n}a_k$ 等,但不能表示为 $\sum\limits_{n=1}^{n}a_n$;其二,求和指标的取值范围不一定用两个数来确定上下限,可根据具体问题表示,如 $\sum\limits_{j_1j_2}a_{1j_1}a_{2j_2}$ 中 j_1j_2 表示对所有二元排列求和,即 $\sum\limits_{j_1j_2}a_{1j_1}a_{2j_2}=a_{11}a_{22}+a_{12}a_{21}$,再如 $\sum\limits_{1\leqslant i<j\leqslant 3}a_{ij}=a_{12}+a_{13}+a_{23}$ 等.

有时候,求和指标要用两个符号表示,也就是说连加数要用两个指标来编号,如

$$\begin{aligned}&a_{11}+a_{12}+\cdots+a_{1n}\\+&a_{21}+a_{22}+\cdots+a_{2n}\\+&\cdots\\+&a_{m1}+a_{m2}+\cdots+a_{mn}.\end{aligned} \tag{3}$$

对这样的连加式子,我们可用双重和号表示.(3)式表示为 $\sum_{i=1}^{m}\sum_{j=1}^{n}a_{ij}$,显然(3)式又可表示为 $\sum_{j=1}^{n}\sum_{i=1}^{m}a_{ij}$,所以我们有 $\sum_{i=1}^{m}\sum_{j=1}^{n}a_{ij}=\sum_{j=1}^{n}\sum_{i=1}^{m}a_{ij}$,即双重和号可交换.

与和号一样,双重和号也有多种表示形式,可根据具体问题灵活表示,如

$$\sum_{i=2}^{4}\sum_{1\leqslant j<i}a_{ij}=a_{21}+a_{31}+a_{32}+a_{41}+a_{42}+a_{43},$$

$$\sum_{i=1}^{5}\sum_{j=2i-1}a_{ij}=a_{11}+a_{23}+a_{35}+a_{47}+a_{59}.$$

与连加号一样,当有多个数相乘时:$a_1a_2\cdots a_n$,我们也可以用连乘号简单表示 $\prod_{i=1}^{n}a_i$,即 $\prod_{i=1}^{n}a_i=a_1a_2\cdots a_n$,其中,$\prod$ 称为连乘号.

与连加号一样,连乘号也有不同的表示形式,如

$$\prod_{i=1}^{n}i=1\cdot 2\cdot\cdots\cdot n=n!,$$

$$\begin{aligned}\prod_{1\leqslant j<i\leqslant n}(a_i-a_j)=&(a_n-a_1)(a_{n-1}-a_1)\cdots(a_3-a_1)(a_2-a_1)\\&\cdot(a_n-a_2)(a_{n-1}-a_2)\cdots(a_3-a_2)\\&\cdots\\&\cdot(a_n-a_{n-1})\end{aligned}$$

等.

第二章　n 维向量

2.1　n 维向量的定义和运算

一、n 维向量的定义

我们知道，有些事物的性质不能用一个数来刻画. 为了表达一点在平面上的位置需要两个数，一点在空间中的位置需要三个数，也就是它们的坐标. 又例如，要描述一个人的健康状况，需要年龄、体重、身高、血压等 n 个数，这 n 个数作为一个整体按照约定的次序反映了一个人的各项身体指标. 类似情况在自然界中也广泛存在，为此，我们给出以下定义.

定义 1　n 个数 $a_1, a_2, \cdots, a_n$ 所组成的有序数组称为 n 维向量，记作 $\begin{pmatrix} a_1 \\ a_2 \\ \vdots \\ a_n \end{pmatrix}$，$a_i$ 称为向量的分量.

分量全为实数的向量称为**实向量**，分量为复数的向量称为**复向量**. 本书中除特别指明外，一般只讨论实向量.

n 维向量可写成一行 $(a_1, a_2, \cdots, a_n)$，称为**行向量**，也可写成一列 $\begin{pmatrix} a_1 \\ a_2 \\ \vdots \\ a_n \end{pmatrix}$ 或 $(a_1, a_2, \cdots, a_n)^{\mathrm{T}}$，称为**列向量**. 本书中，用黑体小写希腊字母 $\boldsymbol{\alpha}, \boldsymbol{\beta}, \boldsymbol{\gamma}$ 等表示列向量，而用 $\boldsymbol{\alpha}^{\mathrm{T}}, \boldsymbol{\beta}^{\mathrm{T}}, \boldsymbol{\gamma}^{\mathrm{T}}$ 等表示行向量. 本书所讨论的向量在没有指明是行向量还是列向量时，都当作列向量.

同为行向量（或同为列向量）且维数相等的向量称为**同型向量**.

定义 2　如果两个同型向量 $\boldsymbol{\alpha}=\begin{pmatrix} a_1 \\ a_2 \\ \vdots \\ a_n \end{pmatrix}$，$\boldsymbol{\beta}=\begin{pmatrix} b_1 \\ b_2 \\ \vdots \\ b_n \end{pmatrix}$ 的对应分量都相等，即

$$a_i = b_i \quad (i=1,2,\cdots,n),$$

就称这两个向量是相等的，记为 $\boldsymbol{\alpha}=\boldsymbol{\beta}$.

本书中,把同维数的行向量与列向量作为不相等的向量,因为它们不是同型向量.

二、向量的加法

定义 3 向量 $\boldsymbol{\gamma}=\begin{pmatrix}a_1+b_1\\a_2+b_2\\\vdots\\a_n+b_n\end{pmatrix}$ 称为向量 $\boldsymbol{\alpha}=\begin{pmatrix}a_1\\a_2\\\vdots\\a_n\end{pmatrix}$ 与向量 $\boldsymbol{\beta}=\begin{pmatrix}b_1\\b_2\\\vdots\\b_n\end{pmatrix}$ 的和,记为 $\boldsymbol{\gamma}=\boldsymbol{\alpha}+\boldsymbol{\beta}$.

分量全为 0 的向量称为零向量,记为 **0**. 维数不同的零向量,如 $\begin{pmatrix}0\\0\\0\end{pmatrix}$ 与 $\begin{pmatrix}0\\0\\0\\0\end{pmatrix}$ 是不相等的,因为它们不是同型向量.

向量 $\begin{pmatrix}-a_1\\-a_2\\\vdots\\-a_n\end{pmatrix}$ 称为向量 $\boldsymbol{\alpha}=\begin{pmatrix}a_1\\a_2\\\vdots\\a_n\end{pmatrix}$ 的**负向量**,记为 $-\boldsymbol{\alpha}$.

利用负向量,我们可定义向量的减法:$\boldsymbol{\alpha}-\boldsymbol{\beta}=\boldsymbol{\alpha}+(-\boldsymbol{\beta})$.

例 1 若 $\begin{pmatrix}x\\y\\0\end{pmatrix}-\begin{pmatrix}y\\z\\2\end{pmatrix}=\begin{pmatrix}z\\-x\\x\end{pmatrix}$,则求 x,y,z.

解 由向量的减法和向量相等的定义可得

$$\begin{cases}x-y=z,\\y-z=-x,\\-2=x,\end{cases}$$

解方程组得

$$\begin{cases}x=-2,\\y=0,\\z=-2.\end{cases}$$

三、向量的数量乘法

定义 4 n 维向量 $\boldsymbol{\alpha}=\begin{pmatrix}a_1\\a_2\\\vdots\\a_n\end{pmatrix}$ 的各个分量都乘以常数 k 所组成的向量,称为数 k

与向量 $\boldsymbol{\alpha}$ 的数量乘法(又简称为数乘),记为 $k\boldsymbol{\alpha}$,即 $k\boldsymbol{\alpha}=\begin{pmatrix}ka_1\\ka_2\\\vdots\\ka_n\end{pmatrix}$.

向量的加法和数乘运算统称为向量的**线性运算**.

设 $\boldsymbol{\alpha},\boldsymbol{\beta},\boldsymbol{\gamma}$ 为向量,k,l 为实数,由定义得到向量关于线性运算的 8 条基本运算规则:

(1) $\boldsymbol{\alpha}+\boldsymbol{\beta}=\boldsymbol{\beta}+\boldsymbol{\alpha}$; (2) $(\boldsymbol{\alpha}+\boldsymbol{\beta})+\boldsymbol{\gamma}=\boldsymbol{\alpha}+(\boldsymbol{\beta}+\boldsymbol{\gamma})$;

(3) $\boldsymbol{\alpha}+\mathbf{0}=\boldsymbol{\alpha}$; (4) $\boldsymbol{\alpha}+(-\boldsymbol{\alpha})=\mathbf{0}$;

(5) $1\boldsymbol{\alpha}=\boldsymbol{\alpha}$; (6) $k(l\boldsymbol{\alpha})=(kl)\boldsymbol{\alpha}$;

(7) $k(\boldsymbol{\alpha}+\boldsymbol{\beta})=k\boldsymbol{\alpha}+k\boldsymbol{\beta}$; (8) $(k+l)\boldsymbol{\alpha}=k\boldsymbol{\alpha}+l\boldsymbol{\alpha}$.

由定义还可推出 $0\boldsymbol{\alpha}=\mathbf{0}$;$(-1)\boldsymbol{\alpha}=-\boldsymbol{\alpha}$;$k\mathbf{0}=\mathbf{0}$;如果 $k\neq0,\boldsymbol{\alpha}\neq\mathbf{0}$,那么 $k\boldsymbol{\alpha}\neq\mathbf{0}$.

例 2 设 $\boldsymbol{\alpha}=\begin{pmatrix}1\\-2\\0\end{pmatrix},\boldsymbol{\beta}=\begin{pmatrix}2\\-1\\3\end{pmatrix},\boldsymbol{\gamma}=\begin{pmatrix}0\\1\\-1\end{pmatrix}$.

(1) 求 $2\boldsymbol{\alpha}-3\boldsymbol{\beta}+\boldsymbol{\gamma}$; (2) 若有 $\boldsymbol{\xi}$ 满足 $2\boldsymbol{\alpha}-\boldsymbol{\beta}+2\boldsymbol{\gamma}-2\boldsymbol{\xi}=\mathbf{0}$,求 $\boldsymbol{\xi}$.

例题讲解

解 (1) $$2\boldsymbol{\alpha}-3\boldsymbol{\beta}+\boldsymbol{\gamma}=2\begin{pmatrix}1\\-2\\0\end{pmatrix}-3\begin{pmatrix}2\\-1\\3\end{pmatrix}+\begin{pmatrix}0\\1\\-1\end{pmatrix}$$

$$=\begin{pmatrix}2\\-4\\0\end{pmatrix}-\begin{pmatrix}6\\-3\\9\end{pmatrix}+\begin{pmatrix}0\\1\\-1\end{pmatrix}=\begin{pmatrix}-4\\0\\-10\end{pmatrix}.$$

(2) 由 $2\boldsymbol{\alpha}-\boldsymbol{\beta}+2\boldsymbol{\gamma}-2\boldsymbol{\xi}=\mathbf{0}$,得

$$\boldsymbol{\xi}=\frac{1}{2}(2\boldsymbol{\alpha}-\boldsymbol{\beta}+2\boldsymbol{\gamma})=\boldsymbol{\alpha}-\frac{1}{2}\boldsymbol{\beta}+\boldsymbol{\gamma}$$

$$=\begin{pmatrix}1\\-2\\0\end{pmatrix}-\frac{1}{2}\begin{pmatrix}2\\-1\\3\end{pmatrix}+\begin{pmatrix}0\\1\\-1\end{pmatrix}=\begin{pmatrix}0\\-\frac{1}{2}\\-\frac{5}{2}\end{pmatrix}.$$

n 维实向量的全体所构成的集合,同时考虑到定义在它上面的加法和数量乘法,称为实数域上的 n 维向量空间,简称 **n 维实向量空间**,记为 $\mathbf{R}^n$.

在解析几何中,我们把"既有大小又有方向的量"称为向量,并把可随意平行移动的有向线段作为向量的几何形象. 引入坐标系后,又定义了向量的坐标表达式,此即前面定义的 3 维向量. 因此,当 $n=3$ 时,3 维向量可以把有向线段作为其几何

形象，3 维实向量空间可以认为就是几何空间中全体向量所构成的空间. 当 $n>3$ 时，n 维向量没有直观的几何形象.

2.2 向量的线性相关性

一、线性相关性

在这一节我们来进一步研究向量之间的关系.

若干个同型向量 $\boldsymbol{\alpha}_1,\boldsymbol{\alpha}_2,\cdots,\boldsymbol{\alpha}_m$ 所组成的集合叫作向量组，常用大写的英文字母 A,B 等表示.

定义 5 给定向量组 $A:\boldsymbol{\alpha}_1,\boldsymbol{\alpha}_2,\cdots,\boldsymbol{\alpha}_s$，对于任何一组常数 $k_1,k_2,\cdots,k_s$，表达式

$$k_1\boldsymbol{\alpha}_1+k_2\boldsymbol{\alpha}_2+\cdots+k_s\boldsymbol{\alpha}_s$$

称为向量组 A 的一个线性组合，$k_1,k_2,\cdots,k_s$ 称为这个线性组合的组合系数.

给定向量组 $A:\boldsymbol{\alpha}_1,\boldsymbol{\alpha}_2,\cdots,\boldsymbol{\alpha}_s$ 和向量 $\boldsymbol{\beta}$，若存在一组数 $k_1,k_2,\cdots,k_s$，使

$$\boldsymbol{\beta}=k_1\boldsymbol{\alpha}_1+k_2\boldsymbol{\alpha}_2+\cdots+k_s\boldsymbol{\alpha}_s,$$

则称向量 $\boldsymbol{\beta}$ 是向量组 A 的**线性组合**，又称向量 $\boldsymbol{\beta}$ 能由向量组 A **线性表示**（或**线性表出**）.

两个向量 $\boldsymbol{\alpha},\boldsymbol{\beta}$ 之间最简单的关系是成比例，即存在一数 k，使 $\boldsymbol{\beta}=k\boldsymbol{\alpha}$；而在一个向量与多个向量之间，成比例的关系表现为线性表示.

向量 $\boldsymbol{\beta}=\begin{pmatrix}-6\\7\\5\\-3\end{pmatrix}$ 为向量组 $\boldsymbol{\alpha}_1=\begin{pmatrix}-2\\0\\3\\1\end{pmatrix}$，$\boldsymbol{\alpha}_2=\begin{pmatrix}1\\3\\-2\\-1\end{pmatrix}$，$\boldsymbol{\alpha}_3=\begin{pmatrix}2\\-1\\0\\4\end{pmatrix}$ 的线性组合，因为 $\boldsymbol{\beta}=3\boldsymbol{\alpha}_1+2\boldsymbol{\alpha}_2-\boldsymbol{\alpha}_3$.

对任一向量组 $A:\boldsymbol{\alpha}_1,\boldsymbol{\alpha}_2,\cdots,\boldsymbol{\alpha}_s$，$\mathbf{0}=0\boldsymbol{\alpha}_1+0\boldsymbol{\alpha}_2+\cdots+0\boldsymbol{\alpha}_s$ 都成立，故**零向量 $\mathbf{0}$ 是任一向量组 $A:\boldsymbol{\alpha}_1,\boldsymbol{\alpha}_2,\cdots,\boldsymbol{\alpha}_s$ 的线性组合.**

n 维向量空间 $\mathbf{R}^n$ 中的 n 个向量

$$\boldsymbol{\varepsilon}_1=\begin{pmatrix}1\\0\\\vdots\\0\end{pmatrix},\quad \boldsymbol{\varepsilon}_2=\begin{pmatrix}0\\1\\\vdots\\0\end{pmatrix},\quad \cdots,\quad \boldsymbol{\varepsilon}_n=\begin{pmatrix}0\\0\\\vdots\\1\end{pmatrix}$$

称为**单位向量**.

显然，单位向量中任一向量都不能由其余 $n-1$ 个向量线性表出；而任一 n 维向量 $\boldsymbol{\alpha}=\begin{pmatrix}a_1\\a_2\\\vdots\\a_n\end{pmatrix}$ 都是 n 个单位向量 $\boldsymbol{\varepsilon}_1,\boldsymbol{\varepsilon}_2,\cdots,\boldsymbol{\varepsilon}_n$ 的线性组合：

$$\boldsymbol{\alpha}=a_1\boldsymbol{\varepsilon}_1+a_2\boldsymbol{\varepsilon}_2+\cdots+a_n\boldsymbol{\varepsilon}_n.$$

例 3　已知 $\boldsymbol{\alpha}_1=\begin{pmatrix}1+c\\1\\1\end{pmatrix},\boldsymbol{\alpha}_2=\begin{pmatrix}1\\1+c\\1\end{pmatrix},\boldsymbol{\alpha}_3=\begin{pmatrix}1\\1\\1+c\end{pmatrix},\boldsymbol{\beta}=\begin{pmatrix}0\\c\\c^2\end{pmatrix}$,试问当 c 取何值时,

(1) $\boldsymbol{\beta}$ 可由 $\boldsymbol{\alpha}_1,\boldsymbol{\alpha}_2,\boldsymbol{\alpha}_3$ 线性表示,且表达式唯一.

(2) $\boldsymbol{\beta}$ 可由 $\boldsymbol{\alpha}_1,\boldsymbol{\alpha}_2,\boldsymbol{\alpha}_3$ 线性表示,且表达式不唯一.

(3) $\boldsymbol{\beta}$ 不能由 $\boldsymbol{\alpha}_1,\boldsymbol{\alpha}_2,\boldsymbol{\alpha}_3$ 线性表示.

解　设 $\boldsymbol{\beta}=k_1\boldsymbol{\alpha}_1+k_2\boldsymbol{\alpha}_2+k_3\boldsymbol{\alpha}_3$,得方程组

$$\begin{cases}(1+c)k_1+k_2+k_3=0,\\k_1+(1+c)k_2+k_3=c,\\k_1+k_2+(1+c)k_3=c^2\end{cases}$$

的系数行列式

$$D=\begin{vmatrix}1+c&1&1\\1&1+c&1\\1&1&1+c\end{vmatrix}=\begin{vmatrix}3+c&1&1\\3+c&1+c&1\\3+c&1&1+c\end{vmatrix}$$

$$=\begin{vmatrix}3+c&1&1\\0&c&0\\0&0&c\end{vmatrix}=c^2(3+c).$$

(1) 由克拉默法则,当 $D\neq0$ 时,方程组有唯一解,即当 $c\neq0$ 且 $c\neq-3$ 时,k_1,k_2,k_3 有唯一解,$\boldsymbol{\beta}$ 可由 $\boldsymbol{\alpha}_1,\boldsymbol{\alpha}_2,\boldsymbol{\alpha}_3$ 线性表示,且表达式唯一.

(2) 当 $c=0$ 时,方程组为

$$\begin{cases}k_1+k_2+k_3=0,\\k_1+k_2+k_3=0,\\k_1+k_2+k_3=0,\end{cases}\quad\text{即}\quad k_1+k_2+k_3=0,$$

显然 k_1,k_2,k_3 有无穷多解,故 $\boldsymbol{\beta}$ 可由 $\boldsymbol{\alpha}_1,\boldsymbol{\alpha}_2,\boldsymbol{\alpha}_3$ 线性表示,且表达式不唯一.

(3) 当 $c=-3$ 时,方程组为

$$\begin{cases}-2k_1+k_2+k_3=0,\\k_1-2k_2+k_3=-3,\\k_1+k_2-2k_3=9,\end{cases}$$

将 3 个等式相加,得到 $0k_1+0k_2+0k_3=6$,矛盾. 故 k_1,k_2,k_3 无解,即 $\boldsymbol{\beta}$ 不能由 $\boldsymbol{\alpha}_1$,$\boldsymbol{\alpha}_2,\boldsymbol{\alpha}_3$ 线性表示.

定义 6　给定向量组 A:$\boldsymbol{\alpha}_1,\boldsymbol{\alpha}_2,\cdots,\boldsymbol{\alpha}_s$,如果存在不全为零的数 $k_1,k_2,\cdots,k_s$,使

$$k_1\boldsymbol{\alpha}_1+k_2\boldsymbol{\alpha}_2+\cdots+k_s\boldsymbol{\alpha}_s=\mathbf{0},$$

则称**向量组 A 线性相关**,否则称**向量组 A 线性无关**.

这里，向量组 $A:\boldsymbol{\alpha}_1,\boldsymbol{\alpha}_2,\cdots,\boldsymbol{\alpha}_s$ 线性无关，是指没有不全为零的数 $k_1,k_2,\cdots,k_s$，使得 $k_1\boldsymbol{\alpha}_1+k_2\boldsymbol{\alpha}_2+\cdots+k_s\boldsymbol{\alpha}_s=\boldsymbol{0}$ 成立. 也就是说，只有当 $k_1=k_2=\cdots=k_s=0$ 时，$k_1\boldsymbol{\alpha}_1+k_2\boldsymbol{\alpha}_2+\cdots+k_s\boldsymbol{\alpha}_s=\boldsymbol{0}$ 才成立. 或者说，由 $k_1\boldsymbol{\alpha}_1+k_2\boldsymbol{\alpha}_2+\cdots+k_s\boldsymbol{\alpha}_s=\boldsymbol{0}$ 只能推出 $k_1=k_2=\cdots=k_s=0$.

由定义易得下列结论：

(1) 包含零向量的任何向量组是线性相关的.

(2) 向量组只含有一个向量 $\boldsymbol{\alpha}$ 时，线性相关的充要条件是 $\boldsymbol{\alpha}=\boldsymbol{0}$.

(3) 仅含两个向量的向量组线性相关的充要条件是这两个向量的对应分量成比例.

两个向量线性相关的几何意义是这两个向量共线，三个向量线性相关的几何意义是这三个向量共面.

例 4 已知 $\boldsymbol{\alpha}_1,\boldsymbol{\alpha}_2,\boldsymbol{\alpha}_3$ 线性无关，试证明：

(1) $\boldsymbol{\beta}_1=\boldsymbol{\alpha}_1+\boldsymbol{\alpha}_2,\boldsymbol{\beta}_2=\boldsymbol{\alpha}_2+\boldsymbol{\alpha}_3,\boldsymbol{\beta}_3=\boldsymbol{\alpha}_3+\boldsymbol{\alpha}_1$ 线性无关；

(2) $\boldsymbol{\gamma}_1=\boldsymbol{\alpha}_1-\boldsymbol{\alpha}_2,\boldsymbol{\gamma}_2=\boldsymbol{\alpha}_2-\boldsymbol{\alpha}_3,\boldsymbol{\gamma}_3=\boldsymbol{\alpha}_3-\boldsymbol{\alpha}_1$ 线性相关.

例题讲解

证 (1)设 $k_1\boldsymbol{\beta}_1+k_2\boldsymbol{\beta}_2+k_3\boldsymbol{\beta}_3=\boldsymbol{0}$，得

$$k_1(\boldsymbol{\alpha}_1+\boldsymbol{\alpha}_2)+k_2(\boldsymbol{\alpha}_2+\boldsymbol{\alpha}_3)+k_3(\boldsymbol{\alpha}_3+\boldsymbol{\alpha}_1)=\boldsymbol{0},$$

即

$$(k_1+k_3)\boldsymbol{\alpha}_1+(k_1+k_2)\boldsymbol{\alpha}_2+(k_2+k_3)\boldsymbol{\alpha}_3=\boldsymbol{0},$$

由 $\boldsymbol{\alpha}_1,\boldsymbol{\alpha}_2,\boldsymbol{\alpha}_3$ 线性无关，得

$$\begin{cases}k_1+k_3=0,\\k_1+k_2=0,\\k_2+k_3=0,\end{cases}$$

只有零解 $k_1=k_2=k_3=0$，故 $\boldsymbol{\beta}_1,\boldsymbol{\beta}_2,\boldsymbol{\beta}_3$ 线性无关.

(2) 取 $k_1=k_2=k_3=1$，则 $k_1\boldsymbol{\gamma}_1+k_2\boldsymbol{\gamma}_2+k_3\boldsymbol{\gamma}_3=(\boldsymbol{\alpha}_1-\boldsymbol{\alpha}_2)+(\boldsymbol{\alpha}_2-\boldsymbol{\alpha}_3)+(\boldsymbol{\alpha}_3-\boldsymbol{\alpha}_1)=\boldsymbol{0}$，所以 $\boldsymbol{\gamma}_1,\boldsymbol{\gamma}_2,\boldsymbol{\gamma}_3$ 线性相关.

例 5 由 n 个 n 维的向量组成的向量组

$$A:\boldsymbol{\alpha}_1=\begin{pmatrix}a_{11}\\a_{21}\\\vdots\\a_{n1}\end{pmatrix},\boldsymbol{\alpha}_2=\begin{pmatrix}a_{12}\\a_{22}\\\vdots\\a_{n2}\end{pmatrix},\cdots,\boldsymbol{\alpha}_n=\begin{pmatrix}a_{1n}\\a_{2n}\\\vdots\\a_{nn}\end{pmatrix}.$$

若行列式 $D=\begin{vmatrix}a_{11}&a_{12}&\cdots&a_{1n}\\a_{21}&a_{22}&\cdots&a_{2n}\\\vdots&\vdots&&\vdots\\a_{n1}&a_{n2}&\cdots&a_{nn}\end{vmatrix}\neq0$，证明：向量组 A 线性无关.

证 设 $x_1\boldsymbol{\alpha}_1+x_2\boldsymbol{\alpha}_2+\cdots+x_n\boldsymbol{\alpha}_n=\boldsymbol{0}$，即得齐次线性方程组

$$\begin{cases}a_{11}x_1+a_{12}x_2+\cdots+a_{1n}x_n=0,\\a_{21}x_1+a_{22}x_2+\cdots+a_{2n}x_n=0,\\\quad\cdots\cdots\\a_{n1}x_1+a_{n2}x_2+\cdots+a_{nn}x_n=0.\end{cases}$$

因为其系数行列式

$$D=\begin{vmatrix}a_{11}&a_{12}&\cdots&a_{1n}\\a_{21}&a_{22}&\cdots&a_{2n}\\\vdots&\vdots&&\vdots\\a_{n1}&a_{n2}&\cdots&a_{nn}\end{vmatrix}\neq0,$$

由克拉默法则,方程组有唯一解,即只有零解 $x_1=x_2=\cdots=x_n=0$,则向量组 A:$\boldsymbol{\alpha}_1,\boldsymbol{\alpha}_2,\cdots,\boldsymbol{\alpha}_n$ 线性无关.

下面讨论线性相关的充要条件.

定理 1　向量组 A:$\boldsymbol{\alpha}_1,\boldsymbol{\alpha}_2,\cdots,\boldsymbol{\alpha}_s(s\geqslant2)$线性相关的充要条件是向量组中至少有一个向量可由其余 $s-1$ 个向量线性表示.

证　充分性:设 $\boldsymbol{\alpha}_1,\boldsymbol{\alpha}_2,\cdots,\boldsymbol{\alpha}_s$ 中至少有一个向量可由其余向量线性表示,不妨设 $\boldsymbol{\alpha}_1$ 可由其余向量线性表示,即 $\boldsymbol{\alpha}_1=k_2\boldsymbol{\alpha}_2+\cdots+k_s\boldsymbol{\alpha}_s$,则有$(-1)\boldsymbol{\alpha}_1+k_2\boldsymbol{\alpha}_2+\cdots+k_s\boldsymbol{\alpha}_s=\mathbf{0}$,那么 $\boldsymbol{\alpha}_1,\boldsymbol{\alpha}_2,\cdots,\boldsymbol{\alpha}_s$ 前的系数至少有一个不为零$(-1\neq0)$,所以向量组 A:$\boldsymbol{\alpha}_1,\boldsymbol{\alpha}_2,\cdots,\boldsymbol{\alpha}_s$ 线性相关.

必要性:设向量组 A:$\boldsymbol{\alpha}_1,\boldsymbol{\alpha}_2,\cdots,\boldsymbol{\alpha}_s$ 线性相关,则存在不全为零的数 $k_1,k_2,\cdots,k_s$,使得 $k_1\boldsymbol{\alpha}_1+k_2\boldsymbol{\alpha}_2+\cdots+k_s\boldsymbol{\alpha}_s=\mathbf{0}$ 成立,不妨设 $k_1\neq0$,于是

$$\boldsymbol{\alpha}_1=\left(-\frac{k_2}{k_1}\right)\boldsymbol{\alpha}_2+\left(-\frac{k_3}{k_1}\right)\boldsymbol{\alpha}_3+\cdots+\left(-\frac{k_s}{k_1}\right)\boldsymbol{\alpha}_s,$$

即 $\boldsymbol{\alpha}_1$ 可由其余向量线性表示.

定理 2　向量组 A:$\boldsymbol{\alpha}_1=\begin{pmatrix}a_{11}\\a_{21}\\\vdots\\a_{n1}\end{pmatrix},\boldsymbol{\alpha}_2=\begin{pmatrix}a_{12}\\a_{22}\\\vdots\\a_{n2}\end{pmatrix},\cdots,\boldsymbol{\alpha}_s=\begin{pmatrix}a_{1s}\\a_{2s}\\\vdots\\a_{ns}\end{pmatrix}$线性相关的充要条件是齐次线性方程组

$$\begin{cases}a_{11}x_1+a_{12}x_2+\cdots+a_{1s}x_s=0,\\a_{21}x_1+a_{22}x_2+\cdots+a_{2s}x_s=0,\\\quad\cdots\cdots\\a_{n1}x_1+a_{n2}x_2+\cdots+a_{ns}x_s=0,\end{cases}\tag{1}$$

有非零解,即向量组 A 线性无关的充要条件是齐次线性方程组(1)只有零解.

请读者自己证明.

下面我们进一步讨论线性相关的性质.

定理 3 设向量组 $A:\boldsymbol{\alpha}_1,\boldsymbol{\alpha}_2,\cdots,\boldsymbol{\alpha}_s$ 线性无关，而向量组 $B:\boldsymbol{\alpha}_1,\boldsymbol{\alpha}_2,\cdots,\boldsymbol{\alpha}_s,\boldsymbol{\beta}$ 线性相关，则向量 $\boldsymbol{\beta}$ 必能由向量组 A 线性表示，且表达式是唯一的.

证 因为 $\boldsymbol{\alpha}_1,\boldsymbol{\alpha}_2,\cdots,\boldsymbol{\alpha}_s,\boldsymbol{\beta}$ 线性相关，所以存在不全为零的数 $k_1,k_2,\cdots,k_s,k_{s+1}$ 使

$$k_1\boldsymbol{\alpha}_1+k_2\boldsymbol{\alpha}_2+\cdots+k_s\boldsymbol{\alpha}_s+k_{s+1}\boldsymbol{\beta}=\mathbf{0}$$

成立，若 $k_{s+1}=0$，则有 $k_1\boldsymbol{\alpha}_1+k_2\boldsymbol{\alpha}_2+\cdots+k_s\boldsymbol{\alpha}_s=\mathbf{0}$，且 $k_1,k_2,\cdots,k_s$ 不全为零，即向量组 A 线性相关，与已知条件矛盾，故 $k_{s+1}\neq 0$，于是有

$$\boldsymbol{\beta}=\left(-\frac{k_1}{k_{s+1}}\right)\boldsymbol{\alpha}_1+\left(-\frac{k_2}{k_{s+1}}\right)\boldsymbol{\alpha}_2+\cdots+\left(-\frac{k_s}{k_{s+1}}\right)\boldsymbol{\alpha}_s,$$

即向量 $\boldsymbol{\beta}$ 能由向量组 A 线性表示.

设 $\boldsymbol{\beta}=x_1\boldsymbol{\alpha}_1+x_2\boldsymbol{\alpha}_2+\cdots+x_s\boldsymbol{\alpha}_s$ 和 $\boldsymbol{\beta}=y_1\boldsymbol{\alpha}_1+y_2\boldsymbol{\alpha}_2+\cdots+y_s\boldsymbol{\alpha}_s$ 都是向量 $\boldsymbol{\beta}$ 的表达式，两式相减得

$$(x_1-y_1)\boldsymbol{\alpha}_1+(x_2-y_2)\boldsymbol{\alpha}_2+\cdots+(x_s-y_s)\boldsymbol{\alpha}_s=\mathbf{0}.$$

因为向量组 $A:\boldsymbol{\alpha}_1,\boldsymbol{\alpha}_2,\cdots,\boldsymbol{\alpha}_s$ 线性无关，所以

$$x_1-y_1=x_2-y_2=\cdots=x_s-y_s=0,$$

即 $x_i=y_i(i=1,2,\cdots,s)$，表达式是唯一的.

由线性方程组的知识，我们还容易得到下面的引理：

引理 对齐次线性方程组(1)，若 $s>n$(变量个数大于方程个数)，则方程组一定有非零解.

定理 4 (1)如果向量组中有一部分向量(部分组)线性相关，则整个向量组线性相关；其逆否命题为：如果一向量组线性无关，则其任一非空部分组也线性无关.

(2) 如果向量组 A：

$$\boldsymbol{\alpha}_1=\begin{pmatrix}a_{11}\\a_{21}\\\vdots\\a_{n1}\end{pmatrix},\quad \boldsymbol{\alpha}_2=\begin{pmatrix}a_{12}\\a_{22}\\\vdots\\a_{n2}\end{pmatrix},\quad \cdots,\quad \boldsymbol{\alpha}_s=\begin{pmatrix}a_{1s}\\a_{2s}\\\vdots\\a_{ns}\end{pmatrix}$$

线性无关，在其每一个向量的相同位置上添一个分量所得的 $n+1$ 维向量组 B：

$$\boldsymbol{\beta}_1=\begin{pmatrix}a_{11}\\a_{21}\\\vdots\\a_{n1}\\a_{n+1,1}\end{pmatrix},\quad \boldsymbol{\beta}_2=\begin{pmatrix}a_{12}\\a_{22}\\\vdots\\a_{n2}\\a_{n+1,2}\end{pmatrix},\quad \cdots,\quad \boldsymbol{\beta}_s=\begin{pmatrix}a_{1s}\\a_{2s}\\\vdots\\a_{ns}\\a_{n+1,s}\end{pmatrix}$$

也线性无关. 其逆否命题为：如果向量组 B 线性相关，那么向量组 A 也线性相关.

(3) 若向量组中向量的个数大于向量的维数，则此向量组必线性相关.

证 (1) 设向量组 $A:\boldsymbol{\alpha}_1,\boldsymbol{\alpha}_2,\cdots,\boldsymbol{\alpha}_s$ 中的部分组 $\boldsymbol{\alpha}_1,\boldsymbol{\alpha}_2,\cdots,\boldsymbol{\alpha}_r(r<s)$ 线性相关，

则存在不全为零的数 $k_1, k_2, \cdots, k_r$，使

$$k_1\boldsymbol{\alpha}_1 + k_2\boldsymbol{\alpha}_2 + \cdots + k_r\boldsymbol{\alpha}_r = \mathbf{0}.$$

取 $k_{r+1} = k_{r+2} = \cdots = k_s = 0$，得到

$$k_1\boldsymbol{\alpha}_1 + k_2\boldsymbol{\alpha}_2 + \cdots + k_r\boldsymbol{\alpha}_r + k_{r+1}\boldsymbol{\alpha}_{r+1} + k_{r+2}\boldsymbol{\alpha}_{r+2} + \cdots + k_s\boldsymbol{\alpha}_s = \mathbf{0},$$

则向量组 A：$\boldsymbol{\alpha}_1, \boldsymbol{\alpha}_2, \cdots, \boldsymbol{\alpha}_s$ 线性相关.

(2) 设 $x_1\boldsymbol{\beta}_1 + x_2\boldsymbol{\beta}_2 + \cdots + x_s\boldsymbol{\beta}_s = \mathbf{0}$，即得方程组

$$\begin{cases} a_{11}x_1 + a_{12}x_2 + \cdots + a_{1s}x_s = 0, \\ a_{21}x_1 + a_{22}x_2 + \cdots + a_{2s}x_s = 0, \\ \quad\cdots\cdots \\ a_{n1}x_1 + a_{n2}x_2 + \cdots + a_{ns}x_s = 0, \\ a_{n+1,1}x_1 + a_{n+1,2}x_2 + \cdots + a_{n+1,s}x_s = 0, \end{cases} \tag{2}$$

比较方程组(1)与(2)可知，方程组(2)的解一定是方程组(1)的解，由定理 2 知，方程组(1)只有零解，所以方程组(2)也只有零解，故向量组 B 线性无关.

(3) 设向量组 A：$\boldsymbol{\alpha}_1 = \begin{pmatrix} a_{11} \\ a_{21} \\ \vdots \\ a_{n1} \end{pmatrix}, \boldsymbol{\alpha}_2 = \begin{pmatrix} a_{12} \\ a_{22} \\ \vdots \\ a_{n2} \end{pmatrix}, \cdots, \boldsymbol{\alpha}_s = \begin{pmatrix} a_{1s} \\ a_{2s} \\ \vdots \\ a_{ns} \end{pmatrix}$，其中 $s > n$，令

$$x_1\boldsymbol{\alpha}_1 + x_2\boldsymbol{\alpha}_2 + \cdots + x_s\boldsymbol{\alpha}_s = \mathbf{0},$$

即得方程组(1)，由引理知方程组有非零解，再由定理 2 得向量组 A 线性相关.

定理 4 中的(2)可以推广到添几个分量的情形.

例 6　设向量组 $\boldsymbol{\alpha}_1, \boldsymbol{\alpha}_2, \boldsymbol{\alpha}_3$ 线性相关，向量组 $\boldsymbol{\alpha}_2, \boldsymbol{\alpha}_3, \boldsymbol{\alpha}_4$ 线性无关，证明：

(1) $\boldsymbol{\alpha}_1$ 能由 $\boldsymbol{\alpha}_2, \boldsymbol{\alpha}_3$ 线性表示；

(2) $\boldsymbol{\alpha}_4$ 不能由 $\boldsymbol{\alpha}_1, \boldsymbol{\alpha}_2, \boldsymbol{\alpha}_3$ 线性表示.

证　(1) 因 $\boldsymbol{\alpha}_2, \boldsymbol{\alpha}_3, \boldsymbol{\alpha}_4$ 线性无关，故由定理 4 中的(1)知 $\boldsymbol{\alpha}_2, \boldsymbol{\alpha}_3$ 线性无关，而 $\boldsymbol{\alpha}_1, \boldsymbol{\alpha}_2, \boldsymbol{\alpha}_3$ 线性相关，由定理 3 知 $\boldsymbol{\alpha}_1$ 能由 $\boldsymbol{\alpha}_2, \boldsymbol{\alpha}_3$ 线性表示.

(2) 用反证法：假设 $\boldsymbol{\alpha}_4$ 能由 $\boldsymbol{\alpha}_1, \boldsymbol{\alpha}_2, \boldsymbol{\alpha}_3$ 线性表示，而由(1)知 $\boldsymbol{\alpha}_1$ 能由 $\boldsymbol{\alpha}_2, \boldsymbol{\alpha}_3$ 线性表示，因此 $\boldsymbol{\alpha}_4$ 能由 $\boldsymbol{\alpha}_2, \boldsymbol{\alpha}_3$ 线性表示，由定理 1 知 $\boldsymbol{\alpha}_2, \boldsymbol{\alpha}_3, \boldsymbol{\alpha}_4$ 线性相关，这与已知条件矛盾.

例 7(配方问题)　在化工、医药、日常膳食等方面都经常涉及配方问题. 一种佐料由四种原料 A、B、C、D 混合而成. 这种佐料现有两种规格，在这两种规格的佐料中，四种原料的比例分别为 2∶3∶1∶1 和 1∶2∶1∶2. 需要四种原料的比例为 4∶7∶3∶5 的第三种规格的佐料. 问：第三种规格的佐料能否由前两种规格的佐料按一定比例配制而成？

解　在不考虑各种成分之间可能发生某些化学反应时，配方问题可以用向量来建模. 假设前两种规格的佐料分装成袋，比如说第一种规格的佐料每袋净重 7

克(其中 A、B、C、D 四种原料分别为 2 克、3 克、1 克、1 克),第二种规格的佐料每袋净重 6 克(其中 A、B、C、D 四种原料分别为 1 克、2 克、1 克、2 克).

根据已知数据和上述假设,可以进一步假设将 x 袋第一种规格的佐料与 y 袋第二种规格的佐料混合在一起,得到的混合物中 A、B、C、D 四种原料分别为 4 克、7 克、3 克、5 克,记

$$\boldsymbol{\alpha}=\begin{pmatrix}2\\3\\1\\1\end{pmatrix},\quad \boldsymbol{\beta}=\begin{pmatrix}1\\2\\1\\2\end{pmatrix},\quad \boldsymbol{\gamma}=\begin{pmatrix}4\\7\\3\\5\end{pmatrix},$$

则本问题实际上是讨论向量 $\boldsymbol{\alpha},\boldsymbol{\beta},\boldsymbol{\gamma}$ 是否线性相关,进一步讨论 $\boldsymbol{\gamma}$ 能否由 $\boldsymbol{\alpha},\boldsymbol{\beta}$ 线性表示.

设 $x\boldsymbol{\alpha}+y\boldsymbol{\beta}=\boldsymbol{\gamma}\Leftrightarrow x\begin{pmatrix}2\\3\\1\\1\end{pmatrix}+y\begin{pmatrix}1\\2\\1\\2\end{pmatrix}=\begin{pmatrix}4\\7\\3\\5\end{pmatrix}$,可求得 $x=1,y=2$,即第三种规格的佐料可以由前两种佐料按照 1∶2 的比例配制而成.

二、极大线性无关组和秩

定义 7 设有两同型向量组 $A:\boldsymbol{\alpha}_1,\boldsymbol{\alpha}_2,\cdots,\boldsymbol{\alpha}_s$ 与 $B:\boldsymbol{\beta}_1,\boldsymbol{\beta}_2,\cdots,\boldsymbol{\beta}_t$,若向量组 B 中的每一个向量都能由向量组 A 线性表示,则称向量组 B 能由向量组 A 线性表示;若向量组 A 与向量组 B 能相互线性表示,则称向量组 A 与向量组 B 等价.

显然,向量组之间的等价关系具有以下性质:

(1) **反身性** 每一个向量组都与它自身等价.

(2) **对称性** 如果向量组 A 与向量组 B 等价,则向量组 B 也与向量组 A 等价.

(3) **传递性** 如果向量组 A 与向量组 B 等价,向量组 B 与向量组 C 等价,则向量组 A 也与向量组 C 等价.

定理 5* 设向量组 $A:\boldsymbol{\alpha}_1,\boldsymbol{\alpha}_2,\cdots,\boldsymbol{\alpha}_s$ 可由向量组 $B:\boldsymbol{\beta}_1,\boldsymbol{\beta}_2,\cdots,\boldsymbol{\beta}_n$ 线性表示,若 $s>n$,则向量组 A 线性相关;其逆否命题为:若向量组 A 线性无关,则 $s\leqslant n$.

证 设

$$\begin{cases}\boldsymbol{\alpha}_1=a_{11}\boldsymbol{\beta}_1+a_{21}\boldsymbol{\beta}_2+\cdots+a_{n1}\boldsymbol{\beta}_n,\\ \boldsymbol{\alpha}_2=a_{12}\boldsymbol{\beta}_1+a_{22}\boldsymbol{\beta}_2+\cdots+a_{n2}\boldsymbol{\beta}_n,\\ \qquad\cdots\cdots\\ \boldsymbol{\alpha}_s=a_{1s}\boldsymbol{\beta}_1+a_{2s}\boldsymbol{\beta}_2+\cdots+a_{ns}\boldsymbol{\beta}_n.\end{cases}\tag{3}$$

若 $x_1\boldsymbol{\alpha}_1+x_2\boldsymbol{\alpha}_2+\cdots+x_s\boldsymbol{\alpha}_s=\mathbf{0}$,将方程组(3)代入,得

$$(a_{11}x_1+a_{12}x_2+\cdots+a_{1s}x_s)\boldsymbol{\beta}_1+(a_{21}x_1+a_{22}x_2+\cdots+a_{2s}x_s)\boldsymbol{\beta}_2+\cdots$$
$$+(a_{n1}x_1+a_{n2}x_2+\cdots+a_{ns}x_s)\boldsymbol{\beta}_n=\mathbf{0},$$

令向量 $\boldsymbol{\beta}_1,\boldsymbol{\beta}_2,\cdots,\boldsymbol{\beta}_n$ 前的系数都取 0，即得方程组(1)，因为 $s>n$，由引理知，$x_1,x_2,\cdots,x_s$ 存在非零解，所以向量组 $A:\boldsymbol{\alpha}_1,\boldsymbol{\alpha}_2,\cdots,\boldsymbol{\alpha}_s$ 线性相关.

定义 8　设有向量组 A，若在向量组 A 中能选出 r 个向量 $\boldsymbol{\alpha}_1,\boldsymbol{\alpha}_2,\cdots,\boldsymbol{\alpha}_r$ 满足

(1) 向量组 $A_0:\boldsymbol{\alpha}_1,\boldsymbol{\alpha}_2,\cdots,\boldsymbol{\alpha}_r$ 线性无关；

(2) 向量组 A 中任意 $r+1$ 个向量(若有的话)都线性相关，

则称向量组 A_0 是向量组 A 的一个极大线性无关向量组(简称为极大无关组)，极大线性无关向量组所含向量的个数 r 称为向量组 A 的**秩**，记作 $R(A)$.

由定理 5*，易证极大线性无关向量组的等价定义：

定义 8′　设有向量组 A，若在向量组 A 中能选出 r 个向量 $\boldsymbol{\alpha}_1,\boldsymbol{\alpha}_2,\cdots,\boldsymbol{\alpha}_r$，满足

(1) 向量组 $A_0:\boldsymbol{\alpha}_1,\boldsymbol{\alpha}_2,\cdots,\boldsymbol{\alpha}_r$ 线性无关；

(2) 向量组 A 中的任一向量都能由向量组 A_0 线性表示，

则称向量组 A_0 是向量组 A 的一个**极大线性无关向量组**.

只含零向量的向量组没有极大线性无关向量组，规定它的秩为 0.

例 8　求 n 维实向量空间 $\mathbf{R}^n$ 的一个极大线性无关向量组及 $\mathbf{R}^n$ 的秩.

解　显然，n 维单位向量组

$$E:\quad \boldsymbol{\varepsilon}_1=\begin{pmatrix}1\\0\\\vdots\\0\end{pmatrix},\quad \boldsymbol{\varepsilon}_2=\begin{pmatrix}0\\1\\\vdots\\0\end{pmatrix},\quad \cdots,\quad \boldsymbol{\varepsilon}_n=\begin{pmatrix}0\\0\\\vdots\\1\end{pmatrix}$$

线性无关，由定理 4 中的(3)，任意 $n+1$ 个 n 维向量构成的向量组都线性相关，所以 n 维单位向量组 E 就是 $\mathbf{R}^n$ 的一个极大线性无关向量组，$\mathbf{R}^n$ 的秩为 n.

一个向量组的极大线性无关向量组可以不唯一. 如对 $\mathbf{R}^n$，n 维单位向量组 E 为它的一个极大线性无关向量组；向量组

$$\boldsymbol{\alpha}_1=\begin{pmatrix}1\\0\\\vdots\\0\end{pmatrix},\quad \boldsymbol{\alpha}_2=\begin{pmatrix}1\\1\\\vdots\\0\end{pmatrix},\quad \cdots,\quad \boldsymbol{\alpha}_n=\begin{pmatrix}1\\1\\\vdots\\1\end{pmatrix}$$

线性无关，同样也是 $\mathbf{R}^n$ 的一个极大线性无关向量组. 但向量组的秩是唯一的.

若向量组 A 的秩为 r，我们只要在向量组 A 中找到 r 个线性无关的向量 $\boldsymbol{\alpha}_1,\boldsymbol{\alpha}_2,\cdots,\boldsymbol{\alpha}_r$，则向量组 $\boldsymbol{\alpha}_1,\boldsymbol{\alpha}_2,\cdots,\boldsymbol{\alpha}_r$ 就是向量组 A 的极大线性无关向量组，因为我们有如下定理.

定理 6　向量组 A 与它的极大线性无关向量组 $A_0:\boldsymbol{\alpha}_1,\boldsymbol{\alpha}_2,\cdots,\boldsymbol{\alpha}_r$ 等价.

证　因为向量组 A_0 是向量组 A 的部分组，所以向量组 A_0 能由向量组 A 线

性表示.

另一方面,对向量组 A 中的任一向量 $\boldsymbol{\alpha}$,根据定义 8 的条件(2)知,$\boldsymbol{\alpha},\boldsymbol{\alpha}_1,\boldsymbol{\alpha}_2,\cdots,\boldsymbol{\alpha}_r$ 线性相关,而 $\boldsymbol{\alpha}_1,\boldsymbol{\alpha}_2,\cdots,\boldsymbol{\alpha}_r$ 线性无关,由定理 3 得:$\boldsymbol{\alpha}$ 可由 $\boldsymbol{\alpha}_1,\boldsymbol{\alpha}_2,\cdots,\boldsymbol{\alpha}_r$ 线性表示,即向量组 A 能由向量组 A_0 线性表示. 所以向量组 A 与它的极大线性无关向量组 A_0 等价.

推论 向量组的任意两个极大线性无关组等价.

定理 7* 设有两个同型向量组 $A:\boldsymbol{\alpha}_1,\boldsymbol{\alpha}_2,\cdots,\boldsymbol{\alpha}_s$, $B:\boldsymbol{\beta}_1,\boldsymbol{\beta}_2,\cdots,\boldsymbol{\beta}_t$.

(1) 若向量组 A 可由向量组 B 线性表示,则 $R(A)\leqslant R(B)$;

(2) 向量组 A 可由向量组 B 线性表示的充要条件是 $R(B)=R(A,B)$;

(3) 若向量组 A 与向量组 B 等价,则 $R(A)=R(B)$;

(4) 向量组 A 与向量组 B 等价的充要条件是 $R(A)=R(B)=R(A,B)$.

证 设向量组 A 的极大线性无关向量组 A_0,向量组 B 的极大线性无关向量组 B_0.

(1) 由定理 6 知,向量组 A 与它的极大线性无关向量组 A_0 等价,向量组 B 与它的极大线性无关向量组 B_0 等价,而向量组 A 可由向量组 B 线性表示,故向量组 A_0 可由向量组 B_0 线性表示. 又因为极大线性无关向量组 A_0 线性无关,由定理 5 知,向量组 A_0 中的向量个数小于等于向量组 B_0 中的向量个数,即 $R(A)\leqslant R(B)$.

(2) 必要性:因为向量组 A 可由向量组 B 线性表示,所以向量组 A 也可由向量组 B_0 线性表示,则向量组(A,B)(并成一组)可由向量组 B_0 线性表示,即向量组 B_0 为向量组(A,B)的极大线性无关向量组,故 $R(B)=R(A,B)$.

充分性:因为 $R(B)=R(A,B)$,所以向量组 B_0 也是向量组(A,B)的极大线性无关向量组,则向量组 A 也可由向量组 B_0 线性表示,即向量组 A 可由向量组 B 线性表示.

(3) 因为向量组 A 与向量组 B 可相互线性表示,由(1)知 $R(A)\leqslant R(B)$ 且 $R(B)\leqslant R(A)$,所以 $R(A)=R(B)$.

(4) 由(2)知:向量组 A 可由向量组 B 线性表示的充要条件是 $R(B)=R(A,B)$,向量组 B 可由向量组 A 线性表示的充要条件是 $R(A)=R(A,B)$,故向量组 A 与向量组 B 等价的充要条件是 $R(A)=R(B)=R(A,B)$.

定理 7 中(2)的一个特例是:向量 $\boldsymbol{\beta}$ 可由向量组 $\boldsymbol{\alpha}_1,\boldsymbol{\alpha}_2,\cdots,\boldsymbol{\alpha}_s$ 线性表示的充要条件是

$$R(\boldsymbol{\alpha}_1,\boldsymbol{\alpha}_2,\cdots,\boldsymbol{\alpha}_s)=R(\boldsymbol{\alpha}_1,\boldsymbol{\alpha}_2,\cdots,\boldsymbol{\alpha}_s,\boldsymbol{\beta}).$$

2.3 向量的内积

我们已经定义了向量的加法与数量乘法,统称为**线性运算**. 如果以几何空间中

的向量作为具体模型,那么就会发现向量的度量性质,如长度、夹角等,我们没有考虑.但是向量的度量性质在许多问题中(其中包括几何问题)有着特殊的地位,因此有必要引入度量的概念.

一、内积及其性质

定义 9 设有同型向量

$$\boldsymbol{\alpha}=\begin{pmatrix}a_1\\a_2\\\vdots\\a_n\end{pmatrix},\quad \boldsymbol{\beta}=\begin{pmatrix}b_1\\b_2\\\vdots\\b_n\end{pmatrix},$$

令

$$(\boldsymbol{\alpha},\boldsymbol{\beta})=a_1b_1+a_2b_2+\cdots+a_nb_n,$$

称数$(\boldsymbol{\alpha},\boldsymbol{\beta})$(或表示为$[\boldsymbol{\alpha},\boldsymbol{\beta}]$)为向量 $\boldsymbol{\alpha}$ 与 $\boldsymbol{\beta}$ 的内积.

内积是两个向量之间的一种运算,其结果是一个实数.

内积具有下列性质(其中 $\boldsymbol{\alpha},\boldsymbol{\beta},\boldsymbol{\gamma}$ 为同型向量,k 为实数):

(1) $(\boldsymbol{\alpha},\boldsymbol{\beta})=(\boldsymbol{\beta},\boldsymbol{\alpha})$.

(2) $(k\boldsymbol{\alpha},\boldsymbol{\beta})=k(\boldsymbol{\alpha},\boldsymbol{\beta})$.

(3) $(\boldsymbol{\alpha}+\boldsymbol{\beta},\boldsymbol{\gamma})=(\boldsymbol{\alpha},\boldsymbol{\gamma})+(\boldsymbol{\beta},\boldsymbol{\gamma})$.

(4) 当 $\boldsymbol{\alpha}=\mathbf{0}$ 时,$(\boldsymbol{\alpha},\boldsymbol{\alpha})=0$;当 $\boldsymbol{\alpha}\neq\mathbf{0}$ 时,$(\boldsymbol{\alpha},\boldsymbol{\alpha})>0$.

这些性质可根据定义直接证明,请读者自己证明.

例 9 证明柯西(Cauchy)不等式 $(\boldsymbol{\alpha},\boldsymbol{\beta})^2\leqslant(\boldsymbol{\alpha},\boldsymbol{\alpha})(\boldsymbol{\beta},\boldsymbol{\beta})$,即

$$(a_1b_1+a_2b_2+\cdots+a_nb_n)^2\leqslant(a_1^2+a_2^2+\cdots+a_n^2)(b_1^2+b_2^2+\cdots+b_n^2).$$

证 当 $\boldsymbol{\beta}=\mathbf{0}$ 时,结论显然成立,以下设 $\boldsymbol{\beta}\neq\mathbf{0}$. 令 t 是一个实变数,作向量

$$\boldsymbol{\gamma}=\boldsymbol{\alpha}+t\boldsymbol{\beta},$$

由内积的性质(4)可知,不论 t 取何值,一定有

$$(\boldsymbol{\gamma},\boldsymbol{\gamma})=(\boldsymbol{\alpha}+t\boldsymbol{\beta},\boldsymbol{\alpha}+t\boldsymbol{\beta})\geqslant 0,$$

即

$$(\boldsymbol{\alpha},\boldsymbol{\alpha})+2(\boldsymbol{\alpha},\boldsymbol{\beta})t+(\boldsymbol{\beta},\boldsymbol{\beta})t^2\geqslant 0,$$

取 $t=-\dfrac{(\boldsymbol{\alpha},\boldsymbol{\beta})}{(\boldsymbol{\beta},\boldsymbol{\beta})}$代入上式,得

$$(\boldsymbol{\alpha},\boldsymbol{\alpha})-\frac{(\boldsymbol{\alpha},\boldsymbol{\beta})^2}{(\boldsymbol{\beta},\boldsymbol{\beta})}\geqslant 0,$$

即

$$(\boldsymbol{\alpha},\boldsymbol{\beta})^2\leqslant(\boldsymbol{\alpha},\boldsymbol{\alpha})(\boldsymbol{\beta},\boldsymbol{\beta}).$$

在解析几何中,我们曾引进向量的数量积的概念:$\boldsymbol{\alpha}\cdot\boldsymbol{\beta}=|\boldsymbol{\alpha}|\,|\boldsymbol{\beta}|\cos\varphi$,且在直角坐标系中,有 $\boldsymbol{\alpha}\cdot\boldsymbol{\beta}=a_1b_1+a_2b_2+a_3b_3$,可见 n 维向量的内积是数量积的一种

推广.

二、长度、距离和夹角

n 维向量没有 3 维向量那样直观的长度和夹角的几何模型，但我们能够从几何中相关概念的实质出发，将有关概念推广到 $\mathbf{R}^n$ 中. 下面我们首先利用内积定义 n 维向量的长度.

定义 10 对任意的 n 维向量

$$\boldsymbol{\alpha}=\begin{pmatrix} a_1 \\ a_2 \\ \vdots \\ a_n \end{pmatrix},$$

称非负实数

$$\sqrt{(\boldsymbol{\alpha},\boldsymbol{\alpha})}=\sqrt{a_1^2+a_2^2+\cdots+a_n^2}$$

为 n 维向量 $\boldsymbol{\alpha}$ 的长度，记作 $\|\boldsymbol{\alpha}\|$ (或 $|\boldsymbol{\alpha}|$). 当 $\|\boldsymbol{\alpha}\|=1$ 时，称 $\boldsymbol{\alpha}$ 为单位向量.

向量的长度具有下述性质：

(1) **非负性** 当 $\boldsymbol{\alpha}\neq\mathbf{0}$ 时，$\|\boldsymbol{\alpha}\|>0$；当 $\boldsymbol{\alpha}=\mathbf{0}$ 时，$\|\boldsymbol{\alpha}\|=0$.

(2) **齐次性** $\|k\boldsymbol{\alpha}\|=|k|\,\|\boldsymbol{\alpha}\|$.

(3) **三角不等式** $\|\boldsymbol{\alpha}+\boldsymbol{\beta}\|\leqslant\|\boldsymbol{\alpha}\|+\|\boldsymbol{\beta}\|$.

性质(1)、性质(2)是显然的，下面证明性质(3).

证 由柯西不等式 $(\boldsymbol{\alpha},\boldsymbol{\beta})^2\leqslant(\boldsymbol{\alpha},\boldsymbol{\alpha})(\boldsymbol{\beta},\boldsymbol{\beta})$，两边开方得

$$|(\boldsymbol{\alpha},\boldsymbol{\beta})|\leqslant\|\boldsymbol{\alpha}\|\,\|\boldsymbol{\beta}\|,$$

从而

$$\begin{aligned}\|\boldsymbol{\alpha}+\boldsymbol{\beta}\|^2&=(\boldsymbol{\alpha}+\boldsymbol{\beta},\boldsymbol{\alpha}+\boldsymbol{\beta})=(\boldsymbol{\alpha},\boldsymbol{\alpha})+2(\boldsymbol{\alpha},\boldsymbol{\beta})+(\boldsymbol{\beta},\boldsymbol{\beta})\\&\leqslant\|\boldsymbol{\alpha}\|^2+2\|\boldsymbol{\alpha}\|\,\|\boldsymbol{\beta}\|+\|\boldsymbol{\beta}\|^2=(\|\boldsymbol{\alpha}\|+\|\boldsymbol{\beta}\|)^2,\end{aligned}$$

所以

$$\|\boldsymbol{\alpha}+\boldsymbol{\beta}\|\leqslant\|\boldsymbol{\alpha}\|+\|\boldsymbol{\beta}\|.$$

对任意的非零向量 $\boldsymbol{\alpha}$，$\dfrac{1}{\|\boldsymbol{\alpha}\|}\boldsymbol{\alpha}$ 为单位向量，因为

$$\left\|\frac{1}{\|\boldsymbol{\alpha}\|}\boldsymbol{\alpha}\right\|=\frac{1}{\|\boldsymbol{\alpha}\|}\|\boldsymbol{\alpha}\|=1.$$

把由非零向量 $\boldsymbol{\alpha}$ 求单位向量的这一过程称为对向量 $\boldsymbol{\alpha}$ 的**单位化**.

在解析几何中，我们定义两个向量 $\boldsymbol{\alpha}$ 与 $\boldsymbol{\beta}$ 的距离为 $\boldsymbol{\alpha}-\boldsymbol{\beta}$ 的长度. 类似地，我们有如下定义.

定义 11 设 $\boldsymbol{\alpha},\boldsymbol{\beta}$ 为两个 n 维的向量，称 $\|\boldsymbol{\alpha}-\boldsymbol{\beta}\|$ 为向量 $\boldsymbol{\alpha}$ 与 $\boldsymbol{\beta}$ 的距离，记作 $d(\boldsymbol{\alpha},\boldsymbol{\beta})$，即 $d(\boldsymbol{\alpha},\boldsymbol{\beta})=\|\boldsymbol{\alpha}-\boldsymbol{\beta}\|$.

容易看出,距离具有下列性质:

(1) 当 $\boldsymbol{\alpha}\neq\boldsymbol{\beta}$ 时,$d(\boldsymbol{\alpha},\boldsymbol{\beta})>0$;

(2) $d(\boldsymbol{\alpha},\boldsymbol{\beta})=d(\boldsymbol{\beta},\boldsymbol{\alpha})$;

(3) $d(\boldsymbol{\alpha},\boldsymbol{\gamma})\leqslant d(\boldsymbol{\alpha},\boldsymbol{\beta})+d(\boldsymbol{\beta},\boldsymbol{\gamma})$.

性质(3)称为**三角不等式**,在解析几何里,这个不等式的意义就是:一个三角形两边之和大于第三边.

由柯西不等式,我们可以得

$$-1\leqslant\frac{(\boldsymbol{\alpha},\boldsymbol{\beta})}{\|\boldsymbol{\alpha}\|\ \|\boldsymbol{\beta}\|}\leqslant 1,$$

所以我们可以作出下面的定义.

定义 12　设 $\boldsymbol{\alpha}$ 与 $\boldsymbol{\beta}$ 是两个非零向量,定义 $\boldsymbol{\alpha}$ 与 $\boldsymbol{\beta}$ 的夹角 $\langle\boldsymbol{\alpha},\boldsymbol{\beta}\rangle$ 为

$$\langle\boldsymbol{\alpha},\boldsymbol{\beta}\rangle=\arccos\frac{(\boldsymbol{\alpha},\boldsymbol{\beta})}{\|\boldsymbol{\alpha}\|\ \|\boldsymbol{\beta}\|}.$$

显然,$0\leqslant\langle\boldsymbol{\alpha},\boldsymbol{\beta}\rangle\leqslant\pi$.

例 10　设向量 $\boldsymbol{\alpha}=\begin{pmatrix}1\\2\\2\\3\end{pmatrix}$,$\boldsymbol{\beta}=\begin{pmatrix}3\\1\\5\\1\end{pmatrix}$,求 $\|\boldsymbol{\alpha}\|$ 以及 $\boldsymbol{\alpha}$ 与 $\boldsymbol{\beta}$ 的夹角 $\langle\boldsymbol{\alpha},\boldsymbol{\beta}\rangle$.

解　$\|\boldsymbol{\alpha}\|=\sqrt{1^2+2^2+2^2+3^2}=\sqrt{18}=3\sqrt{2}$.

又因为

$$\|\boldsymbol{\beta}\|=\sqrt{3^2+1^2+5^2+1^2}=\sqrt{36}=6,$$
$$(\boldsymbol{\alpha},\boldsymbol{\beta})=1\times3+2\times1+2\times5+3\times1=18,$$

所以,

$$\langle\boldsymbol{\alpha},\boldsymbol{\beta}\rangle=\arccos\frac{(\boldsymbol{\alpha},\boldsymbol{\beta})}{\|\boldsymbol{\alpha}\|\ \|\boldsymbol{\beta}\|}=\arccos\frac{18}{3\sqrt{2}\times6}=\arccos\frac{\sqrt{2}}{2}=\frac{\pi}{4}.$$

三、正交向量组

定义 13　若两向量 $\boldsymbol{\alpha}$ 与 $\boldsymbol{\beta}$ 的内积等于零,即 $(\boldsymbol{\alpha},\boldsymbol{\beta})=0$,则称向量 $\boldsymbol{\alpha}$ 与 $\boldsymbol{\beta}$ 相互正交,记作 $\boldsymbol{\alpha}\perp\boldsymbol{\beta}$.

显然,若 $\boldsymbol{\alpha}=\boldsymbol{0}$,则 $\boldsymbol{\alpha}$ 与任何向量正交.

定义 14　若同型向量组 A:$\boldsymbol{\alpha}_1,\boldsymbol{\alpha}_2,\cdots,\boldsymbol{\alpha}_s$ 中无零向量,且 $\boldsymbol{\alpha}_1,\boldsymbol{\alpha}_2,\cdots,\boldsymbol{\alpha}_s$ 中的向量两两正交,则称该向量组为正交向量组.若该正交向量组中的每个向量都是单位向量,则称为标准正交向量组.

显然,$\boldsymbol{\alpha}_1,\boldsymbol{\alpha}_2,\cdots,\boldsymbol{\alpha}_s$ 是标准正交向量组当且仅当

$$(\boldsymbol{\alpha}_i,\boldsymbol{\alpha}_j)=\begin{cases}1, & i=j,\\0, & i\neq j.\end{cases}$$

例如,对 $\mathbf{R}^n$ 中单位向量组

$$E:\quad \boldsymbol{\varepsilon}_1=\begin{pmatrix}1\\0\\\vdots\\0\end{pmatrix},\quad \boldsymbol{\varepsilon}_2=\begin{pmatrix}0\\1\\\vdots\\0\end{pmatrix},\quad \cdots,\quad \boldsymbol{\varepsilon}_n=\begin{pmatrix}0\\0\\\vdots\\1\end{pmatrix},$$

因为$(\boldsymbol{\varepsilon}_i,\boldsymbol{\varepsilon}_j)=\begin{cases}1, & i=j,\\0, & i\neq j,\end{cases}$ 所以单位向量组 E 是一标准正交向量组.

定理 8 若 n 维向量 $\boldsymbol{\alpha}_1,\boldsymbol{\alpha}_2,\cdots,\boldsymbol{\alpha}_s$ 是一组正交向量组,则 $\boldsymbol{\alpha}_1,\boldsymbol{\alpha}_2,\cdots,\boldsymbol{\alpha}_s$ 线性无关.

证 设

$$k_1\boldsymbol{\alpha}_1+k_2\boldsymbol{\alpha}_2+\cdots+k_s\boldsymbol{\alpha}_s=\mathbf{0},$$

用 $\boldsymbol{\alpha}_i$ 与等式两边作内积,即得 $k_i(\boldsymbol{\alpha}_i,\boldsymbol{\alpha}_i)=0$,由 $\boldsymbol{\alpha}_i\neq\mathbf{0}$,得$(\boldsymbol{\alpha}_i,\boldsymbol{\alpha}_i)>0$,从而 $k_i=0$ $(i=1,2,\cdots,s)$,所以 $\boldsymbol{\alpha}_1,\boldsymbol{\alpha}_2,\cdots,\boldsymbol{\alpha}_s$ 线性无关.

例 11 已知两个 3 维向量 $\boldsymbol{\alpha}_1=\begin{pmatrix}1\\1\\-1\end{pmatrix}$,$\boldsymbol{\alpha}_2=\begin{pmatrix}-1\\2\\1\end{pmatrix}$正交,求单位向量 $\boldsymbol{\alpha}_3$,使 $\boldsymbol{\alpha}_1$,$\boldsymbol{\alpha}_2$,$\boldsymbol{\alpha}_3$ 为正交向量组.

解 设 $\boldsymbol{\alpha}=\begin{pmatrix}x\\y\\z\end{pmatrix}$,使得

$$\begin{cases}(\boldsymbol{\alpha}_1,\boldsymbol{\alpha})=0,\\(\boldsymbol{\alpha}_2,\boldsymbol{\alpha})=0,\end{cases}\quad \text{即}\quad \begin{cases}x+y-z=0,\\-x+2y+z=0,\end{cases}$$

解得$\begin{cases}x=z,\\y=0.\end{cases}$ 取 $z=\pm1$,得

$$\boldsymbol{\alpha}=\pm\begin{pmatrix}1\\0\\1\end{pmatrix},$$

而 $\|\boldsymbol{\alpha}\|=\sqrt{2}$,故

$$\boldsymbol{\alpha}_3=\frac{1}{\|\boldsymbol{\alpha}\|}\boldsymbol{\alpha}=\pm\begin{pmatrix}\frac{\sqrt{2}}{2}\\0\\\frac{\sqrt{2}}{2}\end{pmatrix},$$

满足要求.

下面我们将要给出的是由一个线性无关的向量组求一个与其等价的正交向量组的方法,即著名的施密特(Schmidt)正交化方法.

定理 9　设 $\boldsymbol{\alpha}_1,\boldsymbol{\alpha}_2,\cdots,\boldsymbol{\alpha}_s$ 是一个线性无关的向量组,则 $\boldsymbol{\beta}_1,\boldsymbol{\beta}_2,\cdots,\boldsymbol{\beta}_s$ 是一个与 $\boldsymbol{\alpha}_1,\boldsymbol{\alpha}_2,\cdots,\boldsymbol{\alpha}_s$ 等价的正交向量组,其中,

$$\boldsymbol{\beta}_1=\boldsymbol{\alpha}_1;$$

$$\boldsymbol{\beta}_2=\boldsymbol{\alpha}_2-\frac{(\boldsymbol{\beta}_1,\boldsymbol{\alpha}_2)}{(\boldsymbol{\beta}_1,\boldsymbol{\beta}_1)}\boldsymbol{\beta}_1;$$

$$\boldsymbol{\beta}_3=\boldsymbol{\alpha}_3-\frac{(\boldsymbol{\beta}_1,\boldsymbol{\alpha}_3)}{(\boldsymbol{\beta}_1,\boldsymbol{\beta}_1)}\boldsymbol{\beta}_1-\frac{(\boldsymbol{\beta}_2,\boldsymbol{\alpha}_3)}{(\boldsymbol{\beta}_2,\boldsymbol{\beta}_2)}\boldsymbol{\beta}_2;$$

……

$$\boldsymbol{\beta}_s=\boldsymbol{\alpha}_s-\frac{(\boldsymbol{\beta}_1,\boldsymbol{\alpha}_s)}{(\boldsymbol{\beta}_1,\boldsymbol{\beta}_1)}\boldsymbol{\beta}_1-\frac{(\boldsymbol{\beta}_2,\boldsymbol{\alpha}_s)}{(\boldsymbol{\beta}_2,\boldsymbol{\beta}_2)}\boldsymbol{\beta}_2-\cdots-\frac{(\boldsymbol{\beta}_{s-1},\boldsymbol{\alpha}_s)}{(\boldsymbol{\beta}_{s-1},\boldsymbol{\beta}_{s-1})}\boldsymbol{\beta}_{s-1}.$$

施密特正交化

上述过程称为施密特正交化过程.

定理 9 的证明略.

例 12　用施密特正交化过程求与向量组

$$\boldsymbol{\alpha}_1=\begin{pmatrix}1\\1\\0\\0\end{pmatrix},\quad \boldsymbol{\alpha}_2=\begin{pmatrix}1\\0\\1\\0\end{pmatrix},\quad \boldsymbol{\alpha}_3=\begin{pmatrix}-1\\0\\0\\1\end{pmatrix}$$

等价的标准正交向量组.

解　先将 $\boldsymbol{\alpha}_1,\boldsymbol{\alpha}_2,\boldsymbol{\alpha}_3$ 正交化:

$$\boldsymbol{\beta}_1=\boldsymbol{\alpha}_1=\begin{pmatrix}1\\1\\0\\0\end{pmatrix}.$$

因为 $(\boldsymbol{\beta}_1,\boldsymbol{\alpha}_2)=1,(\boldsymbol{\beta}_1,\boldsymbol{\beta}_1)=2$,所以

$$\boldsymbol{\beta}_2=\boldsymbol{\alpha}_2-\frac{(\boldsymbol{\beta}_1,\boldsymbol{\alpha}_2)}{(\boldsymbol{\beta}_1,\boldsymbol{\beta}_1)}\boldsymbol{\beta}_1=\begin{pmatrix}1\\0\\1\\0\end{pmatrix}-\frac{1}{2}\begin{pmatrix}1\\1\\0\\0\end{pmatrix}=\begin{pmatrix}\frac{1}{2}\\-\frac{1}{2}\\1\\0\end{pmatrix}.$$

再由 $(\boldsymbol{\beta}_1,\boldsymbol{\alpha}_3)=-1,(\boldsymbol{\beta}_2,\boldsymbol{\alpha}_3)=-\frac{1}{2},(\boldsymbol{\beta}_2,\boldsymbol{\beta}_2)=\frac{3}{2}$,可得

$$\boldsymbol{\beta}_3=\boldsymbol{\alpha}_3-\frac{(\boldsymbol{\beta}_1,\boldsymbol{\alpha}_3)}{(\boldsymbol{\beta}_1,\boldsymbol{\beta}_1)}\boldsymbol{\beta}_1-\frac{(\boldsymbol{\beta}_2,\boldsymbol{\alpha}_3)}{(\boldsymbol{\beta}_2,\boldsymbol{\beta}_2)}\boldsymbol{\beta}_2$$

$$=\begin{pmatrix}-1\\0\\0\\1\end{pmatrix}-\frac{-1}{2}\begin{pmatrix}1\\1\\0\\0\end{pmatrix}-\frac{-\frac{1}{2}}{\frac{3}{2}}\begin{pmatrix}\frac{1}{2}\\-\frac{1}{2}\\1\\0\end{pmatrix}=\begin{pmatrix}-\frac{1}{3}\\\frac{1}{3}\\\frac{1}{3}\\1\end{pmatrix}.$$

再将 $\boldsymbol{\beta}_1,\boldsymbol{\beta}_2,\boldsymbol{\beta}_3$ 单位化：

$$\boldsymbol{\gamma}_1=\frac{\boldsymbol{\beta}_1}{\|\boldsymbol{\beta}_1\|}=\frac{1}{\sqrt{2}}\begin{pmatrix}1\\1\\0\\0\end{pmatrix},\quad \boldsymbol{\gamma}_2=\frac{\boldsymbol{\beta}_2}{\|\boldsymbol{\beta}_2\|}=\frac{1}{\sqrt{6}}\begin{pmatrix}1\\-1\\2\\0\end{pmatrix},$$

$$\boldsymbol{\gamma}_3=\frac{\boldsymbol{\beta}_3}{\|\boldsymbol{\beta}_3\|}=\frac{1}{2\sqrt{3}}\begin{pmatrix}-1\\1\\1\\3\end{pmatrix},$$

则 $\boldsymbol{\gamma}_1,\boldsymbol{\gamma}_2,\boldsymbol{\gamma}_3$ 即为所求.

习　题　2

(A)

1. 已知 $\boldsymbol{\alpha}=\begin{pmatrix}1\\2\\1\end{pmatrix},\boldsymbol{\beta}=\begin{pmatrix}1\\-1\\-3\end{pmatrix},\boldsymbol{\gamma}=\begin{pmatrix}0\\1\\-1\end{pmatrix}$.

(1) 求 $5\boldsymbol{\alpha}-3\boldsymbol{\beta}+3\boldsymbol{\gamma}$；　(2)若有 $\boldsymbol{\xi}$ 满足 $\boldsymbol{\alpha}-\boldsymbol{\beta}+2\boldsymbol{\gamma}-3\boldsymbol{\xi}=2(\boldsymbol{\alpha}-\boldsymbol{\gamma})$，求 $\boldsymbol{\xi}$.

2. 已知 $x_1\begin{pmatrix}1\\1\\1\end{pmatrix}+x_2\begin{pmatrix}-1\\2\\4\end{pmatrix}+x_3\begin{pmatrix}2\\3\\-1\end{pmatrix}=\begin{pmatrix}5\\14\\6\end{pmatrix}$，求 x_1,x_2,x_3.

3. 如果向量 $\boldsymbol{\beta}$ 可由向量组 $\boldsymbol{\alpha}_1,\boldsymbol{\alpha}_2,\cdots,\boldsymbol{\alpha}_m$ 线性表示，则(　　).

A. 存在一组不全为零的数 $k_1,k_2,\cdots,k_m$，使等式 $\boldsymbol{\beta}=k_1\boldsymbol{\alpha}_1+k_2\boldsymbol{\alpha}_2+\cdots+k_m\boldsymbol{\alpha}_m$ 成立.

B. 存在一组全为零的数 $k_1,k_2,\cdots,k_m$，使等式 $\boldsymbol{\beta}=k_1\boldsymbol{\alpha}_1+k_2\boldsymbol{\alpha}_2+\cdots+k_m\boldsymbol{\alpha}_m$ 成立.

C. 关于 $\boldsymbol{\beta}$ 的线性表达式不唯一.

D. 向量组 $\boldsymbol{\beta},\boldsymbol{\alpha}_1,\boldsymbol{\alpha}_2,\cdots,\boldsymbol{\alpha}_m$ 线性相关.

4. 已知 $\boldsymbol{\alpha}_1=(1,2,3,4)^{\mathrm{T}},\boldsymbol{\alpha}_2=(0,1,0,1)^{\mathrm{T}},\boldsymbol{\alpha}_3=(-2,1,1,0)^{\mathrm{T}},\boldsymbol{\beta}=(3,3,2,6)^{\mathrm{T}}$，证明：

(1) $\boldsymbol{\alpha}_1,\boldsymbol{\alpha}_2,\boldsymbol{\alpha}_3$ 线性无关；

(2) $\boldsymbol{\alpha}_1,\boldsymbol{\alpha}_2,\boldsymbol{\alpha}_3,\boldsymbol{\beta}$ 线性相关，并用 $\boldsymbol{\alpha}_1,\boldsymbol{\alpha}_2,\boldsymbol{\alpha}_3$ 线性表示 $\boldsymbol{\beta}$.

5. 已知向量组 $\boldsymbol{\alpha}_1,\boldsymbol{\alpha}_2,\boldsymbol{\alpha}_3,\boldsymbol{\alpha}_4$ 线性无关，证明：向量组 $\boldsymbol{\beta}_1=\boldsymbol{\alpha}_1+\boldsymbol{\alpha}_2,\boldsymbol{\beta}_2=\boldsymbol{\alpha}_2+\boldsymbol{\alpha}_3,\boldsymbol{\beta}_3=\boldsymbol{\alpha}_3+\boldsymbol{\alpha}_4,\boldsymbol{\beta}_4=\boldsymbol{\alpha}_4+\boldsymbol{\alpha}_1$ 线性相关.

6. 证明：向量组 $\boldsymbol{\alpha}_1+\boldsymbol{\alpha}_2,\boldsymbol{\alpha}_2-\boldsymbol{\alpha}_3,\boldsymbol{\alpha}_1-\boldsymbol{\alpha}_3$ 与向量组 $\boldsymbol{\alpha}_1,\boldsymbol{\alpha}_2,\boldsymbol{\alpha}_3$ 等价.

7. 举例说明下列命题是错误的.

(1) 若向量组 $\boldsymbol{\alpha}_1,\boldsymbol{\alpha}_2,\boldsymbol{\alpha}_3,\boldsymbol{\alpha}_4$ 线性相关，则其中每个向量可由其余向量线性表示；

(2) 若 $\boldsymbol{\alpha}_1,\boldsymbol{\alpha}_2,\boldsymbol{\alpha}_3$ 中任意两个向量线性无关，则 $\boldsymbol{\alpha}_1,\boldsymbol{\alpha}_2,\boldsymbol{\alpha}_3$ 线性无关；

(3) 在向量组 $\boldsymbol{\alpha}_1,\boldsymbol{\alpha}_2,\boldsymbol{\alpha}_3$ 中，若存在一个向量不能由其余向量线性表示，则 $\boldsymbol{\alpha}_1,\boldsymbol{\alpha}_2,\boldsymbol{\alpha}_3$ 线性无关；

(4) 若 $\boldsymbol{\alpha}$ 能由 $\boldsymbol{\alpha}_1,\boldsymbol{\alpha}_2,\boldsymbol{\alpha}_3,\boldsymbol{\alpha}_4$ 线性表示，则表达式是唯一的；

(5) 若向量组 $\boldsymbol{\alpha}_1,\boldsymbol{\alpha}_2,\cdots,\boldsymbol{\alpha}_r$ 与 $\boldsymbol{\beta}_1,\boldsymbol{\beta}_2,\cdots,\boldsymbol{\beta}_s$ 等价，则 $r=s$.

8. 已知 $\boldsymbol{\alpha}_1=(1,0,1,0)^{\mathrm{T}},\boldsymbol{\alpha}_2=(0,-1,1,-1)^{\mathrm{T}},\boldsymbol{\alpha}_3=(1,1,1,1)^{\mathrm{T}},\boldsymbol{\alpha}_4=(0,1,0,-1)^{\mathrm{T}}$，求：

(1) $\boldsymbol{\alpha}_1$ 与 $\boldsymbol{\alpha}_2$ 的夹角；

(2) $\|2\boldsymbol{\alpha}_1-\boldsymbol{\alpha}_2+\boldsymbol{\alpha}_3-3\boldsymbol{\alpha}_4\|$；

(3) 一个与 $\boldsymbol{\alpha}_1,\boldsymbol{\alpha}_2,\boldsymbol{\alpha}_3,\boldsymbol{\alpha}_4$ 等价的标准正交向量组.

9. 已知向量组 $\boldsymbol{\alpha}_1=(1,1,1)^{\mathrm{T}},\boldsymbol{\alpha}_2=(a,0,b)^{\mathrm{T}},\boldsymbol{\alpha}_3=(1,3,2)^{\mathrm{T}}$ 线性相关，则 a,b 满足什么关系.

10. 若 $\boldsymbol{\alpha}_1=(1,0,2,3)^{\mathrm{T}},\boldsymbol{\alpha}_2=(1,1,3,5)^{\mathrm{T}},\boldsymbol{\alpha}_3=(1,-1,a+2,1)^{\mathrm{T}},\boldsymbol{\alpha}_4=(1,2,4,a+9)^{\mathrm{T}}$ 线性无关，则 a 需要满足什么条件？

(B)

1. 设 $\boldsymbol{\beta}_1=\boldsymbol{\alpha}_1,\boldsymbol{\beta}_2=\boldsymbol{\alpha}_1+\boldsymbol{\alpha}_2,\cdots,\boldsymbol{\beta}_r=\boldsymbol{\alpha}_1+\boldsymbol{\alpha}_2+\cdots+\boldsymbol{\alpha}_r$，且向量组 $\boldsymbol{\alpha}_1,\boldsymbol{\alpha}_2,\cdots,\boldsymbol{\alpha}_r$ 线性无关，证明向量组 $\boldsymbol{\beta}_1,\boldsymbol{\beta}_2,\cdots,\boldsymbol{\beta}_r$ 也线性无关.

2. 求证向量组 $\boldsymbol{\alpha}_1,\boldsymbol{\alpha}_2,\cdots,\boldsymbol{\alpha}_r,\boldsymbol{\beta}_1,\boldsymbol{\beta}_2,\cdots,\boldsymbol{\beta}_s$ 的秩不大于 $\boldsymbol{\alpha}_1,\boldsymbol{\alpha}_2,\cdots,\boldsymbol{\alpha}_r$ 的秩与 $\boldsymbol{\beta}_1,\boldsymbol{\beta}_2,\cdots,\boldsymbol{\beta}_s$ 秩之和.

3. 已知向量组(Ⅰ)$\boldsymbol{\alpha}_1,\boldsymbol{\alpha}_2,\boldsymbol{\alpha}_3$；(Ⅱ)$\boldsymbol{\alpha}_1,\boldsymbol{\alpha}_2,\boldsymbol{\alpha}_3,\boldsymbol{\alpha}_4$；(Ⅲ)$\boldsymbol{\alpha}_1,\boldsymbol{\alpha}_2,\boldsymbol{\alpha}_3,\boldsymbol{\alpha}_5$，如果它们的秩分别为 R(Ⅰ)$=R$(Ⅱ)$=3$，R(Ⅲ)$=4$，求 $R(\boldsymbol{\alpha}_1,\boldsymbol{\alpha}_2,\boldsymbol{\alpha}_3,\boldsymbol{\alpha}_4+\boldsymbol{\alpha}_5)$.

4. 设向量 $\boldsymbol{\beta}$ 可由向量组 $\boldsymbol{\alpha}_1,\boldsymbol{\alpha}_2,\cdots,\boldsymbol{\alpha}_m$ 线性表示，但不能由向量组（Ⅰ）：$\boldsymbol{\alpha}_1,\boldsymbol{\alpha}_2,\cdots,\boldsymbol{\alpha}_{m-1}$ 线性表示，记向量组（Ⅱ）：$\boldsymbol{\alpha}_1,\boldsymbol{\alpha}_2,\cdots,\boldsymbol{\alpha}_{m-1},\boldsymbol{\beta}$，则（　　）.

A. $\boldsymbol{\alpha}_m$ 不能由（Ⅰ）线性表示，也不能由（Ⅱ）线性表示.

B. $\boldsymbol{\alpha}_m$ 不能由（Ⅰ）线性表示，但可由（Ⅱ）线性表示.

C. $\boldsymbol{\alpha}_m$ 可由（Ⅰ）线性表示，也可由（Ⅱ）线性表示.

D. $\boldsymbol{\alpha}_m$ 可由（Ⅰ）线性表示，但不可由（Ⅱ）线性表示.

5. 已知向量组 $\boldsymbol{\alpha}_1,\boldsymbol{\alpha}_2,\boldsymbol{\alpha}_3$ 线性无关. 若向量组 $\boldsymbol{\alpha}_1+\boldsymbol{\alpha}_2,\boldsymbol{\alpha}_2+\boldsymbol{\alpha}_3,k\boldsymbol{\alpha}_3+l\boldsymbol{\alpha}_1$ 线性相关，则数 k 和数 l 应满足条件（　　）.

A. $k=l=1$.　　B. $k-l=1$.　　C. $k+l=1$.　　D. $k+l=0$.

阅读材料 2　数域和数环

不少数学问题往往要考虑数的范围，如方程 $3x=2$ 在整数范围内无解，而在有理数范围内就有解，同一个数学问题在不同的范围内答案不一样，原因就在于在整数范围内除法不是普遍可以做的，或者说整数集合对除法运算不封闭，而在有理数的范围内，只要除数不为零，除法总是可以做的. 就是说，在解决数学问题时，不但要考虑数集，还要考虑数集所满足的运算条件. 线性代数所研究的问题主要涉及数的四则运算性质，数域正是考虑到这一要求而提出的一个基本概念.

定义 1　设 P 是一个至少包含一个非零数的复数集合的子集，如果对于 P 中任意数 a,b（a,b 可以相等），a 与 b 的和、差、积、商（除数不为零）：$a+b,a-b,ab$ 和 $\frac{a}{b}(b\neq 0)$ 仍然是 P 中的数，那么 P 称为一个**数域**.

如有理数集 $\mathbf{Q}$、实数集 $\mathbf{R}$ 和复数集 $\mathbf{C}$ 都是数域（我们分别把它们称为有理数域、实数域和复数域，仍然分别记作 $\mathbf{Q},\mathbf{R}$ 和 $\mathbf{C}$），但整数集 $\mathbf{Z}$ 和自然数集 $\mathbf{N}$ 都不是数域.

由数域的定义可以证明：**有理数域 $\mathbf{Q}$ 是最小的数域**. 就是说，若 P 是数域，则有 $\mathbf{Q}\subseteq P$.

只需证明 P 包含所有有理数即可. 事实上，因为 P 是数域，所以必有 $0\neq a\in P$，而 P 对除法封闭，所以 $1=\frac{a}{a}\in P$；又因为 P 对加法封闭，所以任意正整数 $n\in P$；再由于 P 对减法封闭，所以 $0=a-a\in P$；仍由 P 对减法封闭可知，任意负整数 $-n=0-n\in P$. 进而再由 P 对除法封闭立得任意有理数属于 P，即 $\mathbf{Q}\subseteq P$.

下面再给出一个数域的例子.

例　证明 $\mathbf{Q}(\sqrt{2})=\{a+b\sqrt{2}\mid a,b\in\mathbf{Q}\}$ 是一个数域.

首先，当取 $a=1,b=0$ 时，$1\in\mathbf{Q}(\sqrt{2})$，即 $\mathbf{Q}(\sqrt{2})$ 含非零数 1.

其次，对任意 $a+b\sqrt{2}, c+d\sqrt{2}\in\mathbf{Q}(\sqrt{2})(a,b,c,d\in\mathbf{Q})$，因为

$$(a+b\sqrt{2})\pm(c+d\sqrt{2})=(a\pm c)+(b\pm d)\sqrt{2}\in\mathbf{Q}(\sqrt{2});$$

$$(a+b\sqrt{2})(c+d\sqrt{2})=(ac+2bd)+(ad+bc)\sqrt{2}\in\mathbf{Q}(\sqrt{2}),$$

即 $\mathbf{Q}(\sqrt{2})$ 对加法、减法和乘法运算封闭.

当 $a+b\sqrt{2}\neq 0$ 时，必有 $a-b\sqrt{2}\neq 0$，所以

$$\frac{c+d\sqrt{2}}{a+b\sqrt{2}}=\frac{(c+d\sqrt{2})(a-b\sqrt{2})}{(a+b\sqrt{2})(a-b\sqrt{2})}=\frac{ac-2bd}{a^2-2b^2}+\frac{ad-bc}{a^2-2b^2}\sqrt{2}\in\mathbf{Q}(\sqrt{2}),$$

即 $\mathbf{Q}(\sqrt{2})$ 对除法运算封闭.

于是证明了 $\mathbf{Q}(\sqrt{2})=\{a+b\sqrt{2}\mid a,b\in\mathbf{Q}\}$ 是一个数域.

我们再给出另一个基本概念——数环.

定义 2　设 S 是一个非空数集，如果 S 对数的加法、减法和乘法运算封闭，那么，S 就称为一个**数环**.

如整数集 $\mathbf{Z}$ 是一个数环，叫作整数环；但自然数集 $\mathbf{N}$ 不是数环，因为它对减法不封闭.

由定义可见，数域一定是数环，但反之不然.

第三章　矩　　阵

矩阵是数学中最基础最重要的概念之一，其应用范围很广．本章主要讲述矩阵的基本运算，包括加减运算、数乘运算和矩阵乘法，以及矩阵的初等变换，除此以外，还讲述逆矩阵，介绍矩阵分块运算的规则．其中，矩阵乘法、逆矩阵以及矩阵的初等变换是本章的重点．

3.1　矩阵的基本概念

定义 1　由 $m\times n$ 个数 $a_{ij}(i=1,2,\cdots,m;j=1,2,\cdots,n)$ 排成的 m 行 n 列的数表

$$\begin{pmatrix} a_{11} & a_{12} & \cdots & a_{1n} \\ a_{21} & a_{22} & \cdots & a_{2n} \\ \vdots & \vdots & & \vdots \\ a_{m1} & a_{m2} & \cdots & a_{mn} \end{pmatrix}$$

称为 m 行 n 列矩阵（也可用方括弧），简称 $m\times n$ 矩阵或矩阵，通常用大写英文字母表示：

$$\boldsymbol{A}=\begin{pmatrix} a_{11} & a_{12} & \cdots & a_{1n} \\ a_{21} & a_{22} & \cdots & a_{2n} \\ \vdots & \vdots & & \vdots \\ a_{m1} & a_{m2} & \cdots & a_{mn} \end{pmatrix},$$

简记为 $\boldsymbol{A}=(a_{ij})_{m\times n}$，或 $\boldsymbol{A}=(a_{ij})$，或 $\boldsymbol{A}_{m\times n}=(a_{ij})(i=1,2,\cdots,m;j=1,2,\cdots,n)$．

这 $m\times n$ 个数称为矩阵 $\boldsymbol{A}$ 的**元素**，a_{ij} 称为矩阵 $\boldsymbol{A}$ 的第 i 行第 j 列元素．元素都是实数的矩阵称为**实矩阵**，元素中含有复数的矩阵称为**复矩阵**，本书中的矩阵除特别说明外，都指实矩阵．

行数相等，列数也相等的矩阵称为**同型矩阵**．

如果 $\boldsymbol{A}=(a_{ij})$ 与 $\boldsymbol{B}=(b_{ij})$ 是同型矩阵，并且它们的对应元素相等，即

$$a_{ij}=b_{ij},\quad i=1,2,\cdots,m;\quad j=1,2,\cdots,n,$$

那么，就称矩阵 $\boldsymbol{A}$ 与 $\boldsymbol{B}$ **相等**，记作 $\boldsymbol{A}=\boldsymbol{B}$．

下面介绍几种特殊矩阵．

零矩阵　所有元素都是零的矩阵称为零矩阵，记作 $\boldsymbol{O}_{m\times n}$ 或 $\boldsymbol{O}$．

负矩阵　设 $\boldsymbol{A}=(a_{ij})_{m\times n}$，称矩阵 $(-a_{ij})_{m\times n}$ 为 $\boldsymbol{A}$ 的负矩阵，记作 $-\boldsymbol{A}$，即

$$-\mathbf{A}=(-a_{ij})_{m\times n}=\begin{pmatrix}-a_{11} & -a_{12} & \cdots & -a_{1n}\\ -a_{21} & -a_{22} & \cdots & -a_{2n}\\ \vdots & \vdots & & \vdots\\ -a_{m1} & -a_{m2} & \cdots & -a_{mn}\end{pmatrix}.$$

行矩阵 只有一行的矩阵 $\mathbf{A}=(a_1,a_2,\cdots,a_n)$，称为行矩阵，也称为行向量，为了避免元素间的混淆，行矩阵的元素之间用逗号分开.

列矩阵 只有一列的矩阵 $\mathbf{A}=\begin{pmatrix}a_1\\ a_2\\ \vdots\\ a_m\end{pmatrix}$ 称为列矩阵，也称为列向量.

n 阶方阵 如果 $m=n$，则称 $\mathbf{A}$ 为 n 阶方阵，简记 $\mathbf{A}_{n\times n}$ 为 $\mathbf{A}_n$. n 阶方阵 $\mathbf{A}$ 的从左上角到右下角那条线(主对角线)上的元素 $a_{11},a_{22},\cdots,a_{nn}$ 称为 $\mathbf{A}$ 的主对角线元素. 一阶方阵就是一个数，习惯上省略括号.

上三角矩阵 主对角线下方元素全为零的方阵称为上三角矩阵，即

$$\mathbf{A}=\begin{pmatrix}a_{11} & a_{12} & \cdots & a_{1n}\\ 0 & a_{22} & \cdots & a_{2n}\\ \vdots & \vdots & & \vdots\\ 0 & 0 & \cdots & a_{nn}\end{pmatrix}$$

为上三角矩阵.

下三角矩阵 主对角线上方元素全为零的方阵称为下三角矩阵，即

$$\mathbf{A}=\begin{pmatrix}a_{11} & 0 & \cdots & 0\\ a_{21} & a_{22} & \cdots & 0\\ \vdots & \vdots & & \vdots\\ a_{n1} & a_{n2} & \cdots & a_{nn}\end{pmatrix}$$

为下三角矩阵.

对角矩阵 非主对角线元素都为零的方阵称为对角矩阵，简称对角阵，对角阵也记作

$$\mathbf{A}=\mathrm{diag}(a_{11},a_{22},\cdots,a_{nn})=\begin{pmatrix}a_{11} & 0 & \cdots & 0\\ 0 & a_{22} & \cdots & 0\\ \vdots & \vdots & & \vdots\\ 0 & 0 & \cdots & a_{nn}\end{pmatrix}.$$

n 阶单位矩阵 称 $\begin{pmatrix}1 & 0 & \cdots & 0\\ 0 & 1 & \cdots & 0\\ \vdots & \vdots & & \vdots\\ 0 & 0 & \cdots & 1\end{pmatrix}$ 为 n 阶单位矩阵，简称 n 阶单位阵或单

位阵，通常用 $\boldsymbol{E}$(或 $\boldsymbol{I}$)表示.

3.2 矩阵的基本运算

一、矩阵的加法

定义 2 设有两个 $m\times n$ 矩阵 $\boldsymbol{A}=(a_{ij})$，$\boldsymbol{B}=(b_{ij})$，那么矩阵 $\boldsymbol{A}$ 与 $\boldsymbol{B}$ 的和记作 $\boldsymbol{A}+\boldsymbol{B}$，规定

$$\boldsymbol{A}+\boldsymbol{B}=\begin{pmatrix} a_{11}+b_{11} & a_{12}+b_{12} & \cdots & a_{1n}+b_{1n} \\ a_{21}+b_{21} & a_{22}+b_{22} & \cdots & a_{2n}+b_{2n} \\ \vdots & \vdots & & \vdots \\ a_{m1}+b_{m1} & a_{m2}+b_{m2} & \cdots & a_{mn}+b_{mn} \end{pmatrix}.$$

根据负矩阵的概念，定义两个 $m\times n$ 矩阵 $\boldsymbol{A}$ 与 $\boldsymbol{B}$ 的差 $\boldsymbol{A}-\boldsymbol{B}=\boldsymbol{A}+(-\boldsymbol{B})$. 应该注意，只有当两个矩阵是同型矩阵时，这两个矩阵才能求和或求差.

矩阵的加法满足下列运算规律(设矩阵 $\boldsymbol{A},\boldsymbol{B},\boldsymbol{C}$ 是同型矩阵)：

(1) **加法交换律** $\boldsymbol{A}+\boldsymbol{B}=\boldsymbol{B}+\boldsymbol{A}$.

(2) **加法结合律** $(\boldsymbol{A}+\boldsymbol{B})+\boldsymbol{C}=\boldsymbol{A}+(\boldsymbol{B}+\boldsymbol{C})$.

(3) $\boldsymbol{A}+\boldsymbol{O}=\boldsymbol{A}$ (其中 $\boldsymbol{O}$ 为与 $\boldsymbol{A}$ 同型的零矩阵).

(4) $\boldsymbol{A}+(-\boldsymbol{A})=\boldsymbol{O}$ (其中 $\boldsymbol{O}$ 为与 $\boldsymbol{A}$ 同型的零矩阵).

二、数与矩阵相乘

定义 3 设 $\boldsymbol{A}=(a_{ij})_{m\times n}$，$\lambda$ 是一个数，规定 λ 与 $\boldsymbol{A}$ 的乘积为矩阵 $(\lambda a_{ij})_{m\times n}$，记作 $\lambda\boldsymbol{A}$ 或 $\boldsymbol{A}\lambda$，即

$$\lambda\boldsymbol{A}=(\lambda a_{ij})_{m\times n}=\begin{pmatrix} \lambda a_{11} & \lambda a_{12} & \cdots & \lambda a_{1n} \\ \lambda a_{21} & \lambda a_{22} & \cdots & \lambda a_{2n} \\ \vdots & \vdots & & \vdots \\ \lambda a_{m1} & \lambda a_{m2} & \cdots & \lambda a_{mn} \end{pmatrix},$$

数与矩阵相乘简称为数乘.

矩阵的数乘运算满足下列运算规律(设矩阵 $\boldsymbol{A},\boldsymbol{B}$ 是同型矩阵，λ,μ 是常数)：

(1) **数乘结合律** $(\lambda\mu)\boldsymbol{A}=\lambda(\mu\boldsymbol{A})$.

(2) **数乘对数的加法分配律** $(\lambda+\mu)\boldsymbol{A}=\lambda\boldsymbol{A}+\mu\boldsymbol{A}$.

(3) $1\cdot\boldsymbol{A}=\boldsymbol{A}$.

(4) **数乘对矩阵加法的分配律** $\lambda(\boldsymbol{A}+\boldsymbol{B})=\lambda\boldsymbol{A}+\lambda\boldsymbol{B}$.

矩阵相加与数乘矩阵合起来，统称为矩阵的**线性运算**.

三、矩阵与矩阵相乘

矩阵乘法

定义 4 设 $\boldsymbol{A}=(a_{ik})_{m\times s}$ 是一个 $m\times s$ 矩阵，$\boldsymbol{B}=(b_{kj})_{s\times n}$ 是一个 $s\times n$ 矩阵，规定矩阵 $\boldsymbol{A}$ 与矩阵 $\boldsymbol{B}$ 的乘积是一个 $m\times n$ 矩阵 $\boldsymbol{C}=(c_{ij})$，其中

$$c_{ij}=a_{i1}b_{1j}+a_{i2}b_{2j}+\cdots+a_{is}b_{sj}=\sum_{k=1}^{s}a_{ik}b_{kj},\quad i=1,2,\cdots,m;\ j=1,2,\cdots,n,$$

记作 $\boldsymbol{C}=\boldsymbol{AB}$. 且称 $\boldsymbol{A}$ 与 $\boldsymbol{B}$ 为可乘矩阵，$\boldsymbol{A}$ 为左乘矩阵，$\boldsymbol{B}$ 为右乘矩阵. 矩阵 $\boldsymbol{A}$ 与 $\boldsymbol{B}$ 乘积的运算叫作矩阵乘法.

必须注意，只有当左乘矩阵 $\boldsymbol{A}$ 的列数与右乘矩阵 $\boldsymbol{B}$ 的行数相同时，两矩阵才能相乘；乘积 $\boldsymbol{AB}$ 的行数等于 $\boldsymbol{A}$ 的行数，乘积 $\boldsymbol{AB}$ 的列数等于 $\boldsymbol{B}$ 的列数.

例 1 设 $\boldsymbol{A}=\begin{pmatrix}1&3\\3&1\\4&2\end{pmatrix}$，$\boldsymbol{B}=\begin{pmatrix}2&1\\1&3\end{pmatrix}$，求 $\boldsymbol{AB}$.

解 因为矩阵 $\boldsymbol{A}$ 是 3×2 矩阵，矩阵 $\boldsymbol{B}$ 是 2×2 矩阵，$\boldsymbol{A}$ 的列数等于 $\boldsymbol{B}$ 的行数，所以矩阵 $\boldsymbol{A}$ 与 $\boldsymbol{B}$ 可以相乘，其乘积 $\boldsymbol{AB}$ 是一个 3×2 矩阵，由乘法定义，可得

$$\boldsymbol{AB}=\begin{pmatrix}1&3\\3&1\\4&2\end{pmatrix}\begin{pmatrix}2&1\\1&3\end{pmatrix}=\begin{pmatrix}1\times2+3\times1&1\times1+3\times3\\3\times2+1\times1&3\times1+1\times3\\4\times2+2\times1&4\times1+2\times3\end{pmatrix}=\begin{pmatrix}5&10\\7&6\\10&10\end{pmatrix}.$$

例 2 设 $\boldsymbol{A}=(-1,\ \ 2,\ \ 4)$，$\boldsymbol{B}=\begin{pmatrix}3\\1\\-2\end{pmatrix}$，求 $\boldsymbol{AB}$ 及 $\boldsymbol{BA}$.

解 $$\boldsymbol{AB}=(-1,\ \ 2,\ \ 4)\begin{pmatrix}3\\1\\-2\end{pmatrix}=(-1)\times3+2\times1+4\times(-2)=-9,$$

$$\begin{aligned}\boldsymbol{BA}&=\begin{pmatrix}3\\1\\-2\end{pmatrix}(-1,\ \ 2,\ \ 4)\\&=\begin{pmatrix}3\times(-1)&3\times2&3\times4\\1\times(-1)&1\times2&1\times4\\(-2)\times(-1)&(-2)\times2&(-2)\times4\end{pmatrix}=\begin{pmatrix}-3&6&12\\-1&2&4\\2&-4&-8\end{pmatrix}.\end{aligned}$$

在例 1 中，$\boldsymbol{AB}$ 是一个 3×2 矩阵，而 $\boldsymbol{BA}$ 却没有意义；在例 2 中，$\boldsymbol{AB}$ 是一个 1×1 矩阵，而 $\boldsymbol{BA}$ 是一个 3×3 矩阵，由此可知，**矩阵的乘法不满足交换律**. 还应该明确指出，即使 $\boldsymbol{A}$，$\boldsymbol{B}$ 为两个同阶方阵，$\boldsymbol{AB}$ 与 $\boldsymbol{BA}$ 也不一定相等.

例 3 设 $\boldsymbol{A}=\begin{pmatrix}-2 & 4\\ 1 & -2\end{pmatrix}$, $\boldsymbol{B}=\begin{pmatrix}1 & 2\\ -1 & -2\end{pmatrix}$, $\boldsymbol{C}=\begin{pmatrix}-4 & 8\\ 2 & -4\end{pmatrix}$, 求 $\boldsymbol{AB}$, $\boldsymbol{BA}$ 与 $\boldsymbol{BC}$.

解 $\boldsymbol{AB}=\begin{pmatrix}-2 & 4\\ 1 & -2\end{pmatrix}\begin{pmatrix}1 & 2\\ -1 & -2\end{pmatrix}=\begin{pmatrix}-6 & -12\\ 3 & 6\end{pmatrix}$;

$$\boldsymbol{BA}=\begin{pmatrix}1 & 2\\ -1 & -2\end{pmatrix}\begin{pmatrix}-2 & 4\\ 1 & -2\end{pmatrix}=\begin{pmatrix}0 & 0\\ 0 & 0\end{pmatrix};$$

$$\boldsymbol{BC}=\begin{pmatrix}1 & 2\\ -1 & -2\end{pmatrix}\begin{pmatrix}-4 & 8\\ 2 & -4\end{pmatrix}=\begin{pmatrix}0 & 0\\ 0 & 0\end{pmatrix}.$$

由此可见：

(1) $\boldsymbol{AB}\neq\boldsymbol{BA}$, **即矩阵的乘法不满足交换律.**

(2) 矩阵 $\boldsymbol{A}\neq\boldsymbol{O}$, $\boldsymbol{B}\neq\boldsymbol{O}$, 但却有 $\boldsymbol{BA}=\boldsymbol{O}$, 在矩阵运算中, **不能由 $\boldsymbol{AB}=\boldsymbol{O}$ 推得 $\boldsymbol{A}=\boldsymbol{O}$ 或 $\boldsymbol{B}=\boldsymbol{O}$ 的结论.**

(3) 虽然 $\boldsymbol{BA}=\boldsymbol{BC}$, 且 $\boldsymbol{B}\neq\boldsymbol{O}$, 但 $\boldsymbol{A}\neq\boldsymbol{C}$, 即在一般情况下, **矩阵运算不满足消去律.**

上述三点表明, 与数的乘法相比, 矩阵乘法具有自身的特殊性.

在运算有意义的前提下, 矩阵乘法满足下列运算规律：

(1) **结合律** $(\boldsymbol{AB})\boldsymbol{C}=\boldsymbol{A}(\boldsymbol{BC})$.

(2) **分配律** $\boldsymbol{A}(\boldsymbol{B}+\boldsymbol{C})=\boldsymbol{AB}+\boldsymbol{AC}$, $(\boldsymbol{B}+\boldsymbol{C})\boldsymbol{A}=\boldsymbol{BA}+\boldsymbol{CA}$.

(3) $\lambda(\boldsymbol{AB})=(\lambda\boldsymbol{A})\boldsymbol{B}=\boldsymbol{A}(\lambda\boldsymbol{B})$ (其中 λ 为数).

(4) 设 $\boldsymbol{A}$ 是 $m\times n$ 矩阵, $\boldsymbol{E}_m$, $\boldsymbol{E}_n$ 分别是 m, n 阶单位矩阵, $\boldsymbol{E}_m\boldsymbol{A}=\boldsymbol{AE}_n=\boldsymbol{A}$, 可见单位矩阵 $\boldsymbol{E}$ 在矩阵乘法中的作用类似于数 1 在数的乘法中的作用.

矩阵乘法有着广泛的应用, 例如, 令

$$\boldsymbol{A}=\begin{pmatrix}a_{11} & a_{12} & \cdots & a_{1n}\\ a_{21} & a_{22} & \cdots & a_{2n}\\ \vdots & \vdots & & \vdots\\ a_{m1} & a_{m2} & \cdots & a_{mn}\end{pmatrix},\quad \boldsymbol{X}=\begin{pmatrix}x_1\\ x_2\\ \vdots\\ x_n\end{pmatrix},\quad \boldsymbol{B}=\begin{pmatrix}b_1\\ b_2\\ \vdots\\ b_m\end{pmatrix},$$

则线性方程组

$$\begin{cases}a_{11}x_1+a_{12}x_2+\cdots+a_{1n}x_n=b_1,\\ a_{21}x_1+a_{22}x_2+\cdots+a_{2n}x_n=b_2,\\ \quad\cdots\cdots\\ a_{m1}x_1+a_{m2}x_2+\cdots+a_{mn}x_n=b_m\end{cases}$$

可非常简洁地表示成 $\boldsymbol{AX}=\boldsymbol{B}$.

四、矩阵的转置

定义 5 把矩阵 $\boldsymbol{A}$ 的行换成同序数的列得到一个矩阵，叫作 $\boldsymbol{A}$ 的**转置矩阵**，记作 $\boldsymbol{A}^{\mathrm{T}}$.

例如，矩阵

$$\boldsymbol{A}=\begin{pmatrix}1&-1&2\\0&3&4\end{pmatrix}$$

的转置矩阵

$$\boldsymbol{A}^{\mathrm{T}}=\begin{pmatrix}1&0\\-1&3\\2&4\end{pmatrix}.$$

矩阵的转置也是一种运算，满足下述运算规律(假设运算都可行)：

(1) $(\boldsymbol{A}^{\mathrm{T}})^{\mathrm{T}}=\boldsymbol{A}$.

(2) $(\boldsymbol{A}+\boldsymbol{B})^{\mathrm{T}}=\boldsymbol{A}^{\mathrm{T}}+\boldsymbol{B}^{\mathrm{T}}$.

(3) $(\lambda\boldsymbol{A})^{\mathrm{T}}=\lambda\boldsymbol{A}^{\mathrm{T}}$($\lambda$ 为数).

(4) $(\boldsymbol{AB})^{\mathrm{T}}=\boldsymbol{B}^{\mathrm{T}}\boldsymbol{A}^{\mathrm{T}}$.

这里仅证明(4). 设 $\boldsymbol{A}=(a_{jk})_{m\times s}$，$\boldsymbol{B}=(b_{ki})_{s\times n}$，则 $(\boldsymbol{AB})^{\mathrm{T}}$ 和 $\boldsymbol{B}^{\mathrm{T}}\boldsymbol{A}^{\mathrm{T}}$ 都是 $n\times m$ 矩阵. 另外，$(\boldsymbol{AB})^{\mathrm{T}}$ 的第 i 行第 j 列的元素就是 $\boldsymbol{AB}$ 的第 j 行第 i 列的元素，故等于

$$\sum_{k=1}^{s}a_{jk}b_{ki},$$

而 $\boldsymbol{B}^{\mathrm{T}}\boldsymbol{A}^{\mathrm{T}}$ 的第 i 行第 j 列的元素等于 $\boldsymbol{B}^{\mathrm{T}}$ 的第 i 行的元素与 $\boldsymbol{A}^{\mathrm{T}}$ 的第 j 列的对应元素的乘积之和，也就是 $\boldsymbol{B}$ 的第 i 列的元素与 $\boldsymbol{A}$ 的第 j 行的对应元素的乘积之和

$$\sum_{k=1}^{s}b_{ki}a_{jk},$$

上述两式显然相等，故 $(\boldsymbol{AB})^{\mathrm{T}}=\boldsymbol{B}^{\mathrm{T}}\boldsymbol{A}^{\mathrm{T}}$.

例 4 已知 $\boldsymbol{A}=\begin{pmatrix}-1&0&3\\2&1&2\end{pmatrix}$，$\boldsymbol{B}=\begin{pmatrix}-1&2&-2\\0&1&4\\1&2&0\end{pmatrix}$，求 $(\boldsymbol{AB})^{\mathrm{T}}$.

解 法 1 因为 $\boldsymbol{AB}=\begin{pmatrix}-1&0&3\\2&1&2\end{pmatrix}\begin{pmatrix}-1&2&-2\\0&1&4\\1&2&0\end{pmatrix}=\begin{pmatrix}4&4&2\\0&9&0\end{pmatrix}$，所以

$$(\boldsymbol{AB})^{\mathrm{T}}=\begin{pmatrix}4&0\\4&9\\2&0\end{pmatrix}.$$

法 2 $(\boldsymbol{AB})^{\mathrm{T}}=\boldsymbol{B}^{\mathrm{T}}\boldsymbol{A}^{\mathrm{T}}=\begin{pmatrix}-1&0&1\\2&1&2\\-2&4&0\end{pmatrix}\begin{pmatrix}-1&2\\0&1\\3&2\end{pmatrix}=\begin{pmatrix}4&0\\4&9\\2&0\end{pmatrix}$.

若 $\boldsymbol{A}$ 为 n 阶方阵,且 $\boldsymbol{A}^{\mathrm{T}}=\boldsymbol{A}$,则称 $\boldsymbol{A}$ 为**对称矩阵**,简称**对称阵**.对称阵的特点是:它的元素以主对角线为对称轴对应相等.

由对称阵的定义可以证明,它具有以下性质:

(1) 设 $\boldsymbol{A}$ 为对称阵,λ 为数,则 $\lambda\boldsymbol{A}$ 也为对称阵.

(2) 设 $\boldsymbol{A},\boldsymbol{B}$ 均为 n 阶对称阵,则 $\boldsymbol{A}+\boldsymbol{B},\boldsymbol{A}-\boldsymbol{B}$ 也为对称阵.

(3) 设 $\boldsymbol{A},\boldsymbol{B}$ 均为 n 阶对称阵,且乘积是可交换的,即 $\boldsymbol{AB}=\boldsymbol{BA}$,则 $\boldsymbol{AB}$ 也为对称阵.

例 5 设列向量 $\boldsymbol{X}=(x_1,x_2,\cdots,x_n)^{\mathrm{T}}$ 满足 $\boldsymbol{X}^{\mathrm{T}}\boldsymbol{X}=1$,$\boldsymbol{E}$ 为 n 阶单位矩阵,$\boldsymbol{H}=\boldsymbol{E}-2\boldsymbol{XX}^{\mathrm{T}}$,证明 $\boldsymbol{H}$ 是对称阵,且 $\boldsymbol{HH}^{\mathrm{T}}=\boldsymbol{E}$.

证 $\boldsymbol{H}^{\mathrm{T}}=(\boldsymbol{E}-2\boldsymbol{XX}^{\mathrm{T}})^{\mathrm{T}}=\boldsymbol{E}^{\mathrm{T}}-2(\boldsymbol{XX}^{\mathrm{T}})^{\mathrm{T}}=\boldsymbol{E}-2\boldsymbol{XX}^{\mathrm{T}}=\boldsymbol{H}$,所以 $\boldsymbol{H}$ 是对称阵.

$$\begin{aligned}\boldsymbol{HH}^{\mathrm{T}}&=\boldsymbol{HH}=(\boldsymbol{E}-2\boldsymbol{XX}^{\mathrm{T}})(\boldsymbol{E}-2\boldsymbol{XX}^{\mathrm{T}})=\boldsymbol{E}-4\boldsymbol{XX}^{\mathrm{T}}+4(\boldsymbol{XX}^{\mathrm{T}})(\boldsymbol{XX}^{\mathrm{T}})\\&=\boldsymbol{E}-4\boldsymbol{XX}^{\mathrm{T}}+4\boldsymbol{X}(\boldsymbol{X}^{\mathrm{T}}\boldsymbol{X})\boldsymbol{X}^{\mathrm{T}}=\boldsymbol{E}-4\boldsymbol{XX}^{\mathrm{T}}+4\boldsymbol{XX}^{\mathrm{T}}=\boldsymbol{E}.\end{aligned}$$

五、关于方阵的两个问题

1. n 阶方阵的幂

设 $\boldsymbol{A}$ 是 n 阶方阵,规定

$$\boldsymbol{A}^0=\boldsymbol{E}_n,\boldsymbol{A}^1=\boldsymbol{A},\boldsymbol{A}^2=\boldsymbol{AA},\cdots,\boldsymbol{A}^{k+1}=\boldsymbol{A}^k\boldsymbol{A}^1,$$

其中 k 为正整数,即 $\boldsymbol{A}^k$ 就是 k 个 $\boldsymbol{A}$ 连乘.

显然,只有方阵,它的幂才有意义.方阵的幂满足以下运算规律(设 $\boldsymbol{A}$ 为方阵,k,l 为非负整数):

(1) $\boldsymbol{A}^k\boldsymbol{A}^l=\boldsymbol{A}^{k+l}$.

(2) $(\boldsymbol{A}^k)^l=\boldsymbol{A}^{kl}$.

因为矩阵乘法不满足交换律,所以对于两个 n 阶方阵 $\boldsymbol{A}$ 与 $\boldsymbol{B}$,一般说来

(1) $(\boldsymbol{AB})^k\neq\boldsymbol{A}^k\boldsymbol{B}^k$.

(2) $(\boldsymbol{A}+\boldsymbol{B})^2\neq\boldsymbol{A}^2+2\boldsymbol{AB}+\boldsymbol{B}^2$.

(3) $(\boldsymbol{A}+\boldsymbol{B})(\boldsymbol{A}-\boldsymbol{B})\neq\boldsymbol{A}^2-\boldsymbol{B}^2$.

例 6 证明 $\begin{pmatrix}\cos\varphi&-\sin\varphi\\\sin\varphi&\cos\varphi\end{pmatrix}^n=\begin{pmatrix}\cos n\varphi&-\sin n\varphi\\\sin n\varphi&\cos n\varphi\end{pmatrix}$.

证 用数学归纳法.当 $n=1$ 时,等式显然成立,设 $n=k$ 时成立,即

$$\begin{pmatrix}\cos\varphi&-\sin\varphi\\\sin\varphi&\cos\varphi\end{pmatrix}^k=\begin{pmatrix}\cos k\varphi&-\sin k\varphi\\\sin k\varphi&\cos k\varphi\end{pmatrix},$$

则当 $n=k+1$ 时,有

$$\begin{pmatrix}\cos\varphi & -\sin\varphi\\ \sin\varphi & \cos\varphi\end{pmatrix}^{k+1}=\begin{pmatrix}\cos\varphi & -\sin\varphi\\ \sin\varphi & \cos\varphi\end{pmatrix}^{k}\begin{pmatrix}\cos\varphi & -\sin\varphi\\ \sin\varphi & \cos\varphi\end{pmatrix}$$
$$=\begin{pmatrix}\cos k\varphi & -\sin k\varphi\\ \sin k\varphi & \cos k\varphi\end{pmatrix}\begin{pmatrix}\cos\varphi & -\sin\varphi\\ \sin\varphi & \cos\varphi\end{pmatrix}$$
$$=\begin{pmatrix}\cos k\varphi\cos\varphi-\sin k\varphi\sin\varphi & -\cos k\varphi\sin\varphi-\sin k\varphi\cos\varphi\\ \sin k\varphi\cos\varphi+\cos k\varphi\sin\varphi & -\sin k\varphi\sin\varphi+\cos k\varphi\cos\varphi\end{pmatrix}$$
$$=\begin{pmatrix}\cos(k+1)\varphi & -\sin(k+1)\varphi\\ \sin(k+1)\varphi & \cos(k+1)\varphi\end{pmatrix},$$

于是对任意自然数 n,等式成立.

2. 方阵的行列式

定义 6　由 n 阶方阵 $\boldsymbol{A}$ 的元素所构成的行列式(各元素的位置不变),称为方阵 $\boldsymbol{A}$ 的行列式,记作 $|\boldsymbol{A}|$ 或 $\det\boldsymbol{A}$.

应该注意:

(1) 方阵与行列式是两个不同的概念,n 阶方阵是 n^2 个数按一定方式排成的数表,而 n 阶行列式 $|\boldsymbol{A}|$ 则是数表 $\boldsymbol{A}$ 按一定的运算法则所确定的一个数.

(2) 由于行列式是 n 行 n 列的,所以**如果矩阵 $\boldsymbol{A}$ 不是方阵,就不能对 $\boldsymbol{A}$ 取行列式.**

由 $\boldsymbol{A}$ 确定 $|\boldsymbol{A}|$ 的这个运算,具有下列运算规律(设 $\boldsymbol{A},\boldsymbol{B}$ 均为 n 阶方阵,λ 为一个数):

(1) $|\boldsymbol{A}^{\mathrm{T}}|=|\boldsymbol{A}|$.

(2) $|\lambda\boldsymbol{A}|=\lambda^n|\boldsymbol{A}|$.

(3) $|\boldsymbol{A}\boldsymbol{B}|=|\boldsymbol{A}||\boldsymbol{B}|$.

性质(1)、性质(2)由行列式的性质直接得到,因此仅证明(3).

证*　设 $\boldsymbol{A}=(a_{ij})$,$\boldsymbol{B}=(b_{ij})$,记 $2n$ 阶行列式

$$D=\begin{vmatrix} a_{11} & \cdots & a_{1n} & & & \\ \vdots & & \vdots & & \boldsymbol{O} & \\ a_{n1} & \cdots & a_{nn} & & & \\ -1 & & & b_{11} & \cdots & b_{1n}\\ & \ddots & & \vdots & & \vdots\\ & & -1 & b_{n1} & \cdots & b_{nn}\end{vmatrix}=\begin{vmatrix}\boldsymbol{A} & \boldsymbol{O}\\ -\boldsymbol{E} & \boldsymbol{B}\end{vmatrix},$$

由第一章例 14 可知 $D=|\boldsymbol{A}||\boldsymbol{B}|$.

再在 D 中以 b_{1j} 乘第 1 列,b_{2j} 乘第 2 列,$\cdots$,b_{nj} 乘第 n 列,都加到第 $n+j$ 列上($j=1,2,\cdots,n$),有

$$D=\begin{vmatrix} \boldsymbol{A} & \boldsymbol{C} \\ -\boldsymbol{E} & \boldsymbol{O} \end{vmatrix},$$

其中 $\boldsymbol{C}=(c_{ij})$, $c_{ij}=\sum_{k=1}^{n} b_{kj}a_{ik}$, 故 $\boldsymbol{C}=\boldsymbol{AB}$.

再对 D 的行作 $r_j \leftrightarrow r_{n+j}(j=1,2,\cdots,n)$,有

$$D=(-1)^n\begin{vmatrix} -\boldsymbol{E} & \boldsymbol{O} \\ \boldsymbol{A} & \boldsymbol{C} \end{vmatrix},$$

仍由第一章例 14 有

$$D=(-1)^n|-\boldsymbol{E}||\boldsymbol{C}|=(-1)^n(-1)^n|\boldsymbol{E}||\boldsymbol{C}|=|\boldsymbol{C}|=|\boldsymbol{AB}|.$$

故 $|\boldsymbol{AB}|=|\boldsymbol{A}||\boldsymbol{B}|$. 称其为**行列式乘法公式**.

例 7 设 $\boldsymbol{A}=\lambda_1\boldsymbol{E}_n$, $\boldsymbol{B}=\lambda_2\boldsymbol{E}_n$,其中 λ_1, λ_2 是数,求 $|\boldsymbol{A}|+|\boldsymbol{B}|$ 及 $|\boldsymbol{A}+\boldsymbol{B}|$.

解 $|\boldsymbol{A}|+|\boldsymbol{B}|=|\lambda_1\boldsymbol{E}_n|+|\lambda_2\boldsymbol{E}_n|=\lambda_1^n+\lambda_2^n$;

$|\boldsymbol{A}+\boldsymbol{B}|=|\lambda_1\boldsymbol{E}_n+\lambda_2\boldsymbol{E}_n|=|(\lambda_1+\lambda_2)\boldsymbol{E}_n|=(\lambda_1+\lambda_2)^n$.

由例 7 可以看到,在一般情况下, $|\boldsymbol{A}+\boldsymbol{B}|\neq|\boldsymbol{A}|+|\boldsymbol{B}|$.

对于 n 阶方阵 $\boldsymbol{A}$, $\boldsymbol{B}$, 在一般情况下 $\boldsymbol{AB}\neq\boldsymbol{BA}$, 但由行列式乘法公式,总有 $|\boldsymbol{AB}|=|\boldsymbol{BA}|$.

3.3 逆 矩 阵

逆矩阵的定义

一、逆矩阵的定义及性质

定义 7 设 $\boldsymbol{A}$ 为 n 阶方阵,若存在 n 阶方阵 $\boldsymbol{B}$,使

$$\boldsymbol{AB}=\boldsymbol{BA}=\boldsymbol{E},$$

则称矩阵 $\boldsymbol{A}$ 是可逆的,并把矩阵 $\boldsymbol{B}$ 称为 $\boldsymbol{A}$ 的**逆矩阵**,简称**逆阵**,记作 $\boldsymbol{B}=\boldsymbol{A}^{-1}$.

如果方阵 $\boldsymbol{A}$ 是可逆的,那么 $\boldsymbol{A}$ 的逆矩阵是唯一的.

事实上,若 $\boldsymbol{B}$, $\boldsymbol{C}$ 都是 $\boldsymbol{A}$ 的逆矩阵,则有

$$\boldsymbol{B}=\boldsymbol{BE}=\boldsymbol{B}(\boldsymbol{AC})=(\boldsymbol{BA})\boldsymbol{C}=\boldsymbol{EC}=\boldsymbol{C},$$

所以 $\boldsymbol{A}$ 的逆矩阵是唯一的.

可逆矩阵是一类重要的方阵,在使用记号 $\boldsymbol{A}^{-1}$ 之前,必须首先弄清楚 $\boldsymbol{A}$ 是否可逆. 在无法判定 $\boldsymbol{A}$ 是否可逆的情况下,记号 $\boldsymbol{A}^{-1}$ 没有意义.

可逆矩阵具有下列性质:

(1) 若 $\boldsymbol{A}$ 可逆,则 $\boldsymbol{A}^{-1}$ 也可逆,且 $(\boldsymbol{A}^{-1})^{-1}=\boldsymbol{A}$.

(2) 若 $\boldsymbol{A}$ 可逆,则 $\boldsymbol{A}^{\mathrm{T}}$ 也可逆,且 $(\boldsymbol{A}^{\mathrm{T}})^{-1}=(\boldsymbol{A}^{-1})^{\mathrm{T}}$.

(3) 若 $\boldsymbol{A}$ 可逆,且数 $k\neq0$,则 $k\boldsymbol{A}$ 可逆,且 $(k\boldsymbol{A})^{-1}=\frac{1}{k}\boldsymbol{A}^{-1}$.

(4) 若 $\boldsymbol{A}$, $\boldsymbol{B}$ 是同阶方阵且均可逆,则 $\boldsymbol{AB}$ 也可逆,且

$$(\boldsymbol{AB})^{-1}=\boldsymbol{B}^{-1}\boldsymbol{A}^{-1}.$$

上述性质证明很容易,可由定义直接验证,因此不再阐述.应当注意:性质(4)可以推广到有限个同阶可逆矩阵的情况,即

若 $\boldsymbol{A}_1,\boldsymbol{A}_2,\cdots,\boldsymbol{A}_s$ 为同阶可逆矩阵,则 $\boldsymbol{A}_1\boldsymbol{A}_2\cdots\boldsymbol{A}_s$ 可逆,且

$$(\boldsymbol{A}_1\boldsymbol{A}_2\cdots\boldsymbol{A}_s)^{-1}=\boldsymbol{A}_s^{-1}\cdots\boldsymbol{A}_2^{-1}\boldsymbol{A}_1^{-1}.$$

二、方阵 A 可逆的充要条件

首先介绍伴随矩阵的概念.

定义 8 设 $\boldsymbol{A}=\begin{pmatrix} a_{11} & a_{12} & \cdots & a_{1n} \\ a_{21} & a_{22} & \cdots & a_{2n} \\ \vdots & \vdots & & \vdots \\ a_{n1} & a_{n2} & \cdots & a_{nn} \end{pmatrix}$,则称 n 阶方阵

$$\boldsymbol{A}^*=\begin{pmatrix} A_{11} & A_{21} & \cdots & A_{n1} \\ A_{12} & A_{22} & \cdots & A_{n2} \\ \vdots & \vdots & & \vdots \\ A_{1n} & A_{2n} & \cdots & A_{nn} \end{pmatrix}$$

为**矩阵 $\boldsymbol{A}$ 的伴随矩阵**,其中 A_{ij} 是 $|\boldsymbol{A}|$ 的元素 a_{ij} 的代数余子式.

如若 $\boldsymbol{A}=\begin{pmatrix} 1 & 2 \\ 3 & 4 \end{pmatrix}$,则 $\boldsymbol{A}^*=\begin{pmatrix} 4 & -2 \\ -3 & 1 \end{pmatrix}$.

由矩阵乘法易知,对任意 n 阶方阵 $\boldsymbol{A}$ 有 $\boldsymbol{AA}^*=\boldsymbol{A}^*\boldsymbol{A}=|\boldsymbol{A}|\boldsymbol{E}$.

定理 1 n 阶方阵 $\boldsymbol{A}$ 可逆的充要条件是 $|\boldsymbol{A}|\neq 0$,且当 $|\boldsymbol{A}|\neq 0$ 时,$\boldsymbol{A}^{-1}=\dfrac{1}{|\boldsymbol{A}|}\cdot\boldsymbol{A}^*$,其中 $\boldsymbol{A}^*$ 为矩阵 $\boldsymbol{A}$ 的伴随矩阵.

证 必要性:$\boldsymbol{A}$ 可逆,即有 $\boldsymbol{A}^{-1}$,使得 $\boldsymbol{AA}^{-1}=\boldsymbol{E}$,故 $|\boldsymbol{A}|\,|\boldsymbol{A}^{-1}|=|\boldsymbol{E}|=1$,所以 $|\boldsymbol{A}|\neq 0$.

充分性:设 $|\boldsymbol{A}|\neq 0$,则由 $\boldsymbol{AA}^*=\boldsymbol{A}^*\boldsymbol{A}=|\boldsymbol{A}|\boldsymbol{E}$,得

$$\boldsymbol{A}\left(\frac{1}{|\boldsymbol{A}|}\boldsymbol{A}^*\right)=\left(\frac{1}{|\boldsymbol{A}|}\boldsymbol{A}^*\right)\boldsymbol{A}=\boldsymbol{E}.$$

由逆阵的定义及唯一性可知 $\boldsymbol{A}$ 可逆,且 $\boldsymbol{A}^{-1}=\dfrac{1}{|\boldsymbol{A}|}\boldsymbol{A}^*$.

设 $\boldsymbol{A}$ 为 n 阶方阵,当 $|\boldsymbol{A}|=0$ 时,称 $\boldsymbol{A}$ 为**奇异方阵**(也称为**退化的**、**降秩的**);当 $|\boldsymbol{A}|\neq 0$ 时,则称 $\boldsymbol{A}$ 为**非奇异方阵**(也称为**非退化的**、**满秩的**).

由定理 1 可得以下推论.

推论 1 若 n 阶方阵 $\boldsymbol{A}$ 满足 $\boldsymbol{AB}=\boldsymbol{O}$,且 $|\boldsymbol{A}|\neq 0$,则 $\boldsymbol{B}=\boldsymbol{O}$.

证 因为 $|\boldsymbol{A}|\neq 0$,所以 $\boldsymbol{A}$ 可逆,$\boldsymbol{A}^{-1}$ 左乘 $\boldsymbol{AB}=\boldsymbol{O}$ 两边得 $\boldsymbol{B}=\boldsymbol{O}$.

推论 2 若 n 阶方阵 $\boldsymbol{A}$ 满足 $\boldsymbol{AB}=\boldsymbol{AC}$，且 $|\boldsymbol{A}|\neq0$，则 $\boldsymbol{B}=\boldsymbol{C}$.

证 因为 $|\boldsymbol{A}|\neq0$，所以 $\boldsymbol{A}$ 可逆，$\boldsymbol{A}^{-1}$左乘 $\boldsymbol{AB}=\boldsymbol{AC}$ 两边得 $\boldsymbol{B}=\boldsymbol{C}$.

推论 3 设 $\boldsymbol{A}$ 为 n 阶方阵，若存在 n 阶方阵 $\boldsymbol{B}$，使得 $\boldsymbol{AB}=\boldsymbol{E}$（或 $\boldsymbol{BA}=\boldsymbol{E}$），则 $\boldsymbol{A}$ 可逆，且 $\boldsymbol{A}^{-1}=\boldsymbol{B}$.

证 $|\boldsymbol{A}||\boldsymbol{B}|=|\boldsymbol{E}|=1$，故 $|\boldsymbol{A}|\neq0$，因而 $\boldsymbol{A}^{-1}$存在，于是

$$\boldsymbol{B}=\boldsymbol{EB}=(\boldsymbol{A}^{-1}\boldsymbol{A})\boldsymbol{B}=\boldsymbol{A}^{-1}(\boldsymbol{AB})=\boldsymbol{A}^{-1}\boldsymbol{E}=\boldsymbol{A}^{-1}.$$

推论 3 使检验可逆矩阵的过程减少一半，即由 $\boldsymbol{AB}=\boldsymbol{E}$ 或 $\boldsymbol{BA}=\boldsymbol{E}$，就可确定 $\boldsymbol{B}$ 是 $\boldsymbol{A}$ 的逆阵. 但前提是 $\boldsymbol{A},\boldsymbol{B}$ 必须是同阶方阵.

当 $|\boldsymbol{A}|\neq0$ 时，定义

$$\boldsymbol{A}^{-k}=(\boldsymbol{A}^{-1})^k,$$

其中 k 为正整数，因此，当 $|\boldsymbol{A}|\neq0$，k,l 为整数时，有

$$\boldsymbol{A}^k\boldsymbol{A}^l=\boldsymbol{A}^{k+l},\quad (\boldsymbol{A}^k)^l=\boldsymbol{A}^{kl}.$$

例 8 求矩阵 $\boldsymbol{A}=\begin{pmatrix}3&2\\1&4\end{pmatrix}$的逆阵.

解 $$\boldsymbol{A}^{-1}=\frac{1}{|\boldsymbol{A}|}\boldsymbol{A}^*=\frac{1}{3\times4-1\times2}\begin{pmatrix}4&-2\\-1&3\end{pmatrix}=\begin{pmatrix}\dfrac{2}{5}&-\dfrac{1}{5}\\-\dfrac{1}{10}&\dfrac{3}{10}\end{pmatrix}.$$

例 9 求矩阵 $\boldsymbol{A}=\begin{pmatrix}1&2&3\\2&2&1\\3&4&3\end{pmatrix}$的逆阵.

解 因 $|\boldsymbol{A}|=2\neq0$，故 $\boldsymbol{A}^{-1}$存在，且因为

$$A_{11}=2,\quad A_{12}=-3,\quad A_{13}=2,$$
$$A_{21}=6,\quad A_{22}=-6,\quad A_{23}=2,$$
$$A_{31}=-4,\quad A_{32}=5,\quad A_{33}=-2,$$

所以

$$\boldsymbol{A}^*=\begin{pmatrix}2&6&-4\\-3&-6&5\\2&2&-2\end{pmatrix},$$

所以

$$\boldsymbol{A}^{-1}=\frac{1}{|\boldsymbol{A}|}\boldsymbol{A}^*=\begin{pmatrix}1&3&-2\\-\dfrac{3}{2}&-3&\dfrac{5}{2}\\1&1&-1\end{pmatrix}.$$

例 10　设 $\boldsymbol{A}=\begin{pmatrix}1&2&3\\2&2&1\\3&4&3\end{pmatrix}$，$\boldsymbol{B}=\begin{pmatrix}3&2\\1&4\end{pmatrix}$，$\boldsymbol{C}=\begin{pmatrix}1&3\\2&0\\3&1\end{pmatrix}$，求矩阵 $\boldsymbol{X}$，使 $\boldsymbol{AXB}=\boldsymbol{C}$.

解　由例 8 和例 9 知

$$\boldsymbol{A}^{-1}=\begin{pmatrix}1&3&-2\\-\dfrac{3}{2}&-3&\dfrac{5}{2}\\1&1&-1\end{pmatrix},\quad \boldsymbol{B}^{-1}=\begin{pmatrix}\dfrac{2}{5}&-\dfrac{1}{5}\\-\dfrac{1}{10}&\dfrac{3}{10}\end{pmatrix},$$

用 $\boldsymbol{A}^{-1}$ 左乘，同时用 $\boldsymbol{B}^{-1}$ 右乘 $\boldsymbol{AXB}=\boldsymbol{C}$，便有 $\boldsymbol{A}^{-1}\boldsymbol{AXBB}^{-1}=\boldsymbol{A}^{-1}\boldsymbol{CB}^{-1}$，即

$$\begin{aligned}\boldsymbol{X}&=\boldsymbol{A}^{-1}\boldsymbol{CB}^{-1}\\&=\begin{pmatrix}1&3&-2\\-\dfrac{3}{2}&-3&\dfrac{5}{2}\\1&1&-1\end{pmatrix}\begin{pmatrix}1&3\\2&0\\3&1\end{pmatrix}\begin{pmatrix}\dfrac{2}{5}&-\dfrac{1}{5}\\-\dfrac{1}{10}&\dfrac{3}{10}\end{pmatrix}\\&=\begin{pmatrix}1&1\\0&-2\\0&2\end{pmatrix}\begin{pmatrix}\dfrac{2}{5}&-\dfrac{1}{5}\\-\dfrac{1}{10}&\dfrac{3}{10}\end{pmatrix}=\begin{pmatrix}\dfrac{3}{10}&\dfrac{1}{10}\\\dfrac{1}{5}&-\dfrac{3}{5}\\-\dfrac{1}{5}&\dfrac{3}{5}\end{pmatrix}.\end{aligned}$$

例 11　设 $f(x)=x^3-2x^2+3x-2$，n 阶方阵 $\boldsymbol{A}$ 满足 $f(\boldsymbol{A})=\boldsymbol{O}$，证明 $\boldsymbol{A}$ 可逆并求 $\boldsymbol{A}^{-1}$.

证明　因为 $f(\boldsymbol{A})=\boldsymbol{O}$，所以有 $\boldsymbol{A}^3-2\boldsymbol{A}^2+3\boldsymbol{A}-2\boldsymbol{E}=\boldsymbol{O}$，从而有

$$\boldsymbol{A}\left(\frac{1}{2}(\boldsymbol{A}^2-2\boldsymbol{A}+3\boldsymbol{E})\right)=\boldsymbol{E},$$

所以 $\boldsymbol{A}$ 可逆且

$$\boldsymbol{A}^{-1}=\frac{1}{2}(\boldsymbol{A}^2-2\boldsymbol{A}+3\boldsymbol{E}).$$

3.4　矩阵的初等变换与初等矩阵

一、矩阵的初等变换

矩阵的初等变换是处理有关问题的一种重要方法，它在解线性方程组、求逆阵以及矩阵理论的研究中都起着重要作用.

引例　求解线性方程组

$$\begin{cases}2x_1+x_2-x_3=2, & (1)\\ x_1+x_2+x_3=4, & (2)\\ 4x_1-2x_2-6x_3=4. & (3)\end{cases} \qquad (*)$$

解

$$(*)\xrightarrow[\frac{1}{2}\times(3)]{(1)\leftrightarrow(2)}\begin{cases}x_1+x_2+x_3=4, & (1')\\ 2x_1+x_2-x_3=2, & (2')\\ 2x_1-x_2-3x_3=2, & (3')\end{cases}$$

$$\xrightarrow[(3')-2\times(1')]{(2')-2\times(1')}\begin{cases}x_1+x_2+x_3=4, & (1'')\\ -x_2-3x_3=-6, & (2'')\\ -3x_2-5x_3=-6, & (3'')\end{cases}$$

$$\xrightarrow[-1\times(2'')]{(3'')-3\times(2'')}\begin{cases}x_1+x_2+x_3=4, & (1''')\\ x_2+3x_3=6, & (2''')\\ 4x_3=12, & (3''')\end{cases}$$

进而可得方程组的解 $x_1=4, x_2=-3, x_3=3$.

在解线性方程组($*$)的过程中,用到了三种变换:

(1) 交换两个方程的位置;

(2) 用不等于零的数乘某一个方程;

(3) 一个方程加上另一个方程的倍数.

由于对线性方程组的这三种变换都是可逆的,因此变换后的方程组与变换前的方程组是同解的,这三种变换都是方程组的**同解变换**. 进一步分析,在实施上述变换的过程中,未知量并未参与运算,仅仅是对方程组的系数及常数进行了运算,因此,若记

$$\bar{\boldsymbol{A}}=(\boldsymbol{A},\boldsymbol{b})=\begin{pmatrix}2 & 1 & -1 & 2\\ 1 & 1 & 1 & 4\\ 4 & -2 & -6 & 4\end{pmatrix},$$

则对方程组($*$)实施上述三种变换,用矩阵来表示就是

$$\bar{\boldsymbol{A}}=(\boldsymbol{A},\boldsymbol{b})=\begin{pmatrix}2 & 1 & -1 & 2\\ 1 & 1 & 1 & 4\\ 4 & -2 & -6 & 4\end{pmatrix}\xrightarrow[\frac{1}{2}\times r_3]{r_1\leftrightarrow r_2}\begin{pmatrix}1 & 1 & 1 & 4\\ 2 & 1 & -1 & 2\\ 2 & -1 & -3 & 2\end{pmatrix}$$

$$\xrightarrow[r_3-2r_1]{r_2-2r_1}\begin{pmatrix}1 & 1 & 1 & 4\\ 0 & -1 & -3 & -6\\ 0 & -3 & -5 & -6\end{pmatrix}\xrightarrow[r_3-3r_2]{r_1+r_2}\begin{pmatrix}1 & 0 & -2 & -2\\ 0 & -1 & -3 & -6\\ 0 & 0 & 4 & 12\end{pmatrix}$$

$$\xrightarrow[\frac{1}{4}r_3]{(-1)r_2}\begin{pmatrix}1 & 0 & -2 & -2\\ 0 & 1 & 3 & 6\\ 0 & 0 & 1 & 3\end{pmatrix}\xrightarrow[r_2-3r_3]{r_1+2r_3}\begin{pmatrix}1 & 0 & 0 & 4\\ 0 & 1 & 0 & -3\\ 0 & 0 & 1 & 3\end{pmatrix}.$$

这就是说，上述对方程组的变换可化为对矩阵 $\bar{A}$ 的变换，对应于方程组的三种同解变换，可得矩阵的三种初等变换.

定义 9　下面三种变换称为矩阵的初等行变换：

(1) 对调两行（对调 i,j 两行，记作 $r_i \leftrightarrow r_j$）；

(2) 以数 $k\neq 0$ 乘某一行中的所有元素（第 i 行乘 k，记作 kr_i）；

(3) 把某一行所有元素的 k 倍加到另一行对应的元素上去（第 j 行的 k 倍加到第 i 行上去，记作 r_i+kr_j）.

把定义中的"行"换成"列"，即得矩阵的初等列变换的定义（所用记号是把"r"换成"c"）.

矩阵的初等行变换和初等列变换统称初等变换.

显然三种初等变换都是可逆的，且其逆变换是同一类的初等变换：变换 $r_i\leftrightarrow r_j$ 的逆变换就是其本身；变换 kr_i 的逆变换为 $\frac{1}{k}r_i$；变换 r_i+kr_j 的逆变换为 $r_i+(-k)r_j$（或记作 r_i-kr_j）.

如果矩阵 $\boldsymbol{A}$ 经有限次初等变换变成矩阵 $\boldsymbol{B}$，则称矩阵 $\boldsymbol{A}$ 与 $\boldsymbol{B}$ **等价**，记作 $\boldsymbol{A}\leftrightarrow\boldsymbol{B}$.

矩阵之间的等价关系具有下列性质：

反身性　$\boldsymbol{A}\leftrightarrow\boldsymbol{A}$.

对称性　若 $\boldsymbol{A}\leftrightarrow\boldsymbol{B}$，则 $\boldsymbol{B}\leftrightarrow\boldsymbol{A}$.

传递性　若 $\boldsymbol{A}\leftrightarrow\boldsymbol{B}$，$\boldsymbol{B}\leftrightarrow\boldsymbol{C}$，则 $\boldsymbol{A}\leftrightarrow\boldsymbol{C}$.

数学中把具有上述三条性质的关系称为**等价关系**. 例如，两个线性方程组同解，就称这两个线性方程组等价.

下面讨论利用矩阵的初等变换化简矩阵的问题.

行阶梯形矩阵　如果矩阵 $\boldsymbol{A}$ 的零行（如果存在的话）全部位于非零行的下方，且各个非零行的左起第一个非零元素的列序数由上而下严格递增，则称矩阵 $\boldsymbol{A}$ 为行阶梯形矩阵.

例如

$$\boldsymbol{A}=\begin{pmatrix}1&5&4&0&1\\0&0&3&1&4\\0&0&0&0&2\end{pmatrix},\quad \boldsymbol{B}=\begin{pmatrix}5&1&3&1&2&3\\0&1&0&2&5&4\\0&0&0&0&2&7\\0&0&0&0&0&0\end{pmatrix}$$

都是行阶梯形矩阵，**零矩阵可视为特殊的行阶梯形矩阵.**

行阶梯形矩阵的特点是：可画出一条阶梯线，线的下方全为零，每个台阶只有一行，台阶数即是非零行的行数，阶梯线的竖线的长度仅为一行，每段竖线的后面的第一个元素为非零元素，也就是非零行的第一个非零元.

例 12　利用矩阵的初等行变换，将

$$A=\begin{pmatrix}2&-1&-1&1&2\\1&1&-2&1&4\\4&-6&2&-2&4\\3&6&-9&7&9\end{pmatrix}$$

化成行阶梯形矩阵.

解 $$A=\begin{pmatrix}2&-1&-1&1&2\\1&1&-2&1&4\\4&-6&2&-2&4\\3&6&-9&7&9\end{pmatrix}\xrightarrow[\frac{1}{2}r_3]{r_1\leftrightarrow r_2}\begin{pmatrix}1&1&-2&1&4\\2&-1&-1&1&2\\2&-3&1&-1&2\\3&6&-9&7&9\end{pmatrix}$$

$$\xrightarrow[r_4-3r_1]{\substack{r_2-2r_1\\r_3-2r_1}}\begin{pmatrix}1&1&-2&1&4\\0&-3&3&-1&-6\\0&-5&5&-3&-6\\0&3&-3&4&-3\end{pmatrix}\xrightarrow{r_3-2r_2}\begin{pmatrix}1&1&-2&1&4\\0&-3&3&-1&-6\\0&1&-1&-1&6\\0&3&-3&4&-3\end{pmatrix}$$

$$\xrightarrow{r_2\leftrightarrow r_3}\begin{pmatrix}1&1&-2&1&4\\0&1&-1&-1&6\\0&-3&3&-1&-6\\0&3&-3&4&-3\end{pmatrix}\xrightarrow[r_4-3r_2]{r_3+3r_2}\begin{pmatrix}1&1&-2&1&4\\0&1&-1&-1&6\\0&0&0&-4&12\\0&0&0&7&-21\end{pmatrix}$$

$$\xrightarrow{-\frac{1}{4}r_3}\begin{pmatrix}1&1&-2&1&4\\0&1&-1&-1&6\\0&0&0&1&-3\\0&0&0&7&-21\end{pmatrix}\xrightarrow{r_4-7r_3}\begin{pmatrix}1&1&-2&1&4\\0&1&-1&-1&6\\0&0&0&1&-3\\0&0&0&0&0\end{pmatrix}=C.$$

行阶梯形矩阵 C 中，非零行的左起第一个非零元素都是 1，并且这些非零元素 1 所在的列的其他元素都为零，则称 C 为**行最简阶梯形矩阵**，简称**行最简形矩阵**.

用归纳法不难证明，对于任何矩阵 $A_{m\times n}$，总可经过有限次初等行变换把它变为行阶梯形矩阵和行最简形矩阵.

如对例 12 中的 A，继续实施初等行变换：

$$A\rightarrow\begin{pmatrix}1&1&-2&1&4\\0&1&-1&-1&6\\0&0&0&1&-3\\0&0&0&0&0\end{pmatrix}\xrightarrow{r_1-r_2}\begin{pmatrix}1&0&-1&2&-2\\0&1&-1&-1&6\\0&0&0&1&-3\\0&0&0&0&0\end{pmatrix}$$

$$\xrightarrow[r_2+r_3]{r_1-2r_3}\begin{pmatrix}1&0&-1&0&4\\0&1&-1&0&3\\0&0&0&1&-3\\0&0&0&0&0\end{pmatrix}=B.$$

对行最简形矩阵再施以初等列变换，可变成一种形状更简单的矩阵，称为**标准**

形. 例如,对于上述

$$\boldsymbol{B}=\begin{pmatrix}1&0&-1&0&4\\0&1&-1&0&3\\0&0&0&1&-3\\0&0&0&0&0\end{pmatrix}\xrightarrow{r_3\leftrightarrow r_4}\begin{pmatrix}1&0&0&-1&4\\0&1&0&-1&3\\0&0&1&0&-3\\0&0&0&0&0\end{pmatrix}$$

$$\xrightarrow[c_5-4c_1]{c_4+c_1}\begin{pmatrix}1&0&0&0&0\\0&1&0&-1&3\\0&0&1&0&-3\\0&0&0&0&0\end{pmatrix}\xrightarrow[c_5+3c_3]{\substack{c_4+c_2\\c_5-3c_2}}\begin{pmatrix}1&0&0&0&0\\0&1&0&0&0\\0&0&1&0&0\\0&0&0&0&0\end{pmatrix}=\boldsymbol{D}_r.$$

矩阵 $\boldsymbol{D}_r$ 称为矩阵 $\boldsymbol{A}$ 的**等价标准形**,其特点是:$\boldsymbol{D}_r$ 的左上角是一个单位阵,其余元素全为零.

对于矩阵 $\boldsymbol{A}_{m\times n}$,总可经过有限次初等变换(行变换和列变换)把它化为标准形

$$\boldsymbol{D}_r=\begin{pmatrix}1&&&&&\\&\ddots&&&&\\&&1&&&\\&&&0&&\\&&&&\ddots&\\&&&&&0\end{pmatrix}.$$

设 $\boldsymbol{D}_r$ 的左上角单位阵为 $\boldsymbol{E}_r$,则此标准形由 m,n,r 三个数完全确定,其中 r 也就是行阶梯形矩阵中非零行的行数,所有与 $\boldsymbol{A}$ 等价的矩阵组成一个集合,称为一个等价类,标准形 $\boldsymbol{D}_r$ 是这个等价类中形状最简单的矩阵.

例 13 设 $\boldsymbol{A}=\begin{pmatrix}1&1&-1\\3&2&-2\\5&-2&1\end{pmatrix}$,应用初等行变换把 $(\boldsymbol{A}\mid\boldsymbol{E})$ 化成行最简形.

解
$$(\boldsymbol{A}\mid\boldsymbol{E})=\left(\begin{array}{ccc:ccc}1&1&-1&1&0&0\\3&2&-2&0&1&0\\5&-2&1&0&0&1\end{array}\right)\xrightarrow[r_3-5r_1]{r_2-3r_1}\left(\begin{array}{ccc:ccc}1&1&-1&1&0&0\\0&-1&1&-3&1&0\\0&-7&6&-5&0&1\end{array}\right)$$

$$\xrightarrow{r_3-7r_2}\left(\begin{array}{ccc:ccc}1&1&-1&1&0&0\\0&-1&1&-3&1&0\\0&0&-1&16&-7&1\end{array}\right)$$

$$\xrightarrow[r_1-r_3]{r_2+r_3}\left(\begin{array}{ccc:ccc}1&1&0&-15&7&-1\\0&-1&0&13&-6&1\\0&0&-1&16&-7&1\end{array}\right)$$

$$\xrightarrow{r_1+r_2}\left(\begin{array}{ccc:ccc}1&0&0&-2&1&0\\0&-1&0&13&-6&1\\0&0&-1&16&-7&1\end{array}\right)$$

$$\xrightarrow[(-1)r_3]{(-1)r_2}\left(\begin{array}{ccc:ccc}1&0&0&-2&1&0\\0&1&0&-13&6&-1\\0&0&1&-16&7&-1\end{array}\right).$$

上式最后一个矩阵即为矩阵$(\boldsymbol{A} \,\vdots\, \boldsymbol{E})$的行最简形.

二、初等矩阵

前面介绍了矩阵的初等变换,以下将建立初等变换与矩阵乘法的联系,并给出用初等变换求逆矩阵的方法.

1. 初等矩阵的概念

定义 10 由单位矩阵 $\boldsymbol{E}$ 经过一次初等变换得到的矩阵称为初等矩阵.

初等矩阵共有下列三类:

(1) 把单位阵中第 i,j 两行(列)对调,得到初等矩阵

$$\boldsymbol{E}(i,j)=\begin{pmatrix}1&&&&&&&&&\\&\ddots&&&&&&&&\\&&1&&&&&&&\\&&&0&&\cdots&&1&&\\&&&&1&&&&&\\&&&\vdots&&\ddots&&\vdots&&\\&&&&&&1&&&\\&&&1&&\cdots&&0&&\\&&&&&&&&1&\\&&&&&&&&&\ddots&\\&&&&&&&&&&1\end{pmatrix}\begin{matrix}\\\\\\\leftarrow 第\,i\,行\\\\\\\\\leftarrow 第\,j\,行\\\\\\\\\end{matrix}.$$

(2) 以数 $k\neq 0$ 乘以单位阵的某行(列),得到初等矩阵

$$\boldsymbol{E}(i(k))=\begin{pmatrix}1&&&&&&\\&\ddots&&&&&\\&&1&&&&\\&&&k&&&\\&&&&1&&\\&&&&&\ddots&\\&&&&&&1\end{pmatrix}\begin{matrix}\\\\\\\leftarrow 第\,i\,行.\\\\\\\\\end{matrix}$$

(3) 以数 k 乘单位阵的某一行(列)加到另一行(列),得到初等矩阵

$$\boldsymbol{E}(i,j(k))=\begin{pmatrix}1&&&&&&\\&\ddots&&&&&\\&&1&\cdots&k&&\\&&&\ddots&\vdots&&\\&&&&1&&\\&&&&&\ddots&\\&&&&&&1\end{pmatrix}\begin{matrix}\\\\\leftarrow 第\ i\ 行\\\\\leftarrow 第\ j\ 行\\\\\\\end{matrix}.$$

初等矩阵和初等变换之间有如下重要关系：

(1) 用 m 阶初等矩阵 $\boldsymbol{E}(i,j)$ 左乘矩阵 $\boldsymbol{A}=(a_{ij})_{m\times n}$ 得

$$\boldsymbol{E}_m(i,j)\boldsymbol{A}=\begin{pmatrix}a_{11}&a_{12}&\cdots&a_{1n}\\\vdots&\vdots&&\vdots\\a_{j1}&a_{j2}&\cdots&a_{jn}\\\vdots&\vdots&&\vdots\\a_{i1}&a_{i2}&\cdots&a_{in}\\\vdots&\vdots&&\vdots\\a_{m1}&a_{m2}&\cdots&a_{mn}\end{pmatrix}\begin{matrix}\\\\\leftarrow 第\ i\ 行\\\\\leftarrow 第\ j\ 行\\\\\\\end{matrix},$$

其结果相当于对矩阵 $\boldsymbol{A}$ 施行第一种初等行变换：把 $\boldsymbol{A}$ 的第 i 行与第 j 行对调($r_i\leftrightarrow r_j$).类似地，以 n 阶初等矩阵 $\boldsymbol{E}_n(i,j)$ 右乘矩阵 $\boldsymbol{A}$，其结果相当于对矩阵 $\boldsymbol{A}$ 施行第一种初等列变换：把 $\boldsymbol{A}$ 的第 i 列与第 j 列对调($c_i\leftrightarrow c_j$)，即

$$\boldsymbol{E}_m(i,j)\boldsymbol{A}=\boldsymbol{B}\Leftrightarrow\boldsymbol{A}\xrightarrow{r_i\leftrightarrow r_j}\boldsymbol{B},$$

$$\boldsymbol{A}\boldsymbol{E}_n(i,j)=\boldsymbol{B}\Leftrightarrow\boldsymbol{A}\xrightarrow{c_i\leftrightarrow c_j}\boldsymbol{B}.$$

(2) 以 $\boldsymbol{E}_m(i(k))$ 左乘矩阵 $\boldsymbol{A}=(a_{ij})_{m\times n}$，其结果相当于以数 k 乘 $\boldsymbol{A}$ 的第 i 行(kr_i)，以 $\boldsymbol{E}_n(i(k))$ 右乘矩阵 $\boldsymbol{A}$，其结果相当于以数 k 乘 $\boldsymbol{A}$ 的第 i 列(kc_i)，即

$$\boldsymbol{E}_m(i(k))\boldsymbol{A}=\boldsymbol{B}\Leftrightarrow\boldsymbol{A}\xrightarrow{kr_i}\boldsymbol{B},$$

$$\boldsymbol{A}\boldsymbol{E}_n(i(k))=\boldsymbol{B}\Leftrightarrow\boldsymbol{A}\xrightarrow{kc_i}\boldsymbol{B}.$$

(3) 以 $\boldsymbol{E}_m(i,j(k))$ 左乘矩阵 $\boldsymbol{A}=(a_{ij})_{m\times n}$，其结果相当于把 $\boldsymbol{A}$ 的第 j 行乘 k 加到第 i 行上(r_i+kr_j)，以 $\boldsymbol{E}_n(i,j(k))$ 右乘矩阵 $\boldsymbol{A}$，其结果相当于把 $\boldsymbol{A}$ 的第 i 列乘 k 加到第 j 列上(c_j+kc_i)，即

$$\boldsymbol{E}_m(i,j(k))\boldsymbol{A}=\boldsymbol{B}\Leftrightarrow\boldsymbol{A}\xrightarrow{r_i+kr_j}\boldsymbol{B},$$

$$\boldsymbol{A}\boldsymbol{E}_n(i,j(k))=\boldsymbol{B}\Leftrightarrow\boldsymbol{A}\xrightarrow{c_j+kc_i}\boldsymbol{B}.$$

综上所述，有如下初等变换与初等矩阵的关系定理.

定理 2 设 $\boldsymbol{A}$ 是一个 $m\times n$ 矩阵，对 $\boldsymbol{A}$ 施行一次初等行变换，相当于在 $\boldsymbol{A}$ 的左边乘以相应的 m 阶初等矩阵；对 $\boldsymbol{A}$ 施行一次初等列变换，相当于在 $\boldsymbol{A}$ 的右边乘以

相应的 n 阶初等矩阵.

2. 初等矩阵的性质

(1) **初等矩阵都是可逆矩阵,且初等矩阵的逆阵仍是初等矩阵**,因为

$$|\boldsymbol{E}(i,j)|=-1\neq 0;\quad |\boldsymbol{E}(i(k))|=k\neq 0;\quad |\boldsymbol{E}(i,j(k))|=1\neq 0,$$

所以初等矩阵都可逆;因为 $\boldsymbol{E}(i,j)\boldsymbol{E}(i,j)=\boldsymbol{E}$,所以 $\boldsymbol{E}^{-1}(i,j)=\boldsymbol{E}(i,j)$;因为 $\boldsymbol{E}(i(k))\boldsymbol{E}\left(i\left(\frac{1}{k}\right)\right)=\boldsymbol{E}$,所以 $\boldsymbol{E}^{-1}(i(k))=\boldsymbol{E}\left(i\left(\frac{1}{k}\right)\right)$,$k\neq 0$;因为 $\boldsymbol{E}(i,j(k))\boldsymbol{E}(i,j(-k))=\boldsymbol{E}$,所以 $\boldsymbol{E}^{-1}(i,j(k))=\boldsymbol{E}(i,j(-k))$.

(2) **初等矩阵的转置矩阵仍是初等矩阵**,事实上

$$\boldsymbol{E}^{\mathrm{T}}(i,j)=\boldsymbol{E}(i,j);\quad \boldsymbol{E}^{\mathrm{T}}(i(k))=\boldsymbol{E}(i(k));\quad \boldsymbol{E}^{\mathrm{T}}(i,j(k))=\boldsymbol{E}(j,i(k)).$$

三、用初等变换求逆阵

矩阵的初等变换

矩阵的初等变换有多种用途,先在这里介绍用初等变换求逆阵.

定理 3 方阵 $\boldsymbol{A}$ 可逆的充要条件是存在有限个初等矩阵 $\boldsymbol{P}_1,\boldsymbol{P}_2,\cdots,\boldsymbol{P}_s$,使

$$\boldsymbol{A}=\boldsymbol{P}_1\boldsymbol{P}_2\cdots\boldsymbol{P}_s.$$

证 充分性:设有初等矩阵 $\boldsymbol{P}_1,\boldsymbol{P}_2,\cdots,\boldsymbol{P}_s$,使 $\boldsymbol{A}=\boldsymbol{P}_1\boldsymbol{P}_2\cdots\boldsymbol{P}_s$,因为初等矩阵是可逆阵,且可逆阵之积还是可逆阵,所以 $\boldsymbol{A}$ 可逆.

必要性:设 $\boldsymbol{A}$ 是 n 阶可逆阵,且 $\boldsymbol{A}$ 的标准形矩阵为 $\boldsymbol{D}_r$,由于 $\boldsymbol{A}\leftrightarrow\boldsymbol{D}_r$,知 $\boldsymbol{D}_r$ 经有限次初等变换可化为 $\boldsymbol{A}$,从而有初等矩阵 $\boldsymbol{P}_1,\boldsymbol{P}_2,\cdots,\boldsymbol{P}_s$,使

$$\boldsymbol{D}_r=\boldsymbol{P}_1\cdots\boldsymbol{P}_t\boldsymbol{A}\boldsymbol{P}_{t+1}\cdots\boldsymbol{P}_s,$$

因 $\boldsymbol{A}$ 可逆,$\boldsymbol{P}_1,\boldsymbol{P}_2,\cdots,\boldsymbol{P}_s$ 都可逆,故标准形矩阵 $\boldsymbol{D}_r$ 可逆,即 $\boldsymbol{D}_r=\boldsymbol{E}$,从而

$$\boldsymbol{A}=\boldsymbol{P}_t^{-1}\boldsymbol{P}_{t-1}^{-1}\cdots\boldsymbol{P}_1^{-1}\boldsymbol{P}_s^{-1}\boldsymbol{P}_{s-1}^{-1}\cdots\boldsymbol{P}_{t+1}^{-1}.$$

定理 4 设 $\boldsymbol{A}$ 为方阵,且 $(\boldsymbol{A}\mid\boldsymbol{E})$ 只经过初等行变换化成 $(\boldsymbol{E}\mid\boldsymbol{X})$,则 $\boldsymbol{A}$ 必可逆,且 $\boldsymbol{X}=\boldsymbol{A}^{-1}$.

证 因为 $(\boldsymbol{A}\mid\boldsymbol{E})$ 只经过初等行变换化成 $(\boldsymbol{E}\mid\boldsymbol{X})$ 必有初等矩阵 $\boldsymbol{P}_1,\boldsymbol{P}_2\cdots,\boldsymbol{P}_s$,使

$$(\boldsymbol{E}\mid\boldsymbol{X})=\boldsymbol{P}_1\boldsymbol{P}_2\cdots\boldsymbol{P}_s(\boldsymbol{A}\mid\boldsymbol{E}),$$

即有

$$\boldsymbol{E}=\boldsymbol{P}_1\boldsymbol{P}_2\cdots\boldsymbol{P}_s\boldsymbol{A};\quad \boldsymbol{X}=\boldsymbol{P}_1\boldsymbol{P}_2\cdots\boldsymbol{P}_s\boldsymbol{E}.$$

显然,$\boldsymbol{E}=\boldsymbol{P}_1\boldsymbol{P}_2\cdots\boldsymbol{P}_s\boldsymbol{A}$ 可推出 $\boldsymbol{A}$ 可逆,且 $\boldsymbol{A}^{-1}=\boldsymbol{P}_1\boldsymbol{P}_2\cdots\boldsymbol{P}_s$,从而有

$$\boldsymbol{X}=\boldsymbol{P}_1\boldsymbol{P}_2\cdots\boldsymbol{P}_s\boldsymbol{E}=\boldsymbol{A}^{-1}\boldsymbol{E}=\boldsymbol{A}^{-1}.$$

定理 4 给出了一种利用初等变换求 $\boldsymbol{A}^{-1}$ 的方法.

例 14 设$\boldsymbol{A}=\begin{pmatrix}1&1&-1\\3&2&-2\\5&-2&1\end{pmatrix}$,求$\boldsymbol{A}^{-1}$.

解 因为

$$(\boldsymbol{A}\,\vdots\,\boldsymbol{E})=\left(\begin{array}{ccc:ccc}1&1&-1&1&0&0\\3&2&-2&0&1&0\\5&-2&1&0&0&1\end{array}\right)\xrightarrow[r_3-5r_1]{r_2-3r_1}\left(\begin{array}{ccc:ccc}1&1&-1&1&0&0\\0&-1&1&-3&1&0\\0&-7&6&-5&0&1\end{array}\right)$$

$$\xrightarrow{r_3-7r_2}\left(\begin{array}{ccc:ccc}1&1&-1&1&0&0\\0&-1&1&-3&1&0\\0&0&-1&16&-7&1\end{array}\right)\xrightarrow[r_1-r_3]{r_2+r_3}\left(\begin{array}{ccc:ccc}1&1&0&-15&7&-1\\0&-1&0&13&-6&1\\0&0&-1&16&-7&1\end{array}\right)$$

$$\xrightarrow{r_1+r_2}\left(\begin{array}{ccc:ccc}1&0&0&-2&1&0\\0&-1&0&13&-6&1\\0&0&-1&16&-7&1\end{array}\right)\xrightarrow[(-1)r_3]{(-1)r_2}\left(\begin{array}{ccc:ccc}1&0&0&-2&1&0\\0&1&0&-13&6&-1\\0&0&1&-16&7&-1\end{array}\right),$$

所以

$$\boldsymbol{A}^{-1}=\begin{pmatrix}-2&1&0\\-13&6&-1\\-16&7&-1\end{pmatrix}.$$

3.5 矩阵的秩

定义 11 在$m\times n$矩阵$\boldsymbol{A}$中,任取k行k列($k\leqslant m,k\leqslant n$),位于这些行列交叉处的$k^2$个元素,不改变它们在$\boldsymbol{A}$中所处的位置次序而得的$k$阶行列式,称为矩阵**$\boldsymbol{A}$的$k$阶子式**.

显然,$m\times n$矩阵$\boldsymbol{A}$的k阶子式共有$\mathrm{C}_m^k\mathrm{C}_n^k$个.

定义 12 设矩阵$\boldsymbol{A}$中有一个不等于零的r阶子式D,且所有$r+1$阶子式(如果存在的话)全等于零,那么D称为矩阵$\boldsymbol{A}$的最高阶非零子式,数r称为**矩阵$\boldsymbol{A}$的秩**,记作$R(\boldsymbol{A})$,并规定零矩阵的秩等于零.

由行列式的性质知,在$\boldsymbol{A}$中当所有$r+1$阶子式全等于零时,所有高于$r+1$阶的子式也全等于零,因此**矩阵$\boldsymbol{A}$的秩$R(\boldsymbol{A})$就是$\boldsymbol{A}$中不等于零的子式的最高阶数**.显然,$\boldsymbol{A}$的转置矩阵$\boldsymbol{A}^{\mathrm{T}}$的秩$R(\boldsymbol{A}^{\mathrm{T}})=R(\boldsymbol{A})$.

例 15 求矩阵$\boldsymbol{A}$和$\boldsymbol{B}$的秩,其中

$$\boldsymbol{A}=\begin{pmatrix}-1&2&-2\\2&4&3\\0&8&-1\end{pmatrix},\quad \boldsymbol{B}=\begin{pmatrix}1&-2&3&0&1\\0&3&-1&4&2\\0&0&0&5&-1\\0&0&0&0&0\end{pmatrix}.$$

解 在 $\boldsymbol{A}$ 中,容易看出一个二阶子式 $\begin{vmatrix} -1 & 2 \\ 2 & 4 \end{vmatrix} \neq 0$,$\boldsymbol{A}$ 的三阶子式只有一个 $|\boldsymbol{A}|$,且 $|\boldsymbol{A}|=0$,因此 $R(\boldsymbol{A})=2$.

$\boldsymbol{B}$ 是一个行阶梯形矩阵,其非零行仅有 3 个,从而推知,$\boldsymbol{B}$ 的所有四阶子式全为零,而且 3 个非零行的第 1 个非零元为对角元的三阶行列式

$$\begin{vmatrix} 1 & -2 & 0 \\ 0 & 3 & 4 \\ 0 & 0 & 5 \end{vmatrix}$$

是一个上三角形行列式,它显然不等于零,因此 $R(\boldsymbol{B})=3$.

由此可见,对于一般矩阵,当行列数较多时,按定义求秩是相当麻烦的,然而对于行阶梯形矩阵,它的秩就等于非零行的行数.因此,我们自然联想到用初等变换把矩阵化为行阶梯形矩阵,但两个等价矩阵的秩是否相等?下面定理对此给出肯定回答.

定理 5 若矩阵 $\boldsymbol{A}$ 与 $\boldsymbol{B}$ 等价,则 $R(\boldsymbol{A})=R(\boldsymbol{B})$.

证 先证明若 $\boldsymbol{A}$ 经过一次初等变换化为 $\boldsymbol{B}$,则 $R(\boldsymbol{A}) \leqslant R(\boldsymbol{B})$.

设 $R(\boldsymbol{A})=r$,且 $\boldsymbol{A}$ 的某个 r 阶子式 $D_r \neq 0$.当 $\boldsymbol{A} \xrightarrow{r_i \leftrightarrow r_j} \boldsymbol{B}$ 或 $\boldsymbol{A} \xrightarrow{kr_i} \boldsymbol{B}$ 时,在 $\boldsymbol{B}$ 中总能找到与 D_r 相对应的子式 $\overline{D_r}$,由于 $\overline{D_r}=-D_r$ 或 $\overline{D_r}=kD_r$,因此 $\overline{D_r} \neq 0$,从而 $R(\boldsymbol{B}) \geqslant r$.

当 $\boldsymbol{A} \xrightarrow{r_i+kr_j} \boldsymbol{B}$ 时,分三种情况讨论:

(1) D_r 中不含第 i 行;

(2) D_r 中同时含有第 i 行和第 j 行;

(3) D_r 中含第 i 行但不含第 j 行.

对于(1),(2)两种情况,显然 $\boldsymbol{B}$ 中与 D_r 对应的子式 $\overline{D_r}=D_r \neq 0$,故 $R(\boldsymbol{B}) \geqslant r$;对于情况(3),由

$$\overline{D_r}=\begin{vmatrix} \vdots \\ r_i+kr_j \\ \vdots \end{vmatrix}=\begin{vmatrix} \vdots \\ r_i \\ \vdots \end{vmatrix}+\begin{vmatrix} \vdots \\ kr_j \\ \vdots \end{vmatrix}=D_r+k\hat{D}_r.$$

若 $\hat{D}_r \neq 0$,则由 $\hat{D}_r$ 中不含第 i 行知 $\boldsymbol{A}$ 中有不含第 i 行的 r 阶非零子式,从而根据情况(1)知 $R(\boldsymbol{B}) \geqslant r$.

若 $\hat{D}_r=0$,则 $\overline{D_r}=D_r \neq 0$,也有 $R(\boldsymbol{B}) \geqslant r$.

以上证明,若 $\boldsymbol{A}$ 经一次初等行变换为 $\boldsymbol{B}$,则 $R(\boldsymbol{A}) \leqslant R(\boldsymbol{B})$,由于 $\boldsymbol{B}$ 也可经一次初等行变换化为 $\boldsymbol{A}$,故也有 $R(\boldsymbol{B}) \leqslant R(\boldsymbol{A})$,因此 $R(\boldsymbol{A})=R(\boldsymbol{B})$.

经一次初等行变换,矩阵的秩不变,从而推知,经有限次初等行变换矩阵的秩也不变.

设 $\boldsymbol{A}$ 经初等列变换化为 $\boldsymbol{B}$，则 $\boldsymbol{A}^{\mathrm{T}}$ 可经初等行变换化为 $\boldsymbol{B}^{\mathrm{T}}$，由上述证明可知 $R(\boldsymbol{A}^{\mathrm{T}})=R(\boldsymbol{B}^{\mathrm{T}})$，又 $R(\boldsymbol{A})=R(\boldsymbol{A}^{\mathrm{T}})$，$R(\boldsymbol{B})=R(\boldsymbol{B}^{\mathrm{T}})$，因此 $R(\boldsymbol{A})=R(\boldsymbol{B})$.

根据上述定理，为求矩阵的秩，只要把矩阵用初等行变换变成行阶梯形矩阵，行阶梯形矩阵中，非零行的行数即为该矩阵的秩.

例 16　设 $\boldsymbol{A}=\begin{pmatrix}3&-2&3&6&-1\\2&0&1&5&-3\\3&2&0&5&0\\1&6&-4&-1&4\end{pmatrix}$，求矩阵 $\boldsymbol{A}$ 的秩.

解　要求 $\boldsymbol{A}$ 的秩，为此对 $\boldsymbol{A}$ 作初等行变换，变成行阶梯形矩阵

$$\boldsymbol{A}=\begin{pmatrix}3&-2&3&6&-1\\2&0&1&5&-3\\3&2&0&5&0\\1&6&-4&-1&4\end{pmatrix}\xrightarrow{r_4\leftrightarrow r_1}\begin{pmatrix}1&6&-4&-1&4\\2&0&1&5&-3\\3&2&0&5&0\\3&-2&3&6&-1\end{pmatrix}$$

$$\xrightarrow[r_4-3r_1]{\substack{r_2-2r_1\\r_3-3r_1}}\begin{pmatrix}1&6&-4&-1&4\\0&-12&9&7&-11\\0&-16&12&8&-12\\0&-20&15&9&-13\end{pmatrix}\xrightarrow{-\frac{1}{4}r_3}\begin{pmatrix}1&6&-4&-1&4\\0&-12&9&7&-11\\0&4&-3&-2&3\\0&-20&15&9&-13\end{pmatrix}$$

$$\xrightarrow{r_2\leftrightarrow r_3}\begin{pmatrix}1&6&-4&-1&4\\0&4&-3&-2&3\\0&-12&9&7&-11\\0&-20&15&9&-13\end{pmatrix}\xrightarrow[r_4+5r_2]{r_3+3r_2}\begin{pmatrix}1&6&-4&-1&4\\0&4&-3&-2&3\\0&0&0&1&-2\\0&0&0&-1&2\end{pmatrix}$$

$$\xrightarrow{r_4+r_3}\begin{pmatrix}1&6&-4&-1&4\\0&4&-3&-2&3\\0&0&0&1&-2\\0&0&0&0&0\end{pmatrix},$$

因为行阶梯形矩阵有 3 个非零行，所以 $R(\boldsymbol{A})=3$.

例 17　设

$$\boldsymbol{A}=\begin{pmatrix}1&-2&2&-1\\2&-4&8&0\\-2&4&-2&3\\3&-6&0&-6\end{pmatrix},\quad \boldsymbol{b}=\begin{pmatrix}1\\2\\3\\4\end{pmatrix},$$

求矩阵 $\boldsymbol{A}$ 及矩阵 $\overline{\boldsymbol{A}}=(\boldsymbol{A},\boldsymbol{b})$ 的秩.

解　对 $\overline{\boldsymbol{A}}$ 作初等行变换化为行阶梯形矩阵，设 $\overline{\boldsymbol{A}}$ 的行阶梯形矩阵为 $\overline{\boldsymbol{A}}_1=(\boldsymbol{A}_1,\boldsymbol{b}_1)$，则 $\overline{\boldsymbol{A}}_1$ 就是 $\overline{\boldsymbol{A}}$ 的行阶梯形矩阵，因此从 $\overline{\boldsymbol{A}}_1=(\boldsymbol{A}_1,\boldsymbol{b}_1)$ 中可同时看出 $R(\boldsymbol{A})$ 及$R(\overline{\boldsymbol{A}})$.

$$\bar{\boldsymbol{A}}=\begin{pmatrix}1&-2&2&-1&1\\2&-4&8&0&2\\-2&4&-2&3&3\\3&-6&0&-6&4\end{pmatrix}\xrightarrow[r_4-3r_1]{\substack{r_3+r_2\\r_2-2r_1}}\begin{pmatrix}1&-2&2&-1&1\\0&0&4&2&0\\0&0&6&3&5\\0&0&-6&-3&1\end{pmatrix}$$

$$\xrightarrow[r_4+r_3]{\frac{1}{2}r_2}\begin{pmatrix}1&-2&2&-1&1\\0&0&2&1&0\\0&0&6&3&5\\0&0&0&0&6\end{pmatrix}\xrightarrow{r_3-3r_2}\begin{pmatrix}1&-2&2&-1&1\\0&0&2&1&0\\0&0&0&0&5\\0&0&0&0&6\end{pmatrix}$$

$$\xrightarrow{r_4-\frac{6}{5}r_3}\begin{pmatrix}1&-2&2&-1&1\\0&0&2&1&0\\0&0&0&0&5\\0&0&0&0&0\end{pmatrix}.$$

因此 $R(\boldsymbol{A})=2,R(\bar{\boldsymbol{A}})=3$.

对于 n 阶可逆矩阵 $\boldsymbol{A}$,因为 $|\boldsymbol{A}|\neq 0$,从而 $\boldsymbol{A}$ 的最高阶非零子式的阶数为 n,所以 $R(\boldsymbol{A})=n$,故 $\boldsymbol{A}$ 的标准形为单位阵 $\boldsymbol{E}_n$,即 $\boldsymbol{A}\leftrightarrow\boldsymbol{E}_n$. 由于可逆矩阵的秩等于阶数,因此可逆矩阵又称为满秩矩阵,而奇异矩阵又称为降秩矩阵.

定理 6 向量组 $\boldsymbol{\alpha}_1,\boldsymbol{\alpha}_2,\cdots,\boldsymbol{\alpha}_m$ 线性相关的充要条件是它们构成的矩阵 $\boldsymbol{A}=(\boldsymbol{\alpha}_1,\boldsymbol{\alpha}_2,\cdots,\boldsymbol{\alpha}_m)$ 的秩小于向量个数 m;向量组线性无关的充要条件是 $R(\boldsymbol{A})=m$.

利用向量组的秩与矩阵的秩的定义可以证之,在这里不再证明.

例 18 已知 $\boldsymbol{\alpha}_1=\begin{pmatrix}1\\1\\1\end{pmatrix},\boldsymbol{\alpha}_2=\begin{pmatrix}0\\2\\5\end{pmatrix},\boldsymbol{\alpha}_3=\begin{pmatrix}2\\4\\7\end{pmatrix}$,试讨论向量组 $\boldsymbol{\alpha}_1,\boldsymbol{\alpha}_2,\boldsymbol{\alpha}_3$ 及向量组 $\boldsymbol{\alpha}_1,\boldsymbol{\alpha}_2$ 的线性相关性.

解 对矩阵 $\boldsymbol{A}=(\boldsymbol{\alpha}_1,\boldsymbol{\alpha}_2,\boldsymbol{\alpha}_3)$ 施行初等行变换变成行阶梯形矩阵,便可同时看出矩阵 $(\boldsymbol{\alpha}_1,\boldsymbol{\alpha}_2,\boldsymbol{\alpha}_3)$ 和 $(\boldsymbol{\alpha}_1,\boldsymbol{\alpha}_2)$ 的秩,再用上述定理即可得出结论.

$$\boldsymbol{A}=(\boldsymbol{\alpha}_1,\boldsymbol{\alpha}_2,\boldsymbol{\alpha}_3)=\begin{pmatrix}1&0&2\\1&2&4\\1&5&7\end{pmatrix}\xrightarrow[r_3-r_1]{r_2-r_1}\begin{pmatrix}1&0&2\\0&2&2\\0&5&5\end{pmatrix}\xrightarrow{r_3-\frac{5}{2}r_2}\begin{pmatrix}1&0&2\\0&2&2\\0&0&0\end{pmatrix},$$

由此可见,$R(\boldsymbol{\alpha}_1,\boldsymbol{\alpha}_2,\boldsymbol{\alpha}_3)=2$,向量组 $\boldsymbol{\alpha}_1,\boldsymbol{\alpha}_2,\boldsymbol{\alpha}_3$ 线性相关;$R(\boldsymbol{\alpha}_1,\boldsymbol{\alpha}_2)=2$,向量组 $\boldsymbol{\alpha}_1,\boldsymbol{\alpha}_2$ 线性无关.

定理 7 矩阵的秩等于它的列向量组的秩,也等于它的行向量组的秩.

证 设 $\boldsymbol{A}=(\boldsymbol{\alpha}_1,\boldsymbol{\alpha}_2,\cdots,\boldsymbol{\alpha}_m)$,$R(\boldsymbol{A})=r$,并设 r 阶子式 $D_r\neq 0$ 可推知 D_r 所在的 r 列向量组线性无关,又由 $\boldsymbol{A}$ 中所有 $r+1$ 阶子式均为零,推知 $\boldsymbol{A}$ 中任意 $r+1$ 个列向量都线性相关,因此 D_r 所在的 r 列是 $\boldsymbol{A}$ 的列向量组的一个极大线性无关组,所以列向量组的秩等于 r. 同理可证,矩阵 $\boldsymbol{A}$ 的行向量组的秩也等于 $R(\boldsymbol{A})$.

由此可得以下结论：

矩阵的秩＝矩阵中最高阶不为零的子式的阶数
＝矩阵的行向量组的秩
＝矩阵的列向量组的秩
＝矩阵行(列)向量组中极大线性无关组所含向量的个数.

下面给出矩阵秩的一些性质.

性质 1　如果 $\boldsymbol{A}$ 是 $m\times n$ 矩阵，则 $0\leqslant R(\boldsymbol{A})\leqslant\min\{m,n\}$.

性质 2　设 $\boldsymbol{A}$ 是一个 n 阶方阵，则 $\boldsymbol{A}$ 为非奇异矩阵的充要条件是 $R(\boldsymbol{A})=n$.

性质 3　矩阵乘积的秩，不超过作乘积的各矩阵的秩，即

$$R(\boldsymbol{AB})\leqslant\min\{R(\boldsymbol{A}),R(\boldsymbol{B})\}.$$

性质 4　设 $\boldsymbol{P}$ 为 m 阶非奇异矩阵，$\boldsymbol{Q}$ 为 n 阶非奇异矩阵，$\boldsymbol{A}$ 为 $m\times n$ 矩阵，则 $R(\boldsymbol{PA})=R(\boldsymbol{A})=R(\boldsymbol{AQ})$，即任何矩阵用非奇异矩阵去乘，其秩不变.

只证性质 4. 设 $\boldsymbol{PA}=\boldsymbol{B}$，则 $\boldsymbol{A}=\boldsymbol{P}^{-1}\boldsymbol{B}$，由性质 3 可得

$$R(\boldsymbol{B})=R(\boldsymbol{PA})\leqslant R(\boldsymbol{A}),\quad R(\boldsymbol{A})=R(\boldsymbol{P}^{-1}\boldsymbol{B})\leqslant R(\boldsymbol{B}),$$

由此推得

$$R(\boldsymbol{B})=R(\boldsymbol{PA})=R(\boldsymbol{A}).$$

同理可证 $R(\boldsymbol{AQ})=R(\boldsymbol{A})$.

根据这一性质，显然也可得到矩阵的秩的重要性质：**矩阵经初等变换后，秩不变.**

例 19　设 $\boldsymbol{A},\boldsymbol{B}$ 为两个 n 阶方阵，证明：$R(\boldsymbol{A}+\boldsymbol{B})\leqslant R(\boldsymbol{A})+R(\boldsymbol{B})$.

证　设 $\boldsymbol{A}=(\boldsymbol{\alpha}_1,\boldsymbol{\alpha}_2,\cdots,\boldsymbol{\alpha}_n)$，$R(\boldsymbol{A})=r$，$\boldsymbol{B}=(\boldsymbol{\beta}_1,\boldsymbol{\beta}_2,\cdots,\boldsymbol{\beta}_n)$，$R(\boldsymbol{B})=s$，又设

$$\boldsymbol{A}+\boldsymbol{B}=(\boldsymbol{\gamma}_1,\boldsymbol{\gamma}_2,\cdots,\boldsymbol{\gamma}_n),$$

不妨设 $\boldsymbol{\alpha}_1,\boldsymbol{\alpha}_2,\cdots,\boldsymbol{\alpha}_r$ 与 $\boldsymbol{\beta}_1,\boldsymbol{\beta}_2,\cdots,\boldsymbol{\beta}_s$ 分别是向量组 $\boldsymbol{\alpha}_1,\boldsymbol{\alpha}_2,\cdots,\boldsymbol{\alpha}_n$ 与向量组 $\boldsymbol{\beta}_1,\boldsymbol{\beta}_2,\cdots,\boldsymbol{\beta}_n$ 的极大线性无关组，因 $\boldsymbol{\gamma}_1,\boldsymbol{\gamma}_2,\cdots,\boldsymbol{\gamma}_n$ 可由 $\boldsymbol{\alpha}_1,\boldsymbol{\alpha}_2,\cdots,\boldsymbol{\alpha}_n,\boldsymbol{\beta}_1,\boldsymbol{\beta}_2,\cdots,\boldsymbol{\beta}_n$ 线性表示，从而它可由 $\boldsymbol{\alpha}_1,\boldsymbol{\alpha}_2,\cdots,\boldsymbol{\alpha}_r,\boldsymbol{\beta}_1,\boldsymbol{\beta}_2,\cdots,\boldsymbol{\beta}_s$ 线性表示，所以向量组 $\boldsymbol{\gamma}_1,\boldsymbol{\gamma}_2,\cdots,\boldsymbol{\gamma}_n$ 的秩不会超过向量组 $\boldsymbol{\alpha}_1,\boldsymbol{\alpha}_2,\cdots,\boldsymbol{\alpha}_r$ 与 $\boldsymbol{\beta}_1,\boldsymbol{\beta}_2,\cdots,\boldsymbol{\beta}_s$ 的所含向量之和，即有

$$R(\boldsymbol{A}+\boldsymbol{B})\leqslant r+s=R(\boldsymbol{A})+R(\boldsymbol{B}).$$

定理 8　设矩阵 $\boldsymbol{A}=(\boldsymbol{\alpha}_1,\boldsymbol{\alpha}_2,\cdots,\boldsymbol{\alpha}_n)$ 经过初等行变换化为矩阵 $\boldsymbol{B}=(\boldsymbol{\beta}_1,\boldsymbol{\beta}_2,\cdots,\boldsymbol{\beta}_n)$，则向量组 $\boldsymbol{\alpha}_1,\boldsymbol{\alpha}_2,\cdots,\boldsymbol{\alpha}_n$ 与向量组 $\boldsymbol{\beta}_1,\boldsymbol{\beta}_2,\cdots,\boldsymbol{\beta}_n$ 有相同的线性关系.

例 20　设矩阵

$$\boldsymbol{A}=\begin{pmatrix}2&-1&-1&1&2\\1&1&-2&1&4\\4&-6&2&-2&4\\3&6&-9&7&9\end{pmatrix},$$

初等行变换与向量间线性关系

求矩阵 $\boldsymbol{A}$ 的列向量组的一个极大无关组，并把不属于极大无关组的列向量用极大

无关组线性表示.

解 对 $\boldsymbol{A}$ 实施初等行变换化为行最简形矩阵,有

$$\boldsymbol{A}\xrightarrow{r_1\leftrightarrow r_2}\begin{pmatrix}1&1&-2&1&4\\2&-1&-1&1&2\\4&-6&2&-2&4\\3&6&-9&7&9\end{pmatrix}\xrightarrow[r_4-3r_1]{\substack{r_2-2r_1\\r_3-4r_1}}\begin{pmatrix}1&1&-2&1&4\\0&-3&3&-1&-6\\0&-10&10&-6&-12\\0&3&-3&4&-3\end{pmatrix}$$

$$\xrightarrow{r_3-3r_2}\begin{pmatrix}1&1&-2&1&4\\0&-3&3&-1&-6\\0&-1&1&-3&6\\0&3&-3&4&-3\end{pmatrix}\xrightarrow{r_2\leftrightarrow r_3}\begin{pmatrix}1&1&-2&1&4\\0&-1&1&-3&6\\0&-3&3&-1&-6\\0&3&-3&4&-3\end{pmatrix}$$

$$\xrightarrow[r_4+3r_2]{r_3-3r_2}\begin{pmatrix}1&1&-2&1&4\\0&-1&1&-3&6\\0&0&0&8&-24\\0&0&0&-5&15\end{pmatrix}\xrightarrow[\frac{1}{5}r_4]{\frac{1}{8}r_3}\begin{pmatrix}1&1&-2&1&4\\0&-1&1&-3&6\\0&0&0&1&-3\\0&0&0&-1&3\end{pmatrix}$$

$$\xrightarrow{r_4+r_3}\begin{pmatrix}1&1&-2&1&4\\0&-1&1&-3&6\\0&0&0&1&-3\\0&0&0&0&0\end{pmatrix}\xrightarrow[r_1-r_3]{r_2+3r_3}\begin{pmatrix}1&1&-2&0&7\\0&-1&1&0&-3\\0&0&0&1&-3\\0&0&0&0&0\end{pmatrix}$$

$$\xrightarrow{r_1+r_2}\begin{pmatrix}1&0&-1&0&4\\0&-1&1&0&-3\\0&0&0&1&-3\\0&0&0&0&0\end{pmatrix}\xrightarrow{(-1)r_2}\begin{pmatrix}1&0&-1&0&4\\0&1&-1&0&3\\0&0&0&1&-3\\0&0&0&0&0\end{pmatrix}=\boldsymbol{B}.$$

显然,矩阵 $\boldsymbol{B}$ 的第 1,2,4 列是 $\boldsymbol{B}$ 的列向量组的一个极大无关组,故 $\boldsymbol{A}$ 的第 1,2,4 列 $\boldsymbol{\alpha}_1,\boldsymbol{\alpha}_2,\boldsymbol{\alpha}_4$ 是 $\boldsymbol{A}$ 的列向量组的一个极大无关组,且由于

$$\boldsymbol{\beta}_3=-\boldsymbol{\beta}_1-\boldsymbol{\beta}_2,\quad \boldsymbol{\beta}_5=4\boldsymbol{\beta}_1+3\boldsymbol{\beta}_2-3\boldsymbol{\beta}_4,$$

所以有

$$\boldsymbol{\alpha}_3=-\boldsymbol{\alpha}_1-\boldsymbol{\alpha}_2,\quad \boldsymbol{\alpha}_5=4\boldsymbol{\alpha}_1+3\boldsymbol{\alpha}_2-3\boldsymbol{\alpha}_4.$$

例 21 设 $\boldsymbol{\alpha}_1=(2,1,4,3)^{\mathrm{T}}$,$\boldsymbol{\alpha}_2=(-1,1,-6,6)^{\mathrm{T}}$,$\boldsymbol{\alpha}_3=(-1,-2,2,-9)^{\mathrm{T}}$,$\boldsymbol{\alpha}_4=(1,1,-2,7)^{\mathrm{T}}$,$\boldsymbol{\alpha}_5=(2,4,4,9)^{\mathrm{T}}$,求该向量组的一个极大无关组,并把不属于极大无关组的向量用极大无关组线性表示.

解 令 $\boldsymbol{A}=(\boldsymbol{\alpha}_1,\boldsymbol{\alpha}_2,\boldsymbol{\alpha}_3,\boldsymbol{\alpha}_4,\boldsymbol{\alpha}_5)=\begin{pmatrix}2&-1&-1&1&2\\1&1&-2&1&4\\4&-6&2&-2&4\\3&6&-9&7&9\end{pmatrix}$,对 $\boldsymbol{A}$ 实施初等行变换化为行最简形矩阵,则由例 20 可知,$\boldsymbol{\alpha}_1,\boldsymbol{\alpha}_2,\boldsymbol{\alpha}_4$ 是该向量组的一个极大无关

组,且有

$$\boldsymbol{\alpha}_3=-\boldsymbol{\alpha}_1-\boldsymbol{\alpha}_2,\quad \boldsymbol{\alpha}_5=4\boldsymbol{\alpha}_1+3\boldsymbol{\alpha}_2-3\boldsymbol{\alpha}_4.$$

3.6* 分块矩阵

一、分块矩阵的概念

对于行数和列数较高的矩阵 $\boldsymbol{A}$,运算时经常采用矩阵分块法,使大矩阵的运算化成小矩阵的运算,用若干条横线和竖线将矩阵 $\boldsymbol{A}$ 分成许多个小矩阵,每一个小矩阵称为 $\boldsymbol{A}$ 的**子块**,以子块为元素形式的矩阵称为**分块矩阵**.

例如,将 3×4 矩阵 $\begin{pmatrix} a_{11} & a_{12} & a_{13} & a_{14} \\ a_{21} & a_{22} & a_{23} & a_{24} \\ a_{31} & a_{32} & a_{33} & a_{34} \end{pmatrix}$ 分成子块的方法很多,如

(1) $\left(\begin{array}{cc|cc} a_{11} & a_{12} & a_{13} & a_{14} \\ a_{21} & a_{22} & a_{23} & a_{24} \\ \hline a_{31} & a_{32} & a_{33} & a_{34} \end{array}\right)$; (2) $\left(\begin{array}{c|ccc} a_{11} & a_{12} & a_{13} & a_{14} \\ a_{21} & a_{22} & a_{23} & a_{24} \\ \hline a_{31} & a_{32} & a_{33} & a_{34} \end{array}\right)$;

(3) $\left(\begin{array}{c|cc|c} a_{11} & a_{12} & a_{13} & a_{14} \\ a_{21} & a_{22} & a_{23} & a_{24} \\ a_{31} & a_{32} & a_{33} & a_{34} \end{array}\right)$;等等.

分块(1)可以记为

$$\begin{pmatrix} \boldsymbol{A}_{11} & \boldsymbol{A}_{12} \\ \boldsymbol{A}_{21} & \boldsymbol{A}_{22} \end{pmatrix},$$

其中 $\boldsymbol{A}_{11}=\begin{pmatrix} a_{11} & a_{12} \\ a_{21} & a_{22} \end{pmatrix}$,$\boldsymbol{A}_{12}=\begin{pmatrix} a_{13} & a_{14} \\ a_{23} & a_{24} \end{pmatrix}$,$\boldsymbol{A}_{21}=(a_{31}\quad a_{32})$,$\boldsymbol{A}_{22}=(a_{33}\quad a_{34})$,即 $\boldsymbol{A}_{11}$,$\boldsymbol{A}_{12}$,$\boldsymbol{A}_{21}$,$\boldsymbol{A}_{22}$ 为 $\boldsymbol{A}$ 的子块,而 $\boldsymbol{A}$ 形式上成为以这些子块为元素的分块矩阵,分法(2),(3)的分块矩阵不再写出,请读者完成.

二、分块矩阵的运算

分块矩阵与普通矩阵有类似的**运算法则**.

1. 矩阵的加法与数乘

设矩阵 $\boldsymbol{A}$ 与 $\boldsymbol{B}$ 的行数和列数相同,采用相同的分块法,有

$$\boldsymbol{A}=\begin{pmatrix} \boldsymbol{A}_{11} & \cdots & \boldsymbol{A}_{1r} \\ \vdots & & \vdots \\ \boldsymbol{A}_{s1} & \cdots & \boldsymbol{A}_{sr} \end{pmatrix},\quad \boldsymbol{B}=\begin{pmatrix} \boldsymbol{B}_{11} & \cdots & \boldsymbol{B}_{1r} \\ \vdots & & \vdots \\ \boldsymbol{B}_{s1} & \cdots & \boldsymbol{B}_{sr} \end{pmatrix},$$

其中 $\boldsymbol{A}_{ij}$ 和 $\boldsymbol{B}_{ij}$ 的行数和列数相同，那么

$$\boldsymbol{A}+\boldsymbol{B}=\begin{pmatrix}\boldsymbol{A}_{11}+\boldsymbol{B}_{11} & \cdots & \boldsymbol{A}_{1r}+\boldsymbol{B}_{1r}\\ \vdots & & \vdots\\ \boldsymbol{A}_{s1}+\boldsymbol{B}_{s1} & \cdots & \boldsymbol{A}_{sr}+\boldsymbol{B}_{sr}\end{pmatrix},\quad \lambda\boldsymbol{A}=\begin{pmatrix}\lambda\boldsymbol{A}_{11} & \cdots & \lambda\boldsymbol{A}_{1r}\\ \vdots & & \vdots\\ \lambda\boldsymbol{A}_{s1} & \cdots & \lambda\boldsymbol{A}_{sr}\end{pmatrix}.$$

2. 分块矩阵的乘法

设 $\boldsymbol{A}$ 为 $m\times l$ 矩阵，$\boldsymbol{B}$ 为 $l\times n$ 矩阵，分块成

$$\boldsymbol{A}=\begin{pmatrix}\boldsymbol{A}_{11} & \cdots & \boldsymbol{A}_{1t}\\ \vdots & & \vdots\\ \boldsymbol{A}_{s1} & \cdots & \boldsymbol{A}_{st}\end{pmatrix},\quad \boldsymbol{B}=\begin{pmatrix}\boldsymbol{B}_{11} & \cdots & \boldsymbol{B}_{1r}\\ \vdots & & \vdots\\ \boldsymbol{B}_{t1} & \cdots & \boldsymbol{B}_{tr}\end{pmatrix},$$

其中 $\boldsymbol{A}_{i1},\boldsymbol{A}_{i2},\cdots,\boldsymbol{A}_{it}$ 的列数分别等于 $\boldsymbol{B}_{1j},\boldsymbol{B}_{2j},\cdots,\boldsymbol{B}_{tj}$ 的行数，那么

$$\boldsymbol{AB}=\begin{pmatrix}\boldsymbol{C}_{11} & \cdots & \boldsymbol{C}_{1r}\\ \vdots & & \vdots\\ \boldsymbol{C}_{s1} & \cdots & \boldsymbol{C}_{sr}\end{pmatrix},$$

其中 $\boldsymbol{C}_{ij}=\sum_{k=1}^{t}\boldsymbol{A}_{ik}\boldsymbol{B}_{kj}\,(i=1,2,\cdots,s;j=1,2,\cdots,r)$.

例 22 设 $\boldsymbol{A}=\begin{pmatrix}1&0&0&0\\0&1&0&0\\-1&2&1&0\\1&1&0&1\end{pmatrix}$，$\boldsymbol{B}=\begin{pmatrix}1&0&1&0\\-1&2&0&1\\1&0&4&1\\-1&-1&2&0\end{pmatrix}$，求 $\boldsymbol{AB}$.

解 将 $\boldsymbol{A},\boldsymbol{B}$ 分块成

$$\boldsymbol{A}=\left(\begin{array}{cc:cc}1&0&0&0\\0&1&0&0\\ \hdashline -1&2&1&0\\1&1&0&1\end{array}\right)=\begin{pmatrix}\boldsymbol{E}&\boldsymbol{O}\\ \boldsymbol{A}_1&\boldsymbol{E}\end{pmatrix},$$

$$\boldsymbol{B}=\left(\begin{array}{cc:cc}1&0&1&0\\-1&2&0&1\\ \hdashline 1&0&4&1\\-1&-1&2&0\end{array}\right)=\begin{pmatrix}\boldsymbol{B}_{11}&\boldsymbol{E}\\ \boldsymbol{B}_{21}&\boldsymbol{B}_{22}\end{pmatrix},$$

则

$$\boldsymbol{AB}=\begin{pmatrix}\boldsymbol{E}&\boldsymbol{O}\\ \boldsymbol{A}_1&\boldsymbol{E}\end{pmatrix}\begin{pmatrix}\boldsymbol{B}_{11}&\boldsymbol{E}\\ \boldsymbol{B}_{21}&\boldsymbol{B}_{22}\end{pmatrix}=\begin{pmatrix}\boldsymbol{B}_{11}&\boldsymbol{E}\\ \boldsymbol{A}_1\boldsymbol{B}_{11}+\boldsymbol{B}_{21}&\boldsymbol{A}_1+\boldsymbol{B}_{22}\end{pmatrix},$$

其中

$$\boldsymbol{A}_1\boldsymbol{B}_{11}+\boldsymbol{B}_{21}=\begin{pmatrix}-1&2\\1&1\end{pmatrix}\begin{pmatrix}1&0\\-1&2\end{pmatrix}+\begin{pmatrix}1&0\\-1&-1\end{pmatrix}$$

$$=\begin{pmatrix}-3&4\\0&2\end{pmatrix}+\begin{pmatrix}1&0\\-1&-1\end{pmatrix}=\begin{pmatrix}-2&4\\-1&1\end{pmatrix},$$

$$\boldsymbol{A}_1+\boldsymbol{B}_{22}=\begin{pmatrix}-1&2\\1&1\end{pmatrix}+\begin{pmatrix}4&1\\2&0\end{pmatrix}=\begin{pmatrix}3&3\\3&1\end{pmatrix},$$

于是

$$\boldsymbol{AB}=\begin{pmatrix}1&0&1&0\\-1&2&0&1\\-2&4&3&3\\-1&1&3&1\end{pmatrix}.$$

3. 分块矩阵的转置矩阵

设 $\boldsymbol{A}=\begin{pmatrix}\boldsymbol{A}_{11}&\cdots&\boldsymbol{A}_{1r}\\\vdots&&\vdots\\\boldsymbol{A}_{s1}&\cdots&\boldsymbol{A}_{sr}\end{pmatrix}$，则 $\boldsymbol{A}^{\mathrm{T}}=\begin{pmatrix}\boldsymbol{A}_{11}^{\mathrm{T}}&\cdots&\boldsymbol{A}_{s1}^{\mathrm{T}}\\\vdots&&\vdots\\\boldsymbol{A}_{1r}^{\mathrm{T}}&\cdots&\boldsymbol{A}_{sr}^{\mathrm{T}}\end{pmatrix}$.

4. 分块对角阵

设 $\boldsymbol{A}$ 为 n 阶方阵，若 $\boldsymbol{A}$ 的分块矩阵仅在对角线上有非零子块，其余子块都是零矩阵，且对角线上的子块都是方阵，即

$$\boldsymbol{A}=\begin{pmatrix}\boldsymbol{A}_1&&&\\&\boldsymbol{A}_2&&\\&&\ddots&\\&&&\boldsymbol{A}_s\end{pmatrix},$$

其中 $\boldsymbol{A}_i(i=1,2,\cdots,s)$ 都是方阵，那么称 $\boldsymbol{A}$ 为**分块对角矩阵**(也叫**准对角阵**).

分块对角矩阵的行列式具有以下性质：

$$|\boldsymbol{A}|=|\boldsymbol{A}_1||\boldsymbol{A}_2|\cdots|\boldsymbol{A}_s|.$$

由此性质可知，若 $|\boldsymbol{A}_i|\neq0(i=1,2,\cdots,s)$，则 $|\boldsymbol{A}|\neq0$，并有

$$\boldsymbol{A}^{-1}=\begin{pmatrix}\boldsymbol{A}_1^{-1}&&&\\&\boldsymbol{A}_2^{-1}&&\\&&\ddots&\\&&&\boldsymbol{A}_s^{-1}\end{pmatrix}.$$

例 23　设 $\boldsymbol{A}=\begin{pmatrix}3&1&0\\2&1&0\\0&0&5\end{pmatrix}$，求 $\boldsymbol{A}^{-1}$.

解
$$\boldsymbol{A}=\begin{pmatrix}3&1&0\\2&1&0\\0&0&5\end{pmatrix}=\begin{pmatrix}\boldsymbol{A}_1&\boldsymbol{O}\\\boldsymbol{O}&\boldsymbol{A}_2\end{pmatrix},$$

其中

$$\boldsymbol{A}_1=\begin{pmatrix}3&1\\2&1\end{pmatrix}\Rightarrow\boldsymbol{A}_1^{-1}=\begin{pmatrix}1&-1\\-2&3\end{pmatrix},\quad \boldsymbol{A}_2=(5)\Rightarrow\boldsymbol{A}_2^{-1}=\left(\frac{1}{5}\right),$$

所以

$$\boldsymbol{A}^{-1}=\begin{pmatrix}1&-1&0\\-2&3&0\\0&0&\frac{1}{5}\end{pmatrix}.$$

例 24 设 $\boldsymbol{A}=\begin{pmatrix}9&0&0&0\\2&1&0&0\\0&0&3&4\\0&0&0&2\end{pmatrix}$,求 $|\boldsymbol{A}|$ 及 $\boldsymbol{A}^{-1}$.

解
$$|\boldsymbol{A}|=\begin{vmatrix}9&0&0&0\\2&1&0&0\\0&0&3&4\\0&0&0&2\end{vmatrix}=\begin{vmatrix}9&0\\2&1\end{vmatrix}\begin{vmatrix}3&4\\0&2\end{vmatrix}=54;$$

$$\boldsymbol{A}^{-1}=\begin{pmatrix}\begin{pmatrix}9&0\\2&1\end{pmatrix}^{-1}&\\&\begin{pmatrix}3&4\\0&2\end{pmatrix}^{-1}\end{pmatrix}=\begin{pmatrix}\frac{1}{9}&0&0&0\\-\frac{2}{9}&1&0&0\\0&0&\frac{1}{3}&-\frac{2}{3}\\0&0&0&\frac{1}{2}\end{pmatrix}.$$

三、两种特殊分块及其应用

对矩阵分块时,有两种分块法应给予重视,这就是按行分块和按列分块.

$m\times n$ 矩阵 $\boldsymbol{A}$ 有 m 行,若第 i 行记作 $\boldsymbol{\alpha}_i^{\mathrm{T}}=(a_{i1},a_{i2},\cdots,a_{in})$,则矩阵 $\boldsymbol{A}$ 可记为

$$\boldsymbol{A}=\begin{pmatrix}\boldsymbol{\alpha}_1^{\mathrm{T}}\\\boldsymbol{\alpha}_2^{\mathrm{T}}\\\vdots\\\boldsymbol{\alpha}_m^{\mathrm{T}}\end{pmatrix}.$$

类似地，$m\times n$ 矩阵 $\mathbf{A}$ 有 n 列，若第 j 列记作 $\boldsymbol{\beta}_j=\begin{pmatrix}a_{1j}\\a_{2j}\\\vdots\\a_{mj}\end{pmatrix}$，则矩阵 $\mathbf{A}$ 可记为

$$\mathbf{A}=(\boldsymbol{\beta}_1,\boldsymbol{\beta}_2,\cdots,\boldsymbol{\beta}_n).$$

对于线性方程组

$$\begin{cases}a_{11}x_1+a_{12}x_2+\cdots+a_{1n}x_n=b_1,\\a_{21}x_1+a_{22}x_2+\cdots+a_{2n}x_n=b_2,\\\quad\cdots\cdots\\a_{m1}x_1+a_{m2}x_2+\cdots+a_{mn}x_n=b_m,\end{cases}$$

记

$$\mathbf{A}=(a_{ij}),\quad \boldsymbol{X}=\begin{pmatrix}x_1\\x_2\\\vdots\\x_n\end{pmatrix},\quad \boldsymbol{b}=\begin{pmatrix}b_1\\b_2\\\vdots\\b_m\end{pmatrix},\quad \overline{\mathbf{A}}=\begin{pmatrix}a_{11}&a_{12}&\cdots&a_{1n}&b_1\\a_{21}&a_{22}&\cdots&a_{2n}&b_2\\\vdots&\vdots&&\vdots&\vdots\\a_{m1}&a_{m2}&\cdots&a_{mn}&b_m\end{pmatrix},$$

其中 $\mathbf{A}$ 称为系数矩阵，$\boldsymbol{X}$ 称为未知数向量，$\boldsymbol{b}$ 称为常数项向量，$\overline{\mathbf{A}}$ 称为增广矩阵，按分块矩阵的记法，可记为 $\overline{\mathbf{A}}=(\mathbf{A},\boldsymbol{b})=(\boldsymbol{\beta}_1,\boldsymbol{\beta}_2,\cdots,\boldsymbol{\beta}_n,\boldsymbol{b})$.

利用矩阵乘法，此方程组可记作 $\mathbf{A}\boldsymbol{X}=\boldsymbol{b}$. 这正是线性方程组的矩阵形式.

若将系数矩阵 $\mathbf{A}$ 按行分成 m 块，则线性方程组 $\mathbf{A}\boldsymbol{X}=\boldsymbol{b}$ 可记作

$$\begin{pmatrix}\boldsymbol{\alpha}_1^{\mathrm{T}}\\\boldsymbol{\alpha}_2^{\mathrm{T}}\\\vdots\\\boldsymbol{\alpha}_m^{\mathrm{T}}\end{pmatrix}\boldsymbol{X}=\begin{pmatrix}b_1\\b_2\\\vdots\\b_m\end{pmatrix},$$

这就相当于把每个方程

$$a_{i1}x_1+a_{i2}x_2+\cdots+a_{in}x_n=b_i$$

记作

$$\boldsymbol{\alpha}_i^{\mathrm{T}}\boldsymbol{X}=b_i\quad(i=1,2,\cdots,m).$$

若把系数矩阵 $\mathbf{A}$ 按列分成 n 块，则与 $\mathbf{A}$ 相乘的 $\boldsymbol{X}$ 应对应地按行分成 n 块，从而记作

$$(\boldsymbol{\beta}_1,\boldsymbol{\beta}_2,\cdots,\boldsymbol{\beta}_n)\begin{pmatrix}x_1\\x_2\\\vdots\\x_n\end{pmatrix}=\boldsymbol{b},$$

即 $x_1\boldsymbol{\beta}_1+x_2\boldsymbol{\beta}_2+\cdots+x_n\boldsymbol{\beta}_n=\boldsymbol{b}$，这正是线性方程组的向量形式.

对于矩阵 $\boldsymbol{A}=(a_{ij})_{m\times s}$ 与矩阵 $\boldsymbol{B}=(b_{ij})_{s\times n}$ 的乘积矩阵 $\boldsymbol{AB}=\boldsymbol{C}=(c_{ij})_{m\times n}$，若把 $\boldsymbol{A}$ 按行分成 m 块，把 $\boldsymbol{B}$ 按列分成 n 块，便有

$$\boldsymbol{AB}=\begin{pmatrix}\boldsymbol{\alpha}_1^{\mathrm{T}}\\ \boldsymbol{\alpha}_2^{\mathrm{T}}\\ \vdots\\ \boldsymbol{\alpha}_m^{\mathrm{T}}\end{pmatrix}(\boldsymbol{\beta}_1,\boldsymbol{\beta}_2,\cdots,\boldsymbol{\beta}_n)=\begin{pmatrix}\boldsymbol{\alpha}_1^{\mathrm{T}}\boldsymbol{\beta}_1 & \boldsymbol{\alpha}_1^{\mathrm{T}}\boldsymbol{\beta}_2 & \cdots & \boldsymbol{\alpha}_1^{\mathrm{T}}\boldsymbol{\beta}_n\\ \boldsymbol{\alpha}_2^{\mathrm{T}}\boldsymbol{\beta}_1 & \boldsymbol{\alpha}_2^{\mathrm{T}}\boldsymbol{\beta}_2 & \cdots & \boldsymbol{\alpha}_2^{\mathrm{T}}\boldsymbol{\beta}_n\\ \vdots & \vdots & & \vdots\\ \boldsymbol{\alpha}_m^{\mathrm{T}}\boldsymbol{\beta}_1 & \boldsymbol{\alpha}_m^{\mathrm{T}}\boldsymbol{\beta}_2 & \cdots & \boldsymbol{\alpha}_m^{\mathrm{T}}\boldsymbol{\beta}_n\end{pmatrix}=(c_{ij})_{m\times n},$$

其中

$$c_{ij}=\boldsymbol{\alpha}_i^{\mathrm{T}}\boldsymbol{\beta}_j=(a_{i1},\quad a_{i2},\quad \cdots,\quad a_{is})\begin{pmatrix}b_{1j}\\ b_{2j}\\ \vdots\\ b_{sj}\end{pmatrix}=\sum_{k=1}^{s}a_{ik}b_{kj}.$$

由此可进一步领会矩阵相乘的定义.

例 25 解矩阵方程 $\boldsymbol{AX}=\boldsymbol{B}$，其中

$$\boldsymbol{A}=\begin{pmatrix}2&3&0&0&0\\3&6&0&0&0\\0&0&4&0&0\\0&0&0&3&2\\0&0&0&7&5\end{pmatrix},\quad \boldsymbol{B}=\begin{pmatrix}-1&2&3&1&0\\-3&6&15&-6&3\\8&0&4&12&-4\\1&2&-3&1&1\\3&1&-2&4&1\end{pmatrix}.$$

解 由 $\boldsymbol{AX}=\boldsymbol{B}$，且 $|\boldsymbol{A}|=12\neq 0$. 所以 $\boldsymbol{A}$ 可逆. 解得 $\boldsymbol{X}=\boldsymbol{A}^{-1}\boldsymbol{B}$，为求 $\boldsymbol{A}^{-1}$，将 $\boldsymbol{A}$ 作如下分块：

$$\boldsymbol{A}=\left(\begin{array}{cc:c:cc}2&3&0&0&0\\3&6&0&0&0\\ \hdashline 0&0&4&0&0\\ \hdashline 0&0&0&3&2\\0&0&0&7&5\end{array}\right)=\begin{pmatrix}\boldsymbol{A}_1&&\\&\boldsymbol{A}_2&\\&&\boldsymbol{A}_3\end{pmatrix},$$

求出

$$\boldsymbol{A}_1^{-1}=\begin{pmatrix}2&3\\3&6\end{pmatrix}^{-1}=\begin{pmatrix}2&-1\\-1&\dfrac{2}{3}\end{pmatrix},\quad \boldsymbol{A}_2^{-1}=(4)^{-1}=\left(\frac{1}{4}\right),$$

$$\boldsymbol{A}_3^{-1}=\begin{pmatrix}3&2\\7&5\end{pmatrix}^{-1}=\begin{pmatrix}5&-2\\-7&3\end{pmatrix},$$

所以

$$\boldsymbol{A}^{-1}=\begin{pmatrix}\boldsymbol{A}_1^{-1}&&\\&\boldsymbol{A}_2^{-1}&\\&&\boldsymbol{A}_3^{-1}\end{pmatrix}=\begin{pmatrix}2&-1&0&0&0\\-1&\frac{2}{3}&0&0&0\\0&0&\frac{1}{4}&0&0\\0&0&0&5&-2\\0&0&0&-7&3\end{pmatrix},$$

从而

$$\boldsymbol{X}=\boldsymbol{A}^{-1}\boldsymbol{B}=\begin{pmatrix}1&-2&-9&8&-3\\-1&2&7&-5&2\\2&0&1&3&-1\\-1&8&-11&-3&3\\2&-11&15&5&-4\end{pmatrix}.$$

习　题　3

(A)

1. 设 $\boldsymbol{A}=\begin{pmatrix}1&5\\-2&1\end{pmatrix}$，$\boldsymbol{B}=\begin{pmatrix}-2&4\\1&3\end{pmatrix}$，$\boldsymbol{C}=\begin{pmatrix}3&-2\\1&3\end{pmatrix}$，求：

(1) $\boldsymbol{A}+\boldsymbol{B}$；　(2) $\boldsymbol{A}-\boldsymbol{B}$；　(3) $2\boldsymbol{A}+3\boldsymbol{B}+\boldsymbol{C}$.

2. 计算：

(1) $\begin{pmatrix}4&3&1\\1&-2&3\\5&7&0\end{pmatrix}\begin{pmatrix}7\\2\\1\end{pmatrix}$；　(2) $\begin{pmatrix}2\\-1\\3\end{pmatrix}(1,-2)$；

(3) $(-3,2,1)\begin{pmatrix}2\\3\\-1\end{pmatrix}$；　(4) $\begin{pmatrix}2&1&4&0\\1&-1&3&4\end{pmatrix}\begin{pmatrix}1&3&1\\0&-1&2\\1&-3&1\\4&0&-2\end{pmatrix}$；

(5) $\begin{pmatrix}a_{11}&a_{12}&a_{13}\\a_{21}&a_{22}&a_{23}\\a_{31}&a_{32}&a_{33}\end{pmatrix}\begin{pmatrix}x_1\\x_2\\x_3\end{pmatrix}$；　(6) $(x_1,x_2,x_3)\begin{pmatrix}a_{11}&a_{12}&a_{13}\\a_{21}&a_{22}&a_{23}\\a_{31}&a_{32}&a_{33}\end{pmatrix}\begin{pmatrix}x_1\\x_2\\x_3\end{pmatrix}$；

(7) $\begin{pmatrix}\lambda_1&&\\&\lambda_2&\\&&\lambda_3\end{pmatrix}\begin{pmatrix}a_{11}&a_{12}\\a_{21}&a_{22}\\a_{31}&a_{32}\end{pmatrix}$；　(8) $\begin{pmatrix}a_{11}&a_{12}&a_{13}\\a_{21}&a_{22}&a_{23}\end{pmatrix}\begin{pmatrix}\lambda_1&&\\&\lambda_2&\\&&\lambda_3\end{pmatrix}$.

3. 设$\boldsymbol{A}=\begin{pmatrix}1&0&0\\0&1&0\end{pmatrix}$,$\boldsymbol{B}=\begin{pmatrix}1&0\\0&1\\1&0\end{pmatrix}$,$\boldsymbol{C}=\begin{pmatrix}1&0\\0&1\\0&0\end{pmatrix}$,求$\boldsymbol{AB},\boldsymbol{BA},\boldsymbol{AC}$.

4. 设$\boldsymbol{A}=\begin{pmatrix}1&1&1\\1&1&-1\\1&-1&1\end{pmatrix}$, $\boldsymbol{B}=\begin{pmatrix}1&2&3\\-1&-2&4\\0&5&1\end{pmatrix}$.求:

(1)$2\boldsymbol{AB}-3\boldsymbol{A}^2$; (2)$\boldsymbol{AB}^{\mathrm{T}}$; (3)$|-2\boldsymbol{A}|$.

5. 设$\boldsymbol{A},\boldsymbol{B}$都是$n$阶方阵,证明:

(1) 当且仅当$\boldsymbol{AB}=\boldsymbol{BA}$时,$(\boldsymbol{A}\pm\boldsymbol{B})^2=\boldsymbol{A}^2\pm2\boldsymbol{AB}+\boldsymbol{B}^2$;

(2) 当且仅当$\boldsymbol{AB}=\boldsymbol{BA}$时,$\boldsymbol{A}^2-\boldsymbol{B}^2=(\boldsymbol{A}+\boldsymbol{B})(\boldsymbol{A}-\boldsymbol{B})$.

6. 计算(n为正整数):

(1) $\begin{pmatrix}1&1\\0&1\end{pmatrix}^n$; (2) $\begin{pmatrix}1&1&0\\0&1&1\\0&0&1\end{pmatrix}^n$; (3) $\begin{pmatrix}1&a&0\\0&1&a\\0&0&1\end{pmatrix}^n$;

(4) $\begin{pmatrix}0&a&b\\0&0&c\\0&0&0\end{pmatrix}^n$ $(n\geqslant2)$; (5) $\begin{pmatrix}1&-1&-1&-1\\-1&1&-1&-1\\-1&-1&1&-1\\-1&-1&-1&1\end{pmatrix}^n$.

7. 求下列矩阵的行列式(n为正整数):

(1) $\begin{pmatrix}1&3&4\\0&2&5\\0&0&3\end{pmatrix}\begin{pmatrix}1&0&0\\1&2&0\\1&2&3\end{pmatrix}$; (2) $\begin{pmatrix}1&0&2&3\\1&1&6&8\\0&0&-1&0\\1&0&2&4\end{pmatrix}^4$;

(3) $-\begin{pmatrix}1&0&0&0\\0&1&0&0\\0&0&1&0\\0&0&0&1\end{pmatrix}$; (4) $\begin{pmatrix}-3&4&0&0\\4&3&0&0\\0&0&-1&1\\0&0&3&2\end{pmatrix}^{2n}$.

8. 试证:当且仅当$\boldsymbol{AB}=\boldsymbol{BA}$时,$(\boldsymbol{AB})^{\mathrm{T}}=\boldsymbol{A}^{\mathrm{T}}\boldsymbol{B}^{\mathrm{T}}$.

9. 求下列矩阵$\boldsymbol{A}$的逆矩阵$\boldsymbol{A}^{-1}$:

(1) $\boldsymbol{A}=\begin{pmatrix}1&2&-1\\3&4&-2\\5&-4&1\end{pmatrix}$; (2) $\boldsymbol{A}=\begin{pmatrix}1&0&2&3\\0&1&4&5\\0&0&1&0\\0&0&0&1\end{pmatrix}$;

(3) $\boldsymbol{A}=\begin{pmatrix}\cos\theta&-\sin\theta\\\sin\theta&\cos\theta\end{pmatrix}$; (4) $\boldsymbol{A}=\begin{pmatrix}2&-1&0\\-1&2&-1\\0&-1&2\end{pmatrix}$;

(5) $\boldsymbol{A}=\begin{pmatrix}1&2&0&0\\2&5&0&0\\0&0&7&1\\0&0&0&1\end{pmatrix}$;　　(6) $\boldsymbol{A}=\begin{pmatrix}0&a_1&0&\cdots&0\\0&0&a_2&\cdots&0\\\vdots&\vdots&\vdots&&\vdots\\0&0&0&\cdots&a_{n-1}\\a_n&0&0&\cdots&0\end{pmatrix}$,其中 $a_i\neq 0(i=1,2,\cdots,n)$.

10. 求下列矩阵 $\boldsymbol{A}$ 的秩 $R(\boldsymbol{A})$:

(1) $\boldsymbol{A}=\begin{pmatrix}3&1&0&2\\1&-1&2&-1\\1&3&-4&4\end{pmatrix}$;　　(2) $\boldsymbol{A}=\begin{pmatrix}3&2&-1&-3&-1\\2&-1&3&1&-3\\7&0&5&-1&-8\end{pmatrix}$;

(3) $\boldsymbol{A}=\begin{pmatrix}2&1&8&3&7\\2&-3&0&7&-9\\3&-2&5&8&0\\1&0&3&2&0\end{pmatrix}$.

11. 求矩阵 $\boldsymbol{X}$:

(1) $\begin{pmatrix}2&5\\1&3\end{pmatrix}\boldsymbol{X}=\begin{pmatrix}4&-6\\2&1\end{pmatrix}$;　　(2) $\boldsymbol{X}\begin{pmatrix}2&1&-1\\2&1&0\\1&-1&1\end{pmatrix}=\begin{pmatrix}1&-1&3\\4&3&2\end{pmatrix}$;

(3) $\begin{pmatrix}1&4\\-1&2\end{pmatrix}\boldsymbol{X}\begin{pmatrix}2&0\\-1&1\end{pmatrix}=\begin{pmatrix}3&1\\0&1\end{pmatrix}$.

12. 设 $\boldsymbol{A}=\begin{pmatrix}2&0&0\\1&2&0\\1&1&2\end{pmatrix}$,满足 $\boldsymbol{AB}=\boldsymbol{A}+\boldsymbol{B}$,求 $\boldsymbol{B}$.

13. 设 $\boldsymbol{A},\boldsymbol{B}$ 都是 n 阶对称阵,证明:$\boldsymbol{AB}$ 是对称阵的充分必要条件是 $\boldsymbol{AB}=\boldsymbol{BA}$.

14. 设 $\boldsymbol{A}^k=\boldsymbol{O}$ (k 为正整数),证明:$(\boldsymbol{E}-\boldsymbol{A})^{-1}=\boldsymbol{E}+\boldsymbol{A}+\boldsymbol{A}^2+\cdots+\boldsymbol{A}^{k-1}$.

15. 设方阵 $\boldsymbol{A}$ 满足 $\boldsymbol{A}^2-\boldsymbol{A}-2\boldsymbol{E}=\boldsymbol{O}$,证明:$\boldsymbol{A}$ 及 $\boldsymbol{A}+2\boldsymbol{E}$ 都可逆,并求 $\boldsymbol{A}^{-1}$ 及 $(\boldsymbol{A}+2\boldsymbol{E})^{-1}$.

16. 设 $\boldsymbol{A}=\frac{1}{2}(\boldsymbol{B}+\boldsymbol{E})$,证明:$\boldsymbol{A}^2=\boldsymbol{A}$ 当且仅当 $\boldsymbol{B}^2=\boldsymbol{E}$.

17. 用初等变换法求下列向量组的秩及一个极大线性无关组,并用极大线性无关组线性表示组中其他向量:

(1) $\boldsymbol{\alpha}_1=(3,4,-1,2)^{\mathrm{T}}$,$\boldsymbol{\alpha}_2=(5,2,-3,1)^{\mathrm{T}}$,$\boldsymbol{\alpha}_3=(4,1,-2,3)^{\mathrm{T}}$,$\boldsymbol{\alpha}_4=(1,1,-1,-2)^{\mathrm{T}}$;

(2) $\boldsymbol{\alpha}_1=(3,-4,1,2)^{\mathrm{T}}$,$\boldsymbol{\alpha}_2=(1,2,3,-4)^{\mathrm{T}}$,$\boldsymbol{\alpha}_3=(2,3,-4,1)^{\mathrm{T}}$,$\boldsymbol{\alpha}_4=(2,-5,8,-3)^{\mathrm{T}}$,$\boldsymbol{\alpha}_5=(5,26,-9,-12)^{\mathrm{T}}$.

(B)

1. 设 $\boldsymbol{\alpha}_1,\boldsymbol{\alpha}_2,\boldsymbol{\alpha}_3$ 均为 3×1 矩阵，记矩阵

$$\boldsymbol{A}=(\boldsymbol{\alpha}_1,\boldsymbol{\alpha}_2,\boldsymbol{\alpha}_3),\quad \boldsymbol{B}=(\boldsymbol{\alpha}_1+\boldsymbol{\alpha}_2+\boldsymbol{\alpha}_3,\boldsymbol{\alpha}_1+2\boldsymbol{\alpha}_2+4\boldsymbol{\alpha}_3,\boldsymbol{\alpha}_1+3\boldsymbol{\alpha}_2+9\boldsymbol{\alpha}_3),$$

如果 $|\boldsymbol{A}|=1$，那么 $|\boldsymbol{B}|=$________.

2. 已知四阶矩阵 $\boldsymbol{A}=\begin{pmatrix}1&1&1&1\\2&2&2&2\\3&3&3&3\\4&4&4&4\end{pmatrix}$，求 $\boldsymbol{A}^{100}$.

3. 设 $\boldsymbol{A}^*$ 表示 n 阶方阵 $\boldsymbol{A}$ 的伴随矩阵. 证明：

(1) $R(\boldsymbol{A})=n\Leftrightarrow R(\boldsymbol{A}^*)=n$； (2) $R(\boldsymbol{A})=n-1\Leftrightarrow R(\boldsymbol{A}^*)=1$；

(3) $R(\boldsymbol{A})<n-1\Leftrightarrow R(\boldsymbol{A}^*)=0$.

4. 设矩阵 $\boldsymbol{A}$ 可逆，证明其伴随矩阵 $\boldsymbol{A}^*$ 也可逆，且 $(\boldsymbol{A}^*)^{-1}=(\boldsymbol{A}^{-1})^*$.

5. 设 n 阶矩阵 $\boldsymbol{A}$ 的伴随矩阵为 $\boldsymbol{A}^*$，证明：

(1) 若 $|\boldsymbol{A}|=0$，则 $|\boldsymbol{A}^*|=0$； (2) $|\boldsymbol{A}^*|=|\boldsymbol{A}|^{n-1}$.

6. 设 $\boldsymbol{A}$ 为 n 阶可逆矩阵，证明 $(\boldsymbol{A}^*)^*=|\boldsymbol{A}|^{n-2}\boldsymbol{A}$.

7. 设 $\boldsymbol{A}$ 为三阶矩阵，$|\boldsymbol{A}|=\dfrac{1}{2}$，求 $|(2\boldsymbol{A})^{-1}-5\boldsymbol{A}^*|$.

8. 设 n 阶方阵 $\boldsymbol{A},\boldsymbol{B},\boldsymbol{C}$ 满足 $\boldsymbol{ABC}=\boldsymbol{E}$，其中 $\boldsymbol{E}$ 是 n 阶单位阵，则必有（ ）.

A. $\boldsymbol{ACB}=\boldsymbol{E}$. B. $\boldsymbol{CBA}=\boldsymbol{E}$. C. $\boldsymbol{BAC}=\boldsymbol{E}$. D. $\boldsymbol{BCA}=\boldsymbol{E}$.

9. 已知 $\boldsymbol{ABC}=\boldsymbol{D}$，其中 $\boldsymbol{A}=\begin{pmatrix}1&0&0\\0&1&-1\\0&0&1\end{pmatrix}$，$\boldsymbol{C}=\begin{pmatrix}0&0&1\\0&1&0\\1&0&0\end{pmatrix}$，$\boldsymbol{D}=\begin{pmatrix}1&1&1\\0&2&2\\0&0&3\end{pmatrix}$，求 $\boldsymbol{B}^*$.

10. 设向量组 $\boldsymbol{\alpha}_1=(1,0,1)^{\mathrm{T}},\boldsymbol{\alpha}_2=(0,1,1)^{\mathrm{T}},\boldsymbol{\alpha}_3=(1,3,5)^{\mathrm{T}}$ 不能由向量组 $\boldsymbol{\beta}_1=(1,1,1)^{\mathrm{T}},\boldsymbol{\beta}_2=(1,2,3)^{\mathrm{T}},\boldsymbol{\beta}_3=(3,4,a)^{\mathrm{T}}$ 线性表示.

(1) 求 a 的值；

(2) 将 $\boldsymbol{\beta}_1,\boldsymbol{\beta}_2,\boldsymbol{\beta}_3$ 用 $\boldsymbol{\alpha}_1,\boldsymbol{\alpha}_2,\boldsymbol{\alpha}_3$ 线性表示.

11. 设分块矩阵 $\boldsymbol{W}=\begin{pmatrix}\boldsymbol{A}&\boldsymbol{B}\\\boldsymbol{C}&\boldsymbol{D}\end{pmatrix}_{n\times n}$，其中 $\boldsymbol{A}$ 是 $k\times k$ 的可逆矩阵，证明：

(1) $\begin{vmatrix}\boldsymbol{A}&\boldsymbol{B}\\\boldsymbol{C}&\boldsymbol{D}\end{vmatrix}=|\boldsymbol{A}|\,|\boldsymbol{D}-\boldsymbol{C}\boldsymbol{A}^{-1}\boldsymbol{B}|$；

(2) 若 $\boldsymbol{AC}=\boldsymbol{CA}$，则 $\begin{vmatrix}\boldsymbol{A}&\boldsymbol{B}\\\boldsymbol{C}&\boldsymbol{D}\end{vmatrix}=|\boldsymbol{AD}-\boldsymbol{CB}|$.

阅读材料 3　分块矩阵的初等变换及其应用

我们已经看到,矩阵的初等变换对于解决不少有关矩阵的问题是很方便的.在处理高阶矩阵及有关问题时我们又引进了分块矩阵的思想方法,下面我们将会看到,分块矩阵的初等变换对于解决一些数学问题也是很方便的.

定义 1　以下三种变换叫作**分块矩阵 $\boldsymbol{A}$ 的初等变换**.

(1) 换法变换:交换分块矩阵 $\boldsymbol{A}$ 的任意两行(列)(这里说的行(列)是由分块矩阵的块所构成的块行(块列),下同).

(2) 倍法变换:用可逆方阵 $\boldsymbol{K}$ 左(右)乘分块矩阵 $\boldsymbol{A}$ 的某一行(列).

(3) 消法变换:用矩阵 $\boldsymbol{N}$ 左(右)乘分块矩阵的第 i 行(列)之后加到第 j 行(列)上去.

值得一提的是,参与运算的矩阵必须满足运算对矩阵行数和列数的要求.

例如,设 $\boldsymbol{A}$ 是一个 m 阶可逆方阵,$\boldsymbol{B}$ 是一个 $m\times n$ 矩阵,$\boldsymbol{C}$ 是一个 $s\times m$ 矩阵,$\boldsymbol{D}$ 是一个 $s\times n$ 矩阵.将分块矩阵 $\boldsymbol{T}=\begin{pmatrix}\boldsymbol{A} & \boldsymbol{B}\\ \boldsymbol{C} & \boldsymbol{D}\end{pmatrix}$ 的第一行左乘 $-\boldsymbol{CA}^{-1}$ 之后加到第二行上去,则就化成了准上三角形矩阵(即分块的上三角形阵)

$$\boldsymbol{U}=\begin{pmatrix}\boldsymbol{A} & \boldsymbol{B}\\ \boldsymbol{O} & \boldsymbol{D}-\boldsymbol{CA}^{-1}\boldsymbol{B}\end{pmatrix}.$$

我们像一般矩阵一样可把上述变换过程表示为

$$\boldsymbol{T}=\begin{pmatrix}\boldsymbol{A} & \boldsymbol{B}\\ \boldsymbol{C} & \boldsymbol{D}\end{pmatrix}\xrightarrow{r_2-\boldsymbol{CA}^{-1}r_1}\begin{pmatrix}\boldsymbol{A} & \boldsymbol{B}\\ \boldsymbol{O} & \boldsymbol{D}-\boldsymbol{CA}^{-1}\boldsymbol{B}\end{pmatrix}=\boldsymbol{U}.$$

定义 2　把对分块之后的单位矩阵施行一次分块矩阵的初等变换所得到的分块矩阵称为**初等分块矩阵**.以二阶分块为例,初等分块矩阵有以下形式:

$$\begin{bmatrix}\boldsymbol{O} & \boldsymbol{E}_n\\ \boldsymbol{E}_m & \boldsymbol{O}\end{bmatrix},\quad \begin{pmatrix}\boldsymbol{K} & \boldsymbol{O}\\ \boldsymbol{O} & \boldsymbol{E}_n\end{pmatrix},\quad \begin{pmatrix}\boldsymbol{E}_m & \boldsymbol{O}\\ \boldsymbol{O} & \boldsymbol{R}\end{pmatrix},\quad \begin{bmatrix}\boldsymbol{E}_m & \boldsymbol{O}\\ \boldsymbol{S} & \boldsymbol{E}_n\end{bmatrix},\quad \begin{bmatrix}\boldsymbol{E}_m & \boldsymbol{T}\\ \boldsymbol{O} & \boldsymbol{E}_n\end{bmatrix},$$

其中,$\boldsymbol{K},\boldsymbol{R}$ 分别为 m 阶和 n 阶可逆方阵,$\boldsymbol{S},\boldsymbol{T}$ 分别为 $n\times m$ 和 $m\times n$ 矩阵.

和一般矩阵一样,分块矩阵的初等变换与初等分块矩阵之间也有如下关系:**对分块矩阵左(右)乘一个初等分块矩阵,相当于对该分块矩阵施行一次相应的分块矩阵的初等行(列)变换.**

如上述变换过程等价于

$$\begin{bmatrix}\boldsymbol{E}_m & \boldsymbol{O}\\ -\boldsymbol{CA}^{-1} & \boldsymbol{E}_n\end{bmatrix}\boldsymbol{T}=\begin{bmatrix}\boldsymbol{E}_m & \boldsymbol{O}\\ -\boldsymbol{CA}^{-1} & \boldsymbol{E}_n\end{bmatrix}\begin{pmatrix}\boldsymbol{A} & \boldsymbol{B}\\ \boldsymbol{C} & \boldsymbol{D}\end{pmatrix}=\begin{pmatrix}\boldsymbol{A} & \boldsymbol{B}\\ \boldsymbol{O} & \boldsymbol{D}-\boldsymbol{CA}^{-1}\boldsymbol{B}\end{pmatrix}=\boldsymbol{U}.$$

由定义易见,分块矩阵的初等变换和初等分块矩阵是可逆的、保秩的,并且消法还是保行列式的.这为解决一些数学问题带来很大方便.

例 1 设 $\boldsymbol{A},\boldsymbol{B}$ 都是 n 阶方阵,证明:$|\boldsymbol{AB}|=|\boldsymbol{A}||\boldsymbol{B}|$.

证 设 $\boldsymbol{S}=\begin{pmatrix}\boldsymbol{A} & \boldsymbol{O}\\ \boldsymbol{E} & \boldsymbol{B}\end{pmatrix}$,则由拉普拉斯展开定理得 $|\boldsymbol{S}|=|\boldsymbol{A}||\boldsymbol{B}|$.

再对 $\boldsymbol{S}$ 施行消法变换 $\boldsymbol{S}=\begin{pmatrix}\boldsymbol{A} & \boldsymbol{O}\\ \boldsymbol{E} & \boldsymbol{B}\end{pmatrix}\xrightarrow{r_1-\boldsymbol{A}r_2}\begin{pmatrix}\boldsymbol{O} & -\boldsymbol{AB}\\ \boldsymbol{E} & \boldsymbol{B}\end{pmatrix}=\boldsymbol{T}$,再由拉普拉斯展开定理知 $|\boldsymbol{T}|=|\boldsymbol{AB}|$. 而 $|\boldsymbol{S}|=|\boldsymbol{T}|$,所以有 $|\boldsymbol{AB}|=|\boldsymbol{A}||\boldsymbol{B}|$.

例 2 设 $\boldsymbol{A},\boldsymbol{B}$ 分别是 $m\times n$ 和 $n\times s$ 矩阵,证明

$$R(\boldsymbol{AB})\geqslant R(\boldsymbol{A})+R(\boldsymbol{B})-n.$$

证 因为

$$\boldsymbol{S}=\begin{pmatrix}\boldsymbol{A} & \boldsymbol{O}\\ \boldsymbol{E} & \boldsymbol{B}\end{pmatrix}\xrightarrow{r_1-\boldsymbol{A}r_2}\begin{pmatrix}\boldsymbol{O} & -\boldsymbol{AB}\\ \boldsymbol{E} & \boldsymbol{B}\end{pmatrix}\xrightarrow{c_2-c_1\boldsymbol{B}}\begin{pmatrix}\boldsymbol{O} & -\boldsymbol{AB}\\ \boldsymbol{E} & \boldsymbol{O}\end{pmatrix}=\boldsymbol{G},$$

所以

$$R(\boldsymbol{S})=R(\boldsymbol{G}),$$

而

$$R(\boldsymbol{S})\geqslant R(\boldsymbol{A})+R(\boldsymbol{B}),\quad R(\boldsymbol{G})=R(\boldsymbol{AB})+R(\boldsymbol{E})=R(\boldsymbol{AB})+n,$$

所以有

$$R(\boldsymbol{AB})\geqslant R(\boldsymbol{A})+R(\boldsymbol{B})-n.$$

第四章　线性方程组

4.1　线性方程组的基本概念

在第一章中，我们讨论了含 n 个未知量 n 个方程并且系数行列式不等于零的线性方程组，可用克拉默(Cramer)法则求解. 下面讨论一般的 n 元线性方程组.

一、线性方程组的三种表示形式

1. 一般形式

$$\begin{cases} a_{11}x_1+a_{12}x_2+\cdots+a_{1n}x_n=b_1, \\ a_{21}x_1+a_{22}x_2+\cdots+a_{2n}x_n=b_2, \\ \quad\cdots\cdots \\ a_{m1}x_1+a_{m2}x_2+\cdots+a_{mn}x_n=b_m, \end{cases} \tag{1}$$

其中，

$$\boldsymbol{A}=\begin{pmatrix} a_{11} & a_{12} & \cdots & a_{1n} \\ a_{21} & a_{22} & \cdots & a_{2n} \\ \vdots & \vdots & & \vdots \\ a_{m1} & a_{m2} & \cdots & a_{mn} \end{pmatrix} \quad 和 \quad \bar{\boldsymbol{A}}=\begin{pmatrix} a_{11} & a_{12} & \cdots & a_{1n} & b_1 \\ a_{21} & a_{22} & \cdots & a_{2n} & b_2 \\ \vdots & \vdots & & \vdots & \vdots \\ a_{m1} & a_{m2} & \cdots & a_{mn} & b_m \end{pmatrix}$$

分别叫作线性方程组(1)的**系数矩阵**和**增广矩阵**.

2. 矩阵形式

令 $\boldsymbol{X}=\begin{pmatrix} x_1 \\ x_2 \\ \vdots \\ x_n \end{pmatrix}$，$\boldsymbol{\beta}=\begin{pmatrix} b_1 \\ b_2 \\ \vdots \\ b_m \end{pmatrix}$，则线性方程组(1)又可表示成以下矩阵形式：

$$\boldsymbol{AX}=\boldsymbol{\beta}. \tag{2}$$

3. 向量形式

令系数矩阵 $\boldsymbol{A}=\begin{pmatrix} a_{11} & a_{12} & \cdots & a_{1n} \\ a_{21} & a_{22} & \cdots & a_{2n} \\ \vdots & \vdots & & \vdots \\ a_{m1} & a_{m2} & \cdots & a_{mn} \end{pmatrix}$ 的列向量分别为 $\boldsymbol{\alpha}_1,\boldsymbol{\alpha}_2,\cdots,\boldsymbol{\alpha}_n$，则线性

方程组(1)还可表示成如下向量形式：

$$x_1\boldsymbol{\alpha}_1+x_2\boldsymbol{\alpha}_2+\cdots+x_n\boldsymbol{\alpha}_n=\boldsymbol{\beta}. \tag{3}$$

线性方程组的这三种表示形式在解决不同的问题时各有方便之处.

二、解与解集

满足线性方程组(1)的有序数组 $x_1=c_1,x_2=c_2,\cdots,x_n=c_n$ 叫作线性方程组(1)的一个**解**. 线性方程组的解一般都可写成向量形式，记

$$\boldsymbol{X}_0=\begin{pmatrix}c_1\\c_2\\\vdots\\c_n\end{pmatrix},$$

并称为方程组(1)的一个**解向量**. 线性方程组的全体解向量的集合，叫作方程组的**解集**. 求解集的过程叫**解线性方程组**.

如果两个线性方程组的解集相同，则称这两个方程组为**同解方程组**.

三、有解判别条件

在中学解线性方程组应用的是加减消元法，分析其解题过程，其实质就是对增广矩阵 $\overline{\boldsymbol{A}}$ 施行初等行变换，将 $\overline{\boldsymbol{A}}$ 化为行最简形矩阵，即

$$\overline{\boldsymbol{A}}\xrightarrow{\text{初等行变换}}\begin{pmatrix}1&0&\cdots&0&c_{1,r+1}&\cdots&c_{1n}&d_1\\0&1&\cdots&0&c_{2,r+1}&\cdots&c_{2n}&d_2\\\vdots&\vdots&&\vdots&\vdots&&\vdots&\vdots\\0&0&\cdots&1&c_{r,r+1}&\cdots&c_{rn}&d_r\\0&0&\cdots&0&0&\cdots&0&d_{r+1}\\0&0&\cdots&0&0&\cdots&0&0\\\vdots&\vdots&&\vdots&\vdots&&\vdots&\vdots\\0&0&\cdots&0&0&0&\cdots&0\end{pmatrix}=\overline{\boldsymbol{D}},$$

$\overline{\boldsymbol{D}}$ 对应的线性方程组为

$$\begin{cases}x_1+\cdots+c_{1,r+1}x_{r+1}+\cdots+c_{1n}x_n=d_1,\\x_2+\cdots+c_{2,r+1}x_{r+1}+\cdots+c_{2n}x_n=d_2,\\\qquad\cdots\cdots\\x_r+\cdots+c_{r,r+1}x_{r+1}+\cdots+c_{rn}x_n=d_r,\\\qquad\qquad 0=d_{r+1},\end{cases}\tag{1$'$}$$

显然(1′)和(1)是同解方程组.

下面分两种情形讨论.

第一种情形：方程组(1)有解当且仅当 $d_{r+1}=0$，这时 $R(\mathbf{A})=R(\bar{\mathbf{A}})=r$.

(1) 当 $r=n$ 时，方程组(1)有唯一解，其解为 $\mathbf{X}=(d_1,d_2,\cdots,d_n)^{\mathrm{T}}$；

(2) 当 $r<n$ 时，方程组(1)有无穷多组解. 由(1′)解得方程组的一般解为

$$\begin{cases} x_1=d_1-c_{1,r+1}x_{r+1}-\cdots-c_{1n}x_n, \\ x_2=d_2-c_{2,r+1}x_{r+1}-\cdots-c_{2n}x_n, \\ \qquad\cdots\cdots \\ x_r=d_r-c_{r,r+1}x_{r+1}-\cdots-c_{rn}x_n, \end{cases}$$

其中 $x_{r+1},x_{r+2},\cdots,x_n$ 为自由未知量.

第二种情形：$d_{r+1}\neq 0$，方程组(1)无解.

综上所述，我们有如下结论.

定理 1　线性方程组(1)有解的充要条件是它的系数矩阵和增广矩阵的秩相等：$R(\mathbf{A})=R(\bar{\mathbf{A}})=r$，且当 $r=n$ 时有唯一解，当 $r<n$ 时有无穷多解.

例 1　判断下面方程组是否有解，有解时求出方程组的解：

$$\begin{cases} x_1-2x_2+3x_3-x_4=1, \\ 3x_1-x_2+5x_3-3x_4=2, \\ 2x_1+x_2+2x_3-2x_4=3. \end{cases}$$

解　$$\bar{\mathbf{A}}=\begin{pmatrix} 1 & -2 & 3 & -1 & 1 \\ 3 & -1 & 5 & -3 & 2 \\ 2 & 1 & 2 & -2 & 3 \end{pmatrix} \xrightarrow[r_3-2r_1]{r_2-3r_1} \begin{pmatrix} 1 & -2 & 3 & -1 & 1 \\ 0 & 5 & -4 & 0 & -1 \\ 0 & 5 & -4 & 0 & 1 \end{pmatrix}$$

$$\xrightarrow{r_3-r_2} \begin{pmatrix} 1 & -2 & 3 & -1 & 1 \\ 0 & 5 & -4 & 0 & -1 \\ 0 & 0 & 0 & 0 & 2 \end{pmatrix},$$

可见，$R(\mathbf{A})=2$，$R(\bar{\mathbf{A}})=3$，故方程组无解.

通过以上讨论，我们得出解线性方程组(1)的步骤是

(1) 对 $\bar{\mathbf{A}}$ 施以初等行变换，化为行最简形矩阵.

(2) 若 $R(\mathbf{A})\neq R(\bar{\mathbf{A}})$，则方程组(1)无解；若 $R(\mathbf{A})=R(\bar{\mathbf{A}})$，则方程组(1)有解.

(3) 在方程组有解的情况下，写出方程组的解(一般解或唯一解).

4.2　齐次线性方程组

齐次线性方程组的一般形式为

$$\begin{cases} a_{11}x_1+a_{12}x_2+\cdots+a_{1n}x_n=0, \\ a_{21}x_1+a_{22}x_2+\cdots+a_{2n}x_n=0, \\ \qquad\cdots\cdots \\ a_{m1}x_1+a_{m2}x_2+\cdots+a_{mn}x_n=0, \end{cases} \tag{4}$$

它的矩阵形式为

$$\boldsymbol{AX}=\boldsymbol{0}, \tag{5}$$

这里

$$\boldsymbol{A}=\begin{pmatrix} a_{11} & a_{12} & \cdots & a_{1n} \\ a_{21} & a_{22} & \cdots & a_{2n} \\ \vdots & \vdots & & \vdots \\ a_{m1} & a_{m2} & \cdots & a_{mn} \end{pmatrix}, \quad \boldsymbol{X}=\begin{pmatrix} x_1 \\ x_2 \\ \vdots \\ x_n \end{pmatrix}, \quad \boldsymbol{0}=\begin{pmatrix} 0 \\ 0 \\ \vdots \\ 0 \end{pmatrix}.$$

显然，$\boldsymbol{0}=\begin{pmatrix} 0 \\ 0 \\ \vdots \\ 0 \end{pmatrix}$是线性方程组(4)的解，称为**零解**. 我们感兴趣的是线性方程组(4)的**非零解**. 由定理1，容易得到以下判别齐次线性方程组有非零解的定理.

定理2 齐次线性方程组(4)有非零解的充要条件是：它的系数矩阵 $\boldsymbol{A}$ 的秩小于它的未知量的个数.

推论1 含有 n 个未知量 n 个方程的齐次线性方程组有非零解的充要条件是 $|\boldsymbol{A}|=0$.

推论2 齐次线性方程组(4)中，若方程的个数 m 小于未知量的个数 n，则它必有非零解.

下面我们来看解向量的性质.

性质1 若 $\boldsymbol{\xi}_1,\boldsymbol{\xi}_2$ 是线性方程组(5)的解，则 $k_1\boldsymbol{\xi}_1+k_2\boldsymbol{\xi}_2$($k_1,k_2$ 是任意常数)也是它的解.

证 因为 $\boldsymbol{A}(k_1\boldsymbol{\xi}_1+k_2\boldsymbol{\xi}_2)=k_1\boldsymbol{A\xi}_1+k_2\boldsymbol{A\xi}_2=\boldsymbol{0}$，所以 $k_1\boldsymbol{\xi}_1+k_2\boldsymbol{\xi}_2$ 也是线性方程组(5)的解.

注 本结论可推广到有限多个解的情况.

齐次线性方程组在有非零解的情况下，它的所有解向量构成的解集可以看作是由无穷多解向量组成的向量组，那么，它是否存在“极大线性无关组”？因此我们有以下定义.

定义 设 $\boldsymbol{\xi}_1,\boldsymbol{\xi}_2,\cdots,\boldsymbol{\xi}_s$ 是 $\boldsymbol{AX}=\boldsymbol{0}$ 的解向量. 如果

(1) $\boldsymbol{\xi}_1,\boldsymbol{\xi}_2,\cdots,\boldsymbol{\xi}_s$ 线性无关；

(2) $\boldsymbol{AX}=\boldsymbol{0}$ 的任一个解向量可由 $\boldsymbol{\xi}_1,\boldsymbol{\xi}_2,\cdots,\boldsymbol{\xi}_s$ 线性表示，

则 $\boldsymbol{\xi}_1,\boldsymbol{\xi}_2,\cdots,\boldsymbol{\xi}_s$ 称为 $\boldsymbol{AX}=\boldsymbol{0}$ 的一个基础解系.

定理3 如果齐次线性方程组(4)有非零解，则它一定有基础解系，并且基础解系所含解向量的个数等于 $n-r$，其中 r 为线性方程组(4)的系数矩阵 $\boldsymbol{A}$ 的秩($n-r$ 就是自由未知量的个数).

证 由定理1，方程组(4)的一般解为

$$\begin{cases} x_1=-c_{1,r+1}x_{r+1}-\cdots-c_{1,n}x_n, \\ x_2=-c_{2,r+1}x_{r+1}-\cdots-c_{2,n}x_n, \\ \quad\cdots\cdots \\ x_r=-c_{r,r+1}x_{r+1}-\cdots-c_{r,n}x_n, \\ x_{r+1}=x_{r+1}, \\ \quad\cdots\cdots \\ x_n=x_n, \end{cases} \tag{4'}$$

其中,$x_{r+1},x_{r+2},\cdots,x_n$ 为自由未知量.

将式(4′)写成向量的形式,即

$$\begin{pmatrix} x_1 \\ x_2 \\ \vdots \\ x_r \\ x_{r+1} \\ \vdots \\ x_n \end{pmatrix}=x_{r+1}\begin{pmatrix} -c_{1,r+1} \\ -c_{2,r+1} \\ \vdots \\ -c_{r,r+1} \\ 1 \\ 0 \\ \vdots \\ 0 \end{pmatrix}+x_{r+2}\begin{pmatrix} -c_{1,r+2} \\ -c_{2,r+2} \\ \vdots \\ -c_{r,r+2} \\ 0 \\ 1 \\ \vdots \\ 0 \end{pmatrix}+\cdots+x_n\begin{pmatrix} -c_{1,n} \\ -c_{2,n} \\ \vdots \\ -c_{r,n} \\ 0 \\ 0 \\ \vdots \\ 1 \end{pmatrix}, \tag{4''}$$

令

$$\boldsymbol{\xi}_1=\begin{pmatrix} -c_{1,r+1} \\ -c_{2,r+1} \\ \vdots \\ -c_{r,r+1} \\ 1 \\ 0 \\ \vdots \\ 0 \end{pmatrix},\quad \boldsymbol{\xi}_2=\begin{pmatrix} -c_{1,r+2} \\ -c_{2,r+2} \\ \vdots \\ -c_{r,r+2} \\ 0 \\ 1 \\ \vdots \\ 0 \end{pmatrix},\quad \cdots,\quad \boldsymbol{\xi}_{n-r}=\begin{pmatrix} -c_{1,n} \\ -c_{2,n} \\ \vdots \\ -c_{r,n} \\ 0 \\ 0 \\ \vdots \\ 1 \end{pmatrix},$$

则(4″)式又可写成

$$\boldsymbol{X}=x_{r+1}\boldsymbol{\xi}_1+x_{r+2}\boldsymbol{\xi}_2+\cdots+x_n\boldsymbol{\xi}_{n-r}. \tag{4'''}$$

因为$(1,0,\cdots,0)^{\mathrm{T}},(0,1,\cdots,0)^{\mathrm{T}},\cdots,(0,\cdots,0,1)^{\mathrm{T}}$ 是 $n-r$ 个线性无关的 $n-r$ 维向量,所以 $\boldsymbol{\xi}_1,\boldsymbol{\xi}_2,\cdots,\boldsymbol{\xi}_{n-r}$ 也线性无关. 由(4‴)式知,线性方程组(4)的任意一个解均可由 $\boldsymbol{\xi}_1,\boldsymbol{\xi}_2,\cdots,\boldsymbol{\xi}_{n-r}$ 线性表示. 故 $\boldsymbol{\xi}_1,\boldsymbol{\xi}_2,\cdots,\boldsymbol{\xi}_{n-r}$ 确实是方程组(4)的一个基础解系.

由基础解系的定义可知,方程组(4)的基础解系不唯一. 事实上,方程组(4)的任意 $n-r$ 个线性无关的解都可以构成一个基础解系.

定理的证明过程,实际上给出了一个具体求解基础解系的方法.由定义及定理3,欲求方程组(4)的通解,归结为求齐次线性方程组的一个基础解系.

例 2 求下列线性方程组的一个基础解系:

$$\begin{cases} x_1+x_2+x_3+x_4=0, \\ 3x_1+2x_2+x_3=0, \\ x_2+2x_3+3x_4=0, \\ 5x_1+4x_2+3x_3+2x_4=0. \end{cases}$$

齐次线性方程组的求解

解 $\boldsymbol{A}=\begin{pmatrix} 1 & 1 & 1 & 1 \\ 3 & 2 & 1 & 0 \\ 0 & 1 & 2 & 3 \\ 5 & 4 & 3 & 2 \end{pmatrix} \xrightarrow[r_4-5r_1]{r_2-3r_1} \begin{pmatrix} 1 & 1 & 1 & 1 \\ 0 & -1 & -2 & -3 \\ 0 & 1 & 2 & 3 \\ 0 & -1 & -2 & -3 \end{pmatrix} \xrightarrow[r_4-r_2]{r_3+r_2} \begin{pmatrix} 1 & 1 & 1 & 1 \\ 0 & -1 & -2 & -3 \\ 0 & 0 & 0 & 0 \\ 0 & 0 & 0 & 0 \end{pmatrix}$

$$\xrightarrow{-1\times r_2} \begin{pmatrix} 1 & 1 & 1 & 1 \\ 0 & 1 & 2 & 3 \\ 0 & 0 & 0 & 0 \\ 0 & 0 & 0 & 0 \end{pmatrix} \xrightarrow{r_1-r_2} \begin{pmatrix} 1 & 0 & -1 & -2 \\ 0 & 1 & 2 & 3 \\ 0 & 0 & 0 & 0 \\ 0 & 0 & 0 & 0 \end{pmatrix},$$

所以,$R(\boldsymbol{A})=2$,且有

$$\begin{cases} x_1=x_3+2x_4, \\ x_2=-2x_3-3x_4 \end{cases} \quad (x_3, x_4 \text{ 为自由未知量}).$$

取$(x_3, x_4)^{\mathrm{T}}$分别为$(1,0)^{\mathrm{T}}$,$(0,1)^{\mathrm{T}}$,从而得一个基础解系:

$$\boldsymbol{\xi}_1=\begin{pmatrix} 1 \\ -2 \\ 1 \\ 0 \end{pmatrix}, \quad \boldsymbol{\xi}_2=\begin{pmatrix} 2 \\ -3 \\ 0 \\ 1 \end{pmatrix}.$$

例 3 求下面线性方程组的通解:

$$\begin{cases} x_1-x_2+2x_4+x_5=0, \\ 3x_1-3x_2+7x_4=0, \\ x_1-x_2+2x_3+3x_4+2x_5=0, \\ 2x_1-2x_2+2x_3+7x_4-3x_5=0. \end{cases}$$

解

$$\boldsymbol{A}=\begin{pmatrix} 1 & -1 & 0 & 2 & 1 \\ 3 & -3 & 0 & 7 & 0 \\ 1 & -1 & 2 & 3 & 2 \\ 2 & -2 & 2 & 7 & -3 \end{pmatrix} \xrightarrow[r_4-2r_1]{\substack{r_2-3r_1 \\ r_3-r_1}} \begin{pmatrix} 1 & -1 & 0 & 2 & 1 \\ 0 & 0 & 0 & 1 & -3 \\ 0 & 0 & 2 & 1 & 1 \\ 0 & 0 & 2 & 3 & -5 \end{pmatrix} \xrightarrow{r_4-r_3} \begin{pmatrix} 1 & -1 & 0 & 2 & 1 \\ 0 & 0 & 0 & 1 & -3 \\ 0 & 0 & 2 & 1 & 1 \\ 0 & 0 & 0 & 2 & -6 \end{pmatrix}$$

$$\xrightarrow{r_2 \leftrightarrow r_3}\begin{pmatrix}1 & -1 & 0 & 2 & 1\\0 & 0 & 2 & 1 & 1\\0 & 0 & 0 & 1 & -3\\0 & 0 & 0 & 2 & -6\end{pmatrix}\xrightarrow{r_4-2r_3}\begin{pmatrix}1 & -1 & 0 & 2 & 1\\0 & 0 & 2 & 1 & 1\\0 & 0 & 0 & 1 & -3\\0 & 0 & 0 & 0 & 0\end{pmatrix}$$

$$\xrightarrow[r_2-r_3]{r_1-2r_3}\begin{pmatrix}1 & -1 & 0 & 0 & 7\\0 & 0 & 2 & 0 & 4\\0 & 0 & 0 & 1 & -3\\0 & 0 & 0 & 0 & 0\end{pmatrix}\xrightarrow{\frac{1}{2}r_2}\begin{pmatrix}1 & -1 & 0 & 0 & 7\\0 & 0 & 1 & 0 & 2\\0 & 0 & 0 & 1 & -3\\0 & 0 & 0 & 0 & 0\end{pmatrix},$$

所以 $R(\boldsymbol{A})=3$,且有

$$\begin{cases}x_1=x_2-7x_5,\\x_3=-2x_5,\\x_4=3x_5\end{cases}\quad (x_2, x_5\text{ 为自由未知量}).$$

取 $(x_2,x_5)^{\mathrm{T}}$ 分别为 $(1,0)^{\mathrm{T}}$,$(0,1)^{\mathrm{T}}$,从而得一个基础解系:

$$\boldsymbol{\xi}_1=\begin{pmatrix}1\\1\\0\\0\\0\end{pmatrix},\quad \boldsymbol{\xi}_2=\begin{pmatrix}-7\\0\\-2\\3\\1\end{pmatrix}.$$

所以线性方程组的通解为

$$\boldsymbol{X}=k_1\boldsymbol{\xi}_1+k_2\boldsymbol{\xi}_2\quad (k_1,k_2\text{ 是任意常数}).$$

4.3　非齐次线性方程组

设有非齐次线性方程组

$$\begin{cases}a_{11}x_1+a_{12}x_2+\cdots+a_{1n}x_n=b_1,\\a_{21}x_1+a_{22}x_2+\cdots+a_{2n}x_n=b_2,\\\cdots\cdots\\a_{m1}x_1+a_{m2}x_2+\cdots+a_{mn}x_n=b_m,\end{cases}\tag{6}$$

这里 $b_1,b_2,\cdots,b_m$ 不全为零.

方程组(6)的矩阵形式为

$$\boldsymbol{AX}=\boldsymbol{\beta},\tag{7}$$

这里

$$A=\begin{pmatrix} a_{11} & a_{12} & \cdots & a_{1n} \\ a_{21} & a_{22} & \cdots & a_{2n} \\ \vdots & \vdots & & \vdots \\ a_{m1} & a_{m2} & \cdots & a_{mn} \end{pmatrix},\quad X=\begin{pmatrix} x_1 \\ x_2 \\ \vdots \\ x_n \end{pmatrix},\quad \boldsymbol{\beta}=\begin{pmatrix} b_1 \\ b_2 \\ \vdots \\ b_m \end{pmatrix}.$$

下面讨论非齐次线性方程组解的结构.

性质 2 设 $\boldsymbol{\eta}_1,\boldsymbol{\eta}_2$ 是方程组(7)的解,则 $\boldsymbol{\eta}_1-\boldsymbol{\eta}_2$ 为对应的齐次线性方程组 $\boldsymbol{AX}=\mathbf{0}$ 的解.

证 $\boldsymbol{A}(\boldsymbol{\eta}_1-\boldsymbol{\eta}_2)=\boldsymbol{A}\boldsymbol{\eta}_1-\boldsymbol{A}\boldsymbol{\eta}_2=\boldsymbol{\beta}-\boldsymbol{\beta}=\mathbf{0}$,即 $\boldsymbol{\eta}_1-\boldsymbol{\eta}_2$ 为 $\boldsymbol{AX}=\mathbf{0}$ 的解.

非齐次线性方程组的解的性质及通解形式

性质 3 设 $\boldsymbol{\eta}$ 是方程组(7)的解,$\boldsymbol{\xi}$ 是对应的齐次线性方程组 $\boldsymbol{AX}=\mathbf{0}$ 的解,则 $\boldsymbol{\xi}+\boldsymbol{\eta}$ 也是方程组(7)的解.

证 $\boldsymbol{A}(\boldsymbol{\xi}+\boldsymbol{\eta})=\boldsymbol{A}\boldsymbol{\xi}+\boldsymbol{A}\boldsymbol{\eta}=\mathbf{0}+\boldsymbol{\beta}=\boldsymbol{\beta}$,即 $\boldsymbol{\xi}+\boldsymbol{\eta}$ 为 $\boldsymbol{AX}=\boldsymbol{\beta}$ 的解.

由性质 3 可知,若求出方程组(7)的一个特解 $\boldsymbol{\eta}^*$,并求出它对应的齐次线性方程组的基础解系 $\boldsymbol{\xi}_1,\boldsymbol{\xi}_2,\cdots,\boldsymbol{\xi}_{n-r}$,则非齐次线性方程组的通解为

$$\boldsymbol{\eta}=\boldsymbol{\eta}^*+k_1\boldsymbol{\xi}_1+k_2\boldsymbol{\xi}_2+\cdots+k_{n-r}\boldsymbol{\xi}_{n-r}\quad (k_1,k_2,\cdots,k_{n-r}\text{是任意常数}).$$

例 4 求解线性方程组:

$$\begin{cases} x_1-x_2-x_3+x_4=0, \\ x_1-x_2+x_3-3x_4=1, \\ x_1-x_2-2x_3+3x_4=-\dfrac{1}{2}. \end{cases}$$

解
$$\overline{\boldsymbol{A}}=\begin{pmatrix} 1 & -1 & -1 & 1 & 0 \\ 1 & -1 & 1 & -3 & 1 \\ 1 & -1 & -2 & 3 & -\frac{1}{2} \end{pmatrix}\xrightarrow[r_3-r_1]{r_2-r_1}\begin{pmatrix} 1 & -1 & -1 & 1 & 0 \\ 0 & 0 & 2 & -4 & 1 \\ 0 & 0 & -1 & 2 & -\frac{1}{2} \end{pmatrix}$$

$$\xrightarrow[\frac{1}{2}r_2]{r_1-r_3}\begin{pmatrix} 1 & -1 & 0 & -1 & \frac{1}{2} \\ 0 & 0 & 1 & -2 & \frac{1}{2} \\ 0 & 0 & -1 & 2 & -\frac{1}{2} \end{pmatrix}\xrightarrow{r_3+r_2}\begin{pmatrix} 1 & -1 & 0 & -1 & \frac{1}{2} \\ 0 & 0 & 1 & -2 & \frac{1}{2} \\ 0 & 0 & 0 & 0 & 0 \end{pmatrix},$$

所以有 $R(\boldsymbol{A})=R(\overline{\boldsymbol{A}})=2$,且

$$\begin{cases} x_1=x_2+x_4+\dfrac{1}{2}, \\ x_3=2x_4+\dfrac{1}{2} \end{cases}\quad (x_2,x_4\text{ 为自由未知量}).$$

取 $(x_2,x_4)^{\mathrm{T}}$ 为 $(0,0)^{\mathrm{T}}$,得方程组的一个特解

$$\boldsymbol{\eta}^*=\left(\frac{1}{2},0,\frac{1}{2},0\right)^{\mathrm{T}},$$

对应的齐次线性方程组为

$$\begin{cases}x_1=x_2+x_4,\\x_3=2x_4,\end{cases}$$

取$(x_2,x_4)^{\mathrm{T}}$分别为$(1,0)^{\mathrm{T}}$,$(0,1)^{\mathrm{T}}$,得一个基础解系为

$$\boldsymbol{\xi}_1=(1,1,0,0)^{\mathrm{T}},\quad \boldsymbol{\xi}_2=(1,0,2,1)^{\mathrm{T}}.$$

所以,所求方程组的通解为

$$\boldsymbol{\eta}=\boldsymbol{\eta}^*+k_1\boldsymbol{\xi}_1+k_2\boldsymbol{\xi}_2\quad(k_1,k_2\text{ 是任意常数}).$$

例 5　求解线性方程组:

$$\begin{cases}x_1+x_2-3x_3-x_4=1,\\3x_1-x_2-3x_3+4x_4=4,\\x_1+5x_2-9x_3-8x_4=0.\end{cases}$$

解　$$\overline{\boldsymbol{A}}=\begin{pmatrix}1&1&-3&-1&1\\3&-1&-3&4&4\\1&5&-9&-8&0\end{pmatrix}\xrightarrow[r_3-r_1]{r_2-3r_1}\begin{pmatrix}1&1&-3&-1&1\\0&-4&6&7&1\\0&4&-6&-7&-1\end{pmatrix}$$

$$\xrightarrow{r_3+r_2}\begin{pmatrix}1&1&-3&-1&1\\0&-4&6&7&1\\0&0&0&0&0\end{pmatrix}\xrightarrow{-\frac{1}{4}r_2}\begin{pmatrix}1&1&-3&-1&1\\0&1&-\frac{3}{2}&-\frac{7}{4}&-\frac{1}{4}\\0&0&0&0&0\end{pmatrix}$$

$$\xrightarrow{r_1-r_2}\begin{pmatrix}1&0&-\frac{3}{2}&\frac{3}{4}&\frac{5}{4}\\0&1&-\frac{3}{2}&-\frac{7}{4}&-\frac{1}{4}\\0&0&0&0&0\end{pmatrix},$$

所以

$$\begin{cases}x_1=\dfrac{3}{2}x_3-\dfrac{3}{4}x_4+\dfrac{5}{4},\\x_2=\dfrac{3}{2}x_3+\dfrac{7}{4}x_4-\dfrac{1}{4}\end{cases}\quad(x_3,x_4\text{ 为自由未知量}).$$

取$(x_3,x_4)^{\mathrm{T}}$为$(0,0)^{\mathrm{T}}$,得方程组的一个特解

$$\boldsymbol{\eta}^*=\left(\frac{5}{4},-\frac{1}{4},0,0\right)^{\mathrm{T}},$$

对应的齐次线性方程组为

$$\begin{cases}x_1=\dfrac{3}{2}x_3-\dfrac{3}{4}x_4,\\x_2=\dfrac{3}{2}x_3+\dfrac{7}{4}x_4,\end{cases}$$

取$(x_3,x_4)^{\mathrm{T}}$分别为$(2,0)^{\mathrm{T}}$，$(0,4)^{\mathrm{T}}$，得一个基础解系为

$$\boldsymbol{\xi}_1=(3,3,2,0)^{\mathrm{T}},\quad \boldsymbol{\xi}_2=(-3,7,0,4)^{\mathrm{T}}.$$

所以，所求方程组的通解为

$$\boldsymbol{\eta}=\boldsymbol{\eta}^*+k_1\boldsymbol{\xi}_1+k_2\boldsymbol{\xi}_2\quad(k_1,k_2\text{是任意常数}).$$

例 6（百鸡百钱问题） 中国古代数学家张丘建在《张丘建算经》一书中提出的数学问题：鸡翁一值钱五，鸡母一值钱三，鸡雏三值钱一. 百钱买百鸡，问：鸡翁、鸡母、鸡雏各几何？

解 设鸡翁、鸡母、鸡雏各买x,y,z只，依题意得方程组

$$\begin{cases}x+y+z=100,\\ 5x+3y+\dfrac{1}{3}z=100.\end{cases}$$

其增广矩阵为

$$\overline{\boldsymbol{A}}=\begin{pmatrix}1&1&1&100\\5&3&\dfrac{1}{3}&100\end{pmatrix}\to\begin{pmatrix}1&1&1&100\\15&9&1&300\end{pmatrix}\to\begin{pmatrix}1&1&1&100\\0&-6&-14&-1200\end{pmatrix}$$

$$\to\begin{pmatrix}1&1&1&100\\0&1&\dfrac{7}{3}&200\end{pmatrix}\to\begin{pmatrix}1&0&-\dfrac{4}{3}&-100\\0&1&\dfrac{7}{3}&200\end{pmatrix}.$$

通解方程组为

$$\begin{cases}x=-100+\dfrac{4}{3}z,\\ y=200-\dfrac{7}{3}z.\end{cases}$$

考虑到$x,y,z\geqslant 0$，且必须为非负整数，所以z为 3 的倍数，且$75\leqslant z\leqslant\dfrac{600}{7}$，所有可能的解为

$$\begin{cases}x=0,\\y=25,\\z=75,\end{cases}\quad\begin{cases}x=4,\\y=18,\\z=78,\end{cases}\quad\begin{cases}x=8,\\y=11,\\z=81,\end{cases}\quad\begin{cases}x=12,\\y=4,\\z=84.\end{cases}$$

例 7 当λ取何值时，以下线性方程组有唯一解、无解或有无穷多解？并在有解时求解：

$$\begin{cases}(2-\lambda)x_1+2x_2-2x_3=1,\\ 2x_1+(5-\lambda)x_2-4x_3=2,\\ -2x_1-4x_2+(5-\lambda)x_3=-\lambda-1.\end{cases}$$

解 系数行列式

$$D=\begin{vmatrix}2-\lambda & 2 & -2\\ 2 & 5-\lambda & -4\\ -2 & -4 & 5-\lambda\end{vmatrix}=\begin{vmatrix}2-\lambda & 2 & -2\\ 2 & 5-\lambda & -4\\ 0 & 1-\lambda & 1-\lambda\end{vmatrix}$$

$$=(1-\lambda)\begin{vmatrix}2-\lambda & 4 & -2\\ 2 & 9-\lambda & -4\\ 0 & 0 & 1\end{vmatrix}=(1-\lambda)(\lambda^2-11\lambda+10)$$

$$=-(\lambda-1)^2(\lambda-10).$$

(1) 当 $D\neq0$ 时，即 $\lambda\neq1$ 且 $\lambda\neq10$ 时，方程组有唯一解，即

$$D_1=\begin{vmatrix}1 & 2 & -2\\ 2 & 5-\lambda & -4\\ -\lambda-1 & -4 & 5-\lambda\end{vmatrix}=\begin{vmatrix}1 & 2 & -2\\ 0 & 1-\lambda & 0\\ -\lambda-1 & -4 & 5-\lambda\end{vmatrix}=3\,(1-\lambda)^2,$$

$$D_2=\begin{vmatrix}2-\lambda & 1 & -2\\ 2 & 2 & -4\\ -2 & -\lambda-1 & 5-\lambda\end{vmatrix}=\begin{vmatrix}2-\lambda & 1 & -2\\ 2 & 2 & -4\\ 0 & 1-\lambda & 1-\lambda\end{vmatrix}=6\,(1-\lambda)^2,$$

$$D_3=\begin{vmatrix}2-\lambda & 2 & 1\\ 2 & 5-\lambda & 2\\ -2 & -4 & -\lambda-1\end{vmatrix}=\begin{vmatrix}2-\lambda & 2 & 1\\ 2 & 5-\lambda & 2\\ 0 & 1-\lambda & 1-\lambda\end{vmatrix}=-(\lambda-1)^2(\lambda-4),$$

所以

$$x_1=\frac{D_1}{D}=\frac{3}{10-\lambda},\quad x_2=\frac{D_2}{D}=\frac{6}{10-\lambda},\quad x_3=\frac{D_3}{D}=\frac{\lambda-4}{\lambda-10}.$$

(2) 当 $\lambda=1$ 时，

$$\bar{\boldsymbol{A}}=\begin{pmatrix}1 & 2 & -2 & 1\\ 2 & 4 & -4 & 2\\ -2 & -4 & 4 & -2\end{pmatrix}\to\begin{pmatrix}1 & 2 & -2 & 1\\ 0 & 0 & 0 & 0\\ 0 & 0 & 0 & 0\end{pmatrix},$$

同解方程组：

$$x_1=1-2x_2+2x_3\quad (x_2,x_3\ \text{为自由未知量}).$$

取 $x_2=x_3=0$，得一特解为

$$\boldsymbol{\eta}_0^*=(1,0,0)^{\mathrm{T}},$$

对应的齐次线性方程组为

$$x_1=-2x_2+2x_3\quad (x_2,x_3\ \text{为自由未知量}),$$

取 $(x_2,x_3)^{\mathrm{T}}=(1,0)^{\mathrm{T}}$ 和 $(0,1)^{\mathrm{T}}$，得一基础解系为

$$\boldsymbol{\xi}_1=(-2,1,0)^{\mathrm{T}},\quad \boldsymbol{\xi}_2=(2,0,1)^{\mathrm{T}}.$$

所以，通解为

$$\boldsymbol{\eta}=\boldsymbol{\eta}^*+k_1\boldsymbol{\xi}_1+k_2\boldsymbol{\xi}_2\quad (k_1,k_2\ \text{为任意常数}).$$

(3) 当 $\lambda=10$ 时，

$$\bar{\mathbf{A}}=\begin{pmatrix}-8 & 2 & -2 & 1\\ 2 & -5 & -4 & 2\\ -2 & -4 & -5 & -11\end{pmatrix}\to\begin{pmatrix}2 & -5 & -4 & 2\\ 0 & -9 & -9 & -9\\ 0 & 0 & 0 & 27\end{pmatrix},$$

因为 $R(\mathbf{A})\neq R(\bar{\mathbf{A}})$，所以此时无解.

例 8　设四元非齐次线性方程组的系数矩阵的秩为 3，$\boldsymbol{\alpha}_1,\boldsymbol{\alpha}_2,\boldsymbol{\alpha}_3$ 是它的 3 个解向量，且 $\boldsymbol{\alpha}_1+2\boldsymbol{\alpha}_2=\begin{pmatrix}1\\0\\3\\1\end{pmatrix}$，$\boldsymbol{\alpha}_3=\begin{pmatrix}2\\1\\3\\0\end{pmatrix}$，求该方程组的通解.

例题讲解

解　因为该四元非齐次线性方程组的系数矩阵的秩为 3，所以由定理 3 知它所对应的齐次线性方程组的基础解系含有一个解向量. 又因为 $\boldsymbol{\alpha}_1,\boldsymbol{\alpha}_2,\boldsymbol{\alpha}_3$ 是方程组的 3 个解向量，所以 $\boldsymbol{\alpha}_3-\boldsymbol{\alpha}_1$ 和 $\boldsymbol{\alpha}_3-\boldsymbol{\alpha}_2$ 都是它所对应的齐次线性方程组的解向量，因此

$$(\boldsymbol{\alpha}_3-\boldsymbol{\alpha}_1)+2(\boldsymbol{\alpha}_3-\boldsymbol{\alpha}_2)=3\boldsymbol{\alpha}_3-(\boldsymbol{\alpha}_1+2\boldsymbol{\alpha}_2)=3\begin{pmatrix}2\\1\\3\\0\end{pmatrix}-\begin{pmatrix}1\\0\\3\\1\end{pmatrix}=\begin{pmatrix}5\\3\\6\\-1\end{pmatrix}=\boldsymbol{\xi}$$

是它所对应的齐次线性方程组的非零解向量，从而是一个基础解系，因此，该方程组的通解为

$$\boldsymbol{\eta}=\boldsymbol{\alpha}_3+k\boldsymbol{\xi}\quad(k\text{ 为任意常数}).$$

习　题　4

(A)

1. 求下列齐次线性方程组的一个基础解系：

(1) $\begin{cases}x_1+x_2+2x_3-x_4=0,\\ 2x_1+x_2+x_3-x_4=0,\\ 2x_1+2x_2+x_3+2x_4=0;\end{cases}$

(2) $\begin{cases}x_1+2x_2+x_3-x_4=0,\\ 3x_1+6x_2-x_3-3x_4=0,\\ 5x_1+10x_2+x_3-5x_4=0;\end{cases}$

(3) $\begin{cases}2x_1+3x_2-x_3+5x_4=0,\\ 3x_1+x_2+2x_3-7x_4=0,\\ 4x_1+x_2-3x_3+6x_4=0,\\ x_1-2x_2+4x_3-7x_4=0;\end{cases}$

(4) $\begin{cases}3x_1+4x_2-5x_3+7x_4=0,\\ 2x_1-3x_2+3x_3-2x_4=0,\\ 4x_1+11x_2-13x_3+16x_4=0,\\ 7x_1-2x_2+x_3+3x_4=0.\end{cases}$

2. 求解下列非齐次线性方程组：

(1) $\begin{cases}4x_1+2x_2-x_3=2,\\3x_1-x_2+2x_3=10,\\11x_1+3x_2=8;\end{cases}$　　(2) $\begin{cases}2x+y-z+w=1,\\4x+2y-2z+w=2,\\2x+2y-z=1;\end{cases}$

(3) $\begin{cases}2x+y-z+w=1,\\3x-2y+z-3w=4,\\x+4y-3z+5w=-2;\end{cases}$　　(4) $\begin{cases}2x+3y+z=4,\\x-2y+4z=-5,\\3x+8y-2z=13,\\4x-y+9z=-6.\end{cases}$

3. 求 λ 取何值时，非齐次线性方程组

$$\begin{cases}\lambda x_1+x_2+x_3=1,\\x_1+\lambda x_2+x_3=\lambda,\\x_1+x_2+\lambda x_3=\lambda^2\end{cases}$$

(1)有唯一解；(2)无解；(3)有无穷多解？并在有解时求解.

4. 设四元非齐次线性方程组的系数矩阵的秩为 3，已知 $\boldsymbol{\eta}_1,\boldsymbol{\eta}_2,\boldsymbol{\eta}_3$ 是它的三个解向量，且

$$\boldsymbol{\eta}_1=\begin{pmatrix}2\\3\\4\\5\end{pmatrix},\quad \boldsymbol{\eta}_2+\boldsymbol{\eta}_3=\begin{pmatrix}1\\2\\3\\4\end{pmatrix},$$

求该方程组的通解.

5. 已知非齐次线性方程组

$$\begin{cases}-2x_1+x_2+x_3=-2,\\x_1-2x_2+x_3=\lambda,\\x_1+x_2-2x_3=\lambda^2,\end{cases}$$

讨论当 λ 取何值时有解？并求出它的全部解.

6. 已知线性方程组

$$\begin{cases}x_1+x_2-2x_3+3x_4=0,\\2x_1+x_2-6x_3+4x_4=-1,\\3x_1+2x_2+kx_3+7x_4=-1,\\x_1-x_2-6x_3-x_4=t,\end{cases}$$

讨论参数 k,t 取何值时，方程组有解、无解；当有解时，求其通解.

7. 设四元非齐次线性方程组的系数矩阵的秩为 3，已知 $\boldsymbol{\eta}_1,\boldsymbol{\eta}_2,\boldsymbol{\eta}_3$ 是它的三个解向量，且

$$\boldsymbol{\eta}_1+\boldsymbol{\eta}_2=\begin{pmatrix}1\\1\\2\\3\end{pmatrix},\quad \boldsymbol{\eta}_2+\boldsymbol{\eta}_3=\begin{pmatrix}1\\0\\3\\1\end{pmatrix},$$

求该方程组的通解.

8. 设 $\boldsymbol{A}=\begin{pmatrix}1&2&1&2\\0&1&k&k\\1&k&0&1\end{pmatrix}$,且齐次线性方程组 $\boldsymbol{AX}=\boldsymbol{0}$的基础解系中含有 2 个解向量,求方程组 $\boldsymbol{AX}=\boldsymbol{0}$ 的通解.

(B)

1. 设三元非齐次线性方程组的系数矩阵的秩为 1,已知 $\boldsymbol{\eta}_1,\boldsymbol{\eta}_2,\boldsymbol{\eta}_3$ 是它的三个解向量,且

$$\boldsymbol{\eta}_1+\boldsymbol{\eta}_2=\begin{pmatrix}1\\2\\3\end{pmatrix},\quad \boldsymbol{\eta}_2+\boldsymbol{\eta}_3=\begin{pmatrix}1\\1\\1\end{pmatrix},\quad \boldsymbol{\eta}_3+\boldsymbol{\eta}_1=\begin{pmatrix}1\\0\\2\end{pmatrix},$$

求该方程组的通解.

2. 设 $\boldsymbol{\eta}^*$ 是非齐次线性方程组 $\boldsymbol{AX}=\boldsymbol{\beta}$ 的一个解,$\boldsymbol{\xi}_1,\boldsymbol{\xi}_2,\cdots,\boldsymbol{\xi}_{n-r}$是对应的齐次线性方程组的一个基础解系. 证明:

(1) $\boldsymbol{\eta}^*,\boldsymbol{\xi}_1,\cdots,\boldsymbol{\xi}_{n-r}$线性无关;

(2) $\boldsymbol{\eta}^*,\boldsymbol{\eta}^*+\boldsymbol{\xi}_1,\cdots,\boldsymbol{\eta}^*+\boldsymbol{\xi}_{n-r}$线性无关.

3. 设 $\boldsymbol{\eta}_1,\boldsymbol{\eta}_2,\cdots,\boldsymbol{\eta}_s$ 是非齐次线性方程组 $\boldsymbol{AX}=\boldsymbol{\beta}$ 的 s 个解,$k_1,k_2,\cdots,k_s$ 为实数且满足 $k_1+k_2+\cdots+k_s=1$. 证明:$\boldsymbol{\eta}=k_1\boldsymbol{\eta}_1+k_2\boldsymbol{\eta}_2+\cdots+k_s\boldsymbol{\eta}_s$ 也是它的解.

4. 设非齐次线性方程组 $\boldsymbol{AX}=\boldsymbol{\beta}$ 的系数矩阵的秩为 r,$\boldsymbol{\eta}_1,\boldsymbol{\eta}_2,\cdots,\boldsymbol{\eta}_{n-r+1}$是它的 $n-r+1$ 个线性无关的解,试证它的任一解均可表示为 $\boldsymbol{\eta}=k_1\boldsymbol{\eta}_1+k_2\boldsymbol{\eta}_2+\cdots+k_{n-r+1}\boldsymbol{\eta}_{n-r+1}$(其中 $k_1+k_2+\cdots+k_{n-r+1}=1$).

5. 问 a,b 取何值时,下列线性方程组有唯一解、无穷多解或无解?

$$\begin{cases}ax_1+x_2+x_3=4,\\x_1+bx_2+x_3=3,\\x_1+2bx_2+x_3=4.\end{cases}$$

6. 解下列线性方程组:

$$\begin{cases}3ax_1+(2a+1)x_2+(a+1)x_3=a,\\(2a-1)x_1+(2a-1)x_2+(a-2)x_3=a+1,\\(4a-1)x_1+3ax_2+2ax_3=1.\end{cases}$$

7. 已知 $\boldsymbol{\alpha}_1=(1,0,2,3)^{\mathrm{T}}$，$\boldsymbol{\alpha}_2=(1,1,3,5)^{\mathrm{T}}$，$\boldsymbol{\alpha}_3=(1,-1,a+2,1)^{\mathrm{T}}$，$\boldsymbol{\alpha}_4=(1,2,4a+8)^{\mathrm{T}}$，$\boldsymbol{\beta}=(1,1,b+3,5)^{\mathrm{T}}$.

(1) a,b 取何值时，$\boldsymbol{\beta}$ 不能表示成 $\boldsymbol{\alpha}_1,\boldsymbol{\alpha}_2,\boldsymbol{\alpha}_3,\boldsymbol{\alpha}_4$ 的线性组合？

(2) a,b 取何值时，$\boldsymbol{\beta}$ 可由 $\boldsymbol{\alpha}_1,\boldsymbol{\alpha}_2,\boldsymbol{\alpha}_3,\boldsymbol{\alpha}_4$ 唯一线性表示？写出该表达式.

8. 设齐次线性方程组 $\boldsymbol{AX}=\boldsymbol{0}$ 有非零解，$\boldsymbol{A}=\begin{pmatrix}1&2&3\\2&t&1\\-1&3&2\\-2&1&-1\end{pmatrix}$ 则 $t=$(　　).

A. 2.　　B. -1.　　C. 3.　　D. 4.

9. 设 $\boldsymbol{A}$ 为 n 阶实矩阵，$\boldsymbol{A}^{\mathrm{T}}$ 是 $\boldsymbol{A}$ 的转置矩阵，则对于线性方程组：$\boldsymbol{AX}=\boldsymbol{0}$(Ⅰ)和 $\boldsymbol{A}^{\mathrm{T}}\boldsymbol{AX}=\boldsymbol{0}$(Ⅱ)，必有(　　).

A. (Ⅱ)的解是(Ⅰ)的解，(Ⅰ)的解也是(Ⅱ)的解.

B. (Ⅱ)的解是(Ⅰ)的解，(Ⅰ)的解不是(Ⅱ)的解.

C. (Ⅱ)的解不是(Ⅰ)的解，(Ⅰ)的解也不是(Ⅱ)的解.

D. (Ⅰ)的解是(Ⅱ)的解，(Ⅱ)的解不是(Ⅰ)的解.

10. 设 $\boldsymbol{A}$ 为 $m\times n$ 矩阵，$\boldsymbol{B}$ 为 $n\times m$ 矩阵，则线性方程组 $(\boldsymbol{AB})\boldsymbol{X}=\boldsymbol{0}$(　　).

A. 当 $n>m$ 时仅有零解.

B. 当 $n>m$ 时必有非零解.

C. 当 $m>n$ 时仅有零解.

D. 当 $m>n$ 时必有非零解.

11. 齐次线性方程组 $\boldsymbol{A}_{m\times n}\boldsymbol{X}=\boldsymbol{0}$ 有唯一零解的充要条件是(　　).

A. 系数矩阵 $\boldsymbol{A}$ 的行向量组线性无关.

B. 系数矩阵 $\boldsymbol{A}$ 的列向量组线性无关.

C. 系数矩阵 $\boldsymbol{A}$ 的行向量组线性相关.

D. 系数矩阵 $\boldsymbol{A}$ 的列向量组线性相关.

阅读材料 4　无解线性方程组的最小二乘解

当线性方程组

$$\begin{cases}a_{11}x_1+a_{12}x_2+\cdots+a_{1n}x_n=b_1,\\a_{21}x_1+a_{22}x_2+\cdots+a_{2n}x_n=b_2,\\\cdots\cdots\\a_{m1}x_1+a_{m2}x_2+\cdots+a_{mn}x_n=b_m\end{cases}\tag{1}$$

无解时，即对任意一组数 $x_1,x_2,\cdots,x_n$，

$$\begin{cases} a_{11}x_1+a_{12}x_2+\cdots+a_{1n}x_n-b_1=0, \\ a_{21}x_1+a_{22}x_2+\cdots+a_{2n}x_n-b_2=0, \\ \qquad\cdots\cdots \\ a_{m1}x_1+a_{m2}x_2+\cdots+a_{mn}x_n-b_m=0 \end{cases} \tag{1'}$$

不同时成立.

求方程组(1)的近似解,就是求一组数 $x_1,x_2,\cdots,x_n$ 使方程组(1′)中左边每个式子尽量接近零. 所谓方程组(1)的最小二乘解,就是求一组数 $x_1,x_2,\cdots,x_n$ 使得

$$\sum_{i=1}^{m}(a_{i1}x_1+a_{i2}x_2+\cdots+a_{in}x_n-b_i)^2 \tag{2}$$

最小. 下面我们给出最小二乘解的具体求法. 令

$$\boldsymbol{A}=\begin{pmatrix} a_{11} & a_{12} & \cdots & a_{1n} \\ a_{21} & a_{22} & \cdots & a_{2n} \\ \vdots & \vdots & & \vdots \\ a_{m1} & a_{m2} & \cdots & a_{mn} \end{pmatrix},\quad \boldsymbol{X}=\begin{pmatrix} x_1 \\ x_2 \\ \vdots \\ x_n \end{pmatrix},\quad \boldsymbol{B}=\begin{pmatrix} b_1 \\ b_2 \\ \vdots \\ b_m \end{pmatrix},\quad \boldsymbol{Y}=\begin{pmatrix} \sum\limits_{j=1}^{n}a_{1j}x_j \\ \sum\limits_{j=1}^{n}a_{2j}x_j \\ \vdots \\ \sum\limits_{j=1}^{n}a_{mj}x_j \end{pmatrix}=\boldsymbol{AX}.$$

设 $\boldsymbol{A}$ 的列向量分别为 $\boldsymbol{\alpha}_1,\boldsymbol{\alpha}_2,\cdots,\boldsymbol{\alpha}_n$,即 $\boldsymbol{A}=(\boldsymbol{\alpha}_1,\boldsymbol{\alpha}_2,\cdots,\boldsymbol{\alpha}_n)$,则

$$\boldsymbol{Y}=\boldsymbol{AX}=(\boldsymbol{\alpha}_1,\boldsymbol{\alpha}_2,\cdots,\boldsymbol{\alpha}_n)\begin{pmatrix} x_1 \\ x_2 \\ \vdots \\ x_n \end{pmatrix}=x_1\boldsymbol{\alpha}_1+x_2\boldsymbol{\alpha}_2+\cdots+x_n\boldsymbol{\alpha}_n,$$

这表明,$\boldsymbol{Y}$ 是 $\boldsymbol{\alpha}_1,\boldsymbol{\alpha}_2,\cdots,\boldsymbol{\alpha}_n$ 生成的子空间 $L(\boldsymbol{\alpha}_1,\boldsymbol{\alpha}_2,\cdots,\boldsymbol{\alpha}_n)$ 中的向量,(2)式就是向量 $\boldsymbol{Y}-\boldsymbol{B}$ 长度的平方,即

$$\sum_{i=1}^{m}(a_{i1}x_1+a_{i2}x_2+\cdots+a_{in}x_n-b_i)^2=|\boldsymbol{Y}-\boldsymbol{B}|^2.$$

因此,求方程组(1)的最小二乘解 $\boldsymbol{X}$,就是在 $L(\boldsymbol{\alpha}_1,\boldsymbol{\alpha}_2,\cdots,\boldsymbol{\alpha}_n)$ 中求一向量 $\boldsymbol{Y}=\boldsymbol{AX}$,使得向量 $\boldsymbol{B}$ 到 $\boldsymbol{Y}$ 的距离比到 $L(\boldsymbol{\alpha}_1,\boldsymbol{\alpha}_2,\cdots,\boldsymbol{\alpha}_n)$ 中任意向量的距离都短,即向量 $\boldsymbol{Y}-\boldsymbol{B}$ 垂直于子空间 $L(\boldsymbol{\alpha}_1,\boldsymbol{\alpha}_2,\cdots,\boldsymbol{\alpha}_n)$,所以 $\boldsymbol{Y}-\boldsymbol{B}$ 必须与 $L(\boldsymbol{\alpha}_1,\boldsymbol{\alpha}_2,\cdots,\boldsymbol{\alpha}_n)$ 的每个生成元 $\boldsymbol{\alpha}_1,\boldsymbol{\alpha}_2,\cdots,\boldsymbol{\alpha}_n$ 都正交,即与 $\boldsymbol{A}$ 的每个列向量都正交,从而与 $\boldsymbol{A}$ 正交. 于是有 $\boldsymbol{A}^{\mathrm{T}}(\boldsymbol{Y}-\boldsymbol{B})=\boldsymbol{0}$,即 $\boldsymbol{A}^{\mathrm{T}}(\boldsymbol{AX}-\boldsymbol{B})=\boldsymbol{0}$,或者表示为 $\boldsymbol{A}^{\mathrm{T}}\boldsymbol{AX}=\boldsymbol{A}^{\mathrm{T}}\boldsymbol{B}$.

这就是方程组(1)的最小二乘解所满足的线性方程组,它的系数矩阵是 $\boldsymbol{A}^{\mathrm{T}}\boldsymbol{A}$,常数项是 $\boldsymbol{A}^{\mathrm{T}}\boldsymbol{B}$. 可以证明该线性方程组必定有解.

例 1　求下面的线性方程组的最小二乘解:

$$\begin{cases} x_1+x_2+x_3=1, \\ 2x_1+x_3=0, \\ x_1-x_2=1. \end{cases}$$

解　因为

$$\boldsymbol{A}=\begin{pmatrix} 1 & 1 & 1 \\ 2 & 0 & 1 \\ 1 & -1 & 0 \end{pmatrix},\quad \boldsymbol{B}=\begin{pmatrix} 1 \\ 0 \\ 1 \end{pmatrix},$$

所以

$$\boldsymbol{A}^{\mathrm{T}}\boldsymbol{A}=\begin{pmatrix} 6 & 0 & 3 \\ 0 & 2 & 1 \\ 3 & 1 & 2 \end{pmatrix},\quad \boldsymbol{A}^{\mathrm{T}}\boldsymbol{B}=\begin{pmatrix} 2 \\ 0 \\ 1 \end{pmatrix}.$$

求解线性方程组 $\boldsymbol{A}^{\mathrm{T}}\boldsymbol{A}\boldsymbol{X}=\boldsymbol{A}^{\mathrm{T}}\boldsymbol{B}$,将增广矩阵进行初等行变换

$$\begin{pmatrix} 6 & 0 & 3 & 2 \\ 0 & 2 & 1 & 0 \\ 3 & 1 & 2 & 1 \end{pmatrix} \to \begin{pmatrix} 3 & 1 & 2 & 1 \\ 0 & 2 & 1 & 0 \\ 0 & -2 & -1 & 0 \end{pmatrix} \to \begin{pmatrix} 3 & -3 & 0 & 1 \\ 0 & 2 & 1 & 0 \\ 0 & 0 & 0 & 0 \end{pmatrix},$$

所以其一般解为

$$\begin{cases} x_1=\dfrac{1}{3}+x_2, \\ x_3=-2x_2, \end{cases}$$

如取 $x_2=1$,得一组具体的最小二乘解:$\left(\dfrac{4}{3},1,-2\right)^{\mathrm{T}}$.

例 2　已知某产品在生产过程中的废品率 y 与其中的某种原材料所占百分比 x 有关,下表给出了 7 次试验结果.

$y/\%$	1.00	0.90	0.90	0.81	0.60	0.56	0.35
$x/\%$	3.6	3.7	3.8	3.9	4.0	4.1	4.2

试通过这些数据确定 y 与 x 的一个近似函数关系式.

解　表中的数据所对应平面上的点近似地在一条直线上,因此我们有理由决定取 x 的线性函数 $y=ax+b$ 来表达. 就是说,要选择适当的 a,b,尽量满足以下各式:

$$\begin{aligned} &3.6a+b=1.00, \\ &3.7a+b=0.90, \\ &3.8a+b=0.90, \\ &3.9a+b=0.81, \\ &4.0a+b=0.60, \end{aligned}$$

$$4.1a+b=0.56,$$

$$4.2a+b=0.35,$$

这就是一个求关于 a,b 的线性方程组的最小二乘解的问题.

因为

$$\boldsymbol{A}=\begin{pmatrix}3.6 & 1\\ 3.7 & 1\\ 3.8 & 1\\ 3.9 & 1\\ 4.0 & 1\\ 4.1 & 1\\ 4.2 & 1\end{pmatrix},\quad \boldsymbol{B}=\begin{pmatrix}1.00\\ 0.90\\ 0.90\\ 0.81\\ 0.60\\ 0.56\\ 0.35\end{pmatrix},\quad \boldsymbol{A}^{\mathrm{T}}\boldsymbol{A}=\begin{pmatrix}106.75 & 27.3\\ 27.3 & 7\end{pmatrix},\quad \boldsymbol{A}^{\mathrm{T}}\boldsymbol{B}=\begin{pmatrix}19.675\\ 5.12\end{pmatrix},$$

所以解线性方程组

$$\boldsymbol{A}^{\mathrm{T}}\boldsymbol{A}\begin{pmatrix}a\\ b\end{pmatrix}=\boldsymbol{A}^{\mathrm{T}}\boldsymbol{B},$$

得

$$\begin{cases}a=-1.05,\\ b=4.81\end{cases}\quad(\text{取三位有效数字}),$$

从而得 x 与 y 的近似线性关系为

$$y=-1.05x+4.81.$$

第五章　方阵的特征值和特征向量

特征值和特征向量是线性代数中的两个重要概念，它不仅在理论上很重要，而且也可直接用来解决实际问题，如工程技术中的振动问题和稳定性问题，都往往归结为求一个方阵的特征值和特征向量的问题.

5.1　方阵的特征值和特征向量的定义与求法

一、定义和基本性质

特征值与特征向量的定义　　特征值的性质

定义 1　设 $\boldsymbol{A}$ 是 n 阶方阵，如果数 λ 和 n 维非零向量 $\boldsymbol{\alpha}$ 使关系式

$$\boldsymbol{A}\boldsymbol{\alpha}=\lambda\boldsymbol{\alpha} \tag{1}$$

成立，那么，这样的数 λ 称为方阵 $\boldsymbol{A}$ 的特征值，非零向量 $\boldsymbol{\alpha}$ 称为 $\boldsymbol{A}$ 的对应于特征值 λ 的特征向量. 特征值也叫特征根.

首先学习特征值与特征向量的基本性质.

性质 1　若 $\boldsymbol{\xi}$ 是方阵 $\boldsymbol{A}$ 的对应于特征值 λ 的特征向量，则 $k\boldsymbol{\xi}(k\neq 0)$ 也是 $\boldsymbol{A}$ 的对应于特征值 λ 的特征向量.

证　由于 $\boldsymbol{\xi}\neq\boldsymbol{0}, k\neq 0$，故 $k\boldsymbol{\xi}\neq\boldsymbol{0}$，且因为 $\boldsymbol{A}\boldsymbol{\xi}=\lambda\boldsymbol{\xi}$，所以有

$$\boldsymbol{A}(k\boldsymbol{\xi})=k(\boldsymbol{A}\boldsymbol{\xi})=k(\lambda\boldsymbol{\xi})=\lambda(k\boldsymbol{\xi}).$$

性质 2　矩阵 $\boldsymbol{A}$ 的任一特征向量所对应的特征值是唯一的.

证　设 $\boldsymbol{\xi}\neq\boldsymbol{0}$，满足 $\boldsymbol{A}\boldsymbol{\xi}=\lambda_1\boldsymbol{\xi}, \boldsymbol{A}\boldsymbol{\xi}=\lambda_2\boldsymbol{\xi}$，两式相减得

$$\lambda_1\boldsymbol{\xi}-\lambda_2\boldsymbol{\xi}=\boldsymbol{0}\Rightarrow \left.\begin{array}{c}(\lambda_1-\lambda_2)\boldsymbol{\xi}=\boldsymbol{0}\\ \boldsymbol{\xi}\neq\boldsymbol{0}\end{array}\right\}\Rightarrow\lambda_1-\lambda_2=0\Rightarrow\lambda_1=\lambda_2.$$

性质 3　设 n 阶方阵 $\boldsymbol{A}$ 的全部特征值是 $\lambda_1,\lambda_2,\cdots,\lambda_n$，则

(1) $\lambda_1+\lambda_2+\cdots+\lambda_n=a_{11}+a_{22}+\cdots+a_{nn}=\sum\limits_{i=1}^{n}a_{ii}$；

(2) $\lambda_1\lambda_2\cdots\lambda_n=|\boldsymbol{A}|$.

证明略.

性质 4　若 λ 是 $\boldsymbol{A}$ 的特征值，则 $-\lambda$ 是 $-\boldsymbol{A}$ 的特征值.

证　由 $\boldsymbol{A}\boldsymbol{\xi}=\lambda\boldsymbol{\xi}$，可推出 $(-\boldsymbol{A})\boldsymbol{\xi}=(-\lambda)\boldsymbol{\xi}$.

性质 5　若 λ 是 $\boldsymbol{A}$ 的特征值，则 λ^2 是 $\boldsymbol{A}^2$ 的特征值.

证　由 $\boldsymbol{A}\boldsymbol{\xi}=\lambda\boldsymbol{\xi}$，可得 $\boldsymbol{A}^2\boldsymbol{\xi}=\boldsymbol{A}(\lambda\boldsymbol{\xi})=\lambda(\boldsymbol{A}\boldsymbol{\xi})=\lambda^2\boldsymbol{\xi}$.

性质 6 设 $\boldsymbol{\xi}_1,\boldsymbol{\xi}_2,\cdots,\boldsymbol{\xi}_m$ 是矩阵 $\boldsymbol{A}$ 的 m 个特征向量，它们对应的特征值依次是 $\lambda_1,\lambda_2,\cdots,\lambda_m$，若 $\lambda_1,\lambda_2,\cdots,\lambda_m$ 两两互异，则 $\boldsymbol{\xi}_1,\boldsymbol{\xi}_2,\cdots,\boldsymbol{\xi}_m$ 线性无关.

证 仅证明 $m=2$ 的情形.

设

$$x_1\boldsymbol{\xi}_1+x_2\boldsymbol{\xi}_2=\boldsymbol{0}, \tag{2}$$

两边左乘 $\boldsymbol{A}$ 得到 $\boldsymbol{A}x_1\boldsymbol{\xi}_1+\boldsymbol{A}x_2\boldsymbol{\xi}_2=\boldsymbol{0}$，而 $\boldsymbol{A}\boldsymbol{\xi}_1=\lambda_1\boldsymbol{\xi}_1,\boldsymbol{A}\boldsymbol{\xi}_2=\lambda_2\boldsymbol{\xi}_2$，所以又有

$$\lambda_1x_1\boldsymbol{\xi}_1+\lambda_2x_2\boldsymbol{\xi}_2=\boldsymbol{0}. \tag{3}$$

(3) $-\lambda_2$(2)，得

$$(\lambda_1-\lambda_2)x_1\boldsymbol{\xi}_1=\boldsymbol{0},$$

因为 $\lambda_1-\lambda_2\neq0,\boldsymbol{\xi}_1\neq\boldsymbol{0}$. 所以 $x_1=0$. 再代入(2)式，得 $x_2\boldsymbol{\xi}_2=\boldsymbol{0}$，而 $\boldsymbol{\xi}_2\neq\boldsymbol{0}$，所以又有 $x_2=0$，从而 $\boldsymbol{\xi}_1,\boldsymbol{\xi}_2$ 线性无关.

二、特征值和特征向量的求法

(1) 式也可写成

$$(\boldsymbol{A}-\lambda\boldsymbol{E})\boldsymbol{X}=\boldsymbol{0}, \tag{4}$$

这是 n 个未知数，n 个方程的齐次线性方程组，它有非零解的充分必要条件是系数行列式

$$|\boldsymbol{A}-\lambda\boldsymbol{E}|=0, \tag{5}$$

即

$$\begin{vmatrix} a_{11}-\lambda & a_{12} & \cdots & a_{1n} \\ a_{21} & a_{22}-\lambda & \cdots & a_{2n} \\ \vdots & \vdots & & \vdots \\ a_{n1} & a_{n2} & \cdots & a_{nn}-\lambda \end{vmatrix}=0,$$

上式是以 λ 为未知数的一元 n 次方程，称为方阵 $\boldsymbol{A}$ 的**特征方程**. 其左端 $|\boldsymbol{A}-\lambda\boldsymbol{E}|$ 是 λ 的 n 次多项式，记作 $f_{\boldsymbol{A}}(\lambda)$，称为方阵 $\boldsymbol{A}$ 的**特征多项式**.

由上述讨论可知，求方阵 $\boldsymbol{A}$ 的特征值即是求特征多项式 $|\boldsymbol{A}-\lambda\boldsymbol{E}|$ 的根，也就是求特征方程 $|\boldsymbol{A}-\lambda\boldsymbol{E}|=0$ 的解；求方阵 $\boldsymbol{A}$ 的对应于 λ_0 的特征向量，就是求齐次线性方程组 $(\boldsymbol{A}-\lambda_0\boldsymbol{E})\boldsymbol{X}=\boldsymbol{0}$ 的非零解.

由上述分析，又得到特征值的如下性质.

性质 7 零是方阵 $\boldsymbol{A}$ 的特征值的充分必要条件是 $|\boldsymbol{A}|=0$.

证 $|\boldsymbol{A}|=0\Leftrightarrow\lambda=0$ 是特征方程 $|\boldsymbol{A}-\lambda\boldsymbol{E}|=0$ 的根.

性质 8 若 λ 是可逆矩阵 $\boldsymbol{A}$ 的特征值，则 $\dfrac{1}{\lambda}$ 是 $\boldsymbol{A}^{-1}$ 的特征值.

证 由性质 7 可知当 $\boldsymbol{A}$ 可逆时 $\lambda\neq0$，故由 $\boldsymbol{A}\boldsymbol{\xi}=\lambda\boldsymbol{\xi}$ 可得

$$\boldsymbol{A}^{-1}(\boldsymbol{A}\boldsymbol{\xi})=\boldsymbol{A}^{-1}(\lambda\boldsymbol{\xi}),\quad \boldsymbol{\xi}=\lambda\boldsymbol{A}^{-1}\boldsymbol{\xi},\quad \boldsymbol{A}^{-1}\boldsymbol{\xi}=\frac{1}{\lambda}\boldsymbol{\xi}.$$

性质 9　对角矩阵

$$\boldsymbol{D}=\begin{pmatrix} a_1 & & & \\ & a_2 & & \\ & & \ddots & \\ & & & a_n \end{pmatrix}$$

的全部特征值是 $a_1,a_2,\cdots,a_n$.

证　$\boldsymbol{D}$ 的特征方程

$$|\boldsymbol{D}-\lambda\boldsymbol{E}|=\begin{vmatrix} a_1-\lambda & & & \\ & a_2-\lambda & & \\ & & \ddots & \\ & & & a_n-\lambda \end{vmatrix}$$
$$=(a_1-\lambda)(a_2-\lambda)\cdots(a_n-\lambda)=0,$$

解得 $\lambda_1=a_1,\lambda_2=a_2,\cdots,\lambda_n=a_n$.

若 $\lambda_i(i=1,2,\cdots,n)$ 是 $\boldsymbol{A}$ 的一个特征值，则由

$$(\boldsymbol{A}-\lambda_i\boldsymbol{E})\boldsymbol{X}=\boldsymbol{0},$$

可求得非零解 $\boldsymbol{X}=\boldsymbol{\xi}_i$，那么 $\boldsymbol{\xi}_i$ 便是 $\boldsymbol{A}$ 的对应于特征值 λ_i 的特征向量. 若 λ_i 为实数，则 $\boldsymbol{\xi}_i$ 便是实向量；若 λ_i 是复数，则 $\boldsymbol{\xi}_i$ 为复向量.

例 1　求 $\boldsymbol{A}=\begin{pmatrix} 3 & -1 \\ -1 & 3 \end{pmatrix}$ 的特征值与特征向量.

解　$\boldsymbol{A}$ 的特征方程为 $|\boldsymbol{A}-\lambda\boldsymbol{E}|=0$，即

$$\begin{vmatrix} 3-\lambda & -1 \\ -1 & 3-\lambda \end{vmatrix}=(3-\lambda)^2-1=(4-\lambda)(2-\lambda)=0,$$

所以 $\boldsymbol{A}$ 的特征值为 $\lambda_1=2,\lambda_2=4$.

当 $\lambda_1=2$ 时，解方程组 $(\boldsymbol{A}-2\boldsymbol{E})\boldsymbol{X}=\boldsymbol{0}$，由

$$\boldsymbol{A}-2\boldsymbol{E}=\begin{pmatrix} 1 & -1 \\ -1 & 1 \end{pmatrix}\xrightarrow{r_2+r_1}\begin{pmatrix} 1 & -1 \\ 0 & 0 \end{pmatrix},$$

得基础解系为 $\boldsymbol{\xi}_1=\begin{pmatrix} 1 \\ 1 \end{pmatrix}$，则 $k_1\boldsymbol{\xi}_1(k_1\neq 0)$ 是对应于 $\lambda_1=2$ 的全部特征向量.

当 $\lambda_2=4$ 时，解方程组 $(\boldsymbol{A}-4\boldsymbol{E})\boldsymbol{X}=\boldsymbol{0}$，由

$$\boldsymbol{A}-4\boldsymbol{E}=\begin{pmatrix} -1 & -1 \\ -1 & -1 \end{pmatrix}\xrightarrow{r_2-r_1}\begin{pmatrix} -1 & -1 \\ 0 & 0 \end{pmatrix}\xrightarrow{-r_1}\begin{pmatrix} 1 & 1 \\ 0 & 0 \end{pmatrix},$$

得基础解系 $\boldsymbol{\xi}_2=\begin{pmatrix} 1 \\ -1 \end{pmatrix}$，则 $k_2\boldsymbol{\xi}_2(k_2\neq 0)$ 是对应于 $\lambda_2=4$ 的全部特征向量.

例 2 求矩阵

$$A=\begin{pmatrix}-1&1&0\\-4&3&0\\1&0&2\end{pmatrix}$$

的特征值与特征向量.

解 A 的特征方程为 $|A-\lambda E|=0$,即

$$|A-\lambda E|=\begin{vmatrix}-1-\lambda&1&0\\-4&3-\lambda&0\\1&0&2-\lambda\end{vmatrix}=(2-\lambda)(1-\lambda)^2=0,$$

故 A 的特征值为 $\lambda_1=2,\lambda_2=\lambda_3=1$.

当 $\lambda_1=2$ 时,解方程组 $(A-2E)X=0$,由

$$A-2E=\begin{pmatrix}-3&1&0\\-4&1&0\\1&0&0\end{pmatrix}\xrightarrow[r_2+4r_3]{r_1+3r_3}\begin{pmatrix}0&1&0\\0&1&0\\1&0&0\end{pmatrix}\xrightarrow{r_1\leftrightarrow r_3}\begin{pmatrix}1&0&0\\0&1&0\\0&1&0\end{pmatrix}\xrightarrow{r_3-r_2}\begin{pmatrix}1&0&0\\0&1&0\\0&0&0\end{pmatrix},$$

得基础解系 $\xi_1=\begin{pmatrix}0\\0\\1\end{pmatrix}$,则 $k_1\xi_1(k_1\neq0)$是对应于 $\lambda_1=2$ 的全部特征向量.

当 $\lambda_2=\lambda_3=1$ 时,解方程组 $(A-E)X=0$,由

$$A-E=\begin{pmatrix}-2&1&0\\-4&2&0\\1&0&1\end{pmatrix}\xrightarrow[r_2+4r_3]{r_1+2r_3}\begin{pmatrix}0&1&2\\0&2&4\\1&0&1\end{pmatrix}\xrightarrow{r_2-2r_1}\begin{pmatrix}0&1&2\\0&0&0\\1&0&1\end{pmatrix}\xrightarrow{r_1\leftrightarrow r_3}\begin{pmatrix}1&0&1\\0&0&0\\0&1&2\end{pmatrix}$$

$$\xrightarrow{r_2\leftrightarrow r_3}\begin{pmatrix}1&0&1\\0&1&2\\0&0&0\end{pmatrix},$$

得基础解系 $\xi_2=\begin{pmatrix}1\\2\\-1\end{pmatrix}$,则 $k_2\xi_2(k_2\neq0)$是对应于 $\lambda_2=\lambda_3=1$ 的全部特征向量.

例 3 求矩阵 $A=\begin{pmatrix}-2&1&1\\0&2&0\\-4&1&3\end{pmatrix}$的特征值与特征向量.

解 A 的特征方程为 $|A-\lambda E|=0$,即

$$|A-\lambda E|=\begin{vmatrix}-2-\lambda&1&1\\0&2-\lambda&0\\-4&1&3-\lambda\end{vmatrix}=(2-\lambda)\begin{vmatrix}-2-\lambda&1\\-4&3-\lambda\end{vmatrix}$$

$$=(2-\lambda)(\lambda^2-\lambda-2)=-(\lambda+1)(\lambda-2)^2=0,$$

故 A 的特征值为 $\lambda_1=-1,\lambda_2=\lambda_3=2$.

当 $\lambda_1=-1$ 时,解方程组 $(A+E)X=0$,由

$$A+E=\begin{pmatrix}-1&1&1\\0&3&0\\-4&1&4\end{pmatrix}\xrightarrow[\frac{1}{3}r_2]{r_3-4r_1}\begin{pmatrix}-1&1&1\\0&1&0\\0&-3&0\end{pmatrix}$$

$$\xrightarrow[r_3+3r_2]{r_1-r_2}\begin{pmatrix}-1&0&1\\0&1&0\\0&0&0\end{pmatrix}\xrightarrow{(-1)r_1}\begin{pmatrix}1&0&-1\\0&1&0\\0&0&0\end{pmatrix},$$

得基础解系 $\boldsymbol{\xi}_1=\begin{pmatrix}1\\0\\1\end{pmatrix}$，则 $k_1\boldsymbol{\xi}_1(k_1\neq 0)$ 是对应于 $\lambda_1=-1$ 的全部特征向量.

当 $\lambda_2=\lambda_3=2$ 时，解方程组 $(A-2E)X=0$，由

$$A-2E=\begin{pmatrix}-4&1&1\\0&0&0\\-4&1&1\end{pmatrix}\xrightarrow{r_3-r_1}\begin{pmatrix}-4&1&1\\0&0&0\\0&0&0\end{pmatrix}\xrightarrow{r_1\left(-\frac{1}{4}\right)}\begin{pmatrix}1&-\frac{1}{4}&-\frac{1}{4}\\0&0&0\\0&0&0\end{pmatrix},$$

得基础解系 $\boldsymbol{\xi}_2=\begin{pmatrix}1\\4\\0\end{pmatrix}$，$\boldsymbol{\xi}_3=\begin{pmatrix}1\\0\\4\end{pmatrix}$，故对应于 $\lambda_2=\lambda_3=2$ 的全部特征向量为 $k_2\boldsymbol{\xi}_2+k_3\boldsymbol{\xi}_3$ $(k_2,k_3$ 不同时为零).

例 4　求矩阵 $A=\begin{pmatrix}a&0&0\\0&a&0\\0&0&a\end{pmatrix}$ 的特征值与特征向量.

解　因为

$$|A-\lambda E|=\begin{vmatrix}a-\lambda&0&0\\0&a-\lambda&0\\0&0&a-\lambda\end{vmatrix}=(a-\lambda)^3=0,$$

所以 A 的特征值为 $\lambda_1=\lambda_2=\lambda_3=a$.

当 $\lambda=a$ 时，解方程组 $(A-aE)X=0$，因 $A-aE=O$，所以任意 3 个线性无关的 3 维向量都是基础解系，我们取

$$\boldsymbol{\xi}_1=\begin{pmatrix}1\\0\\0\end{pmatrix},\quad \boldsymbol{\xi}_2=\begin{pmatrix}0\\1\\0\end{pmatrix},\quad \boldsymbol{\xi}_3=\begin{pmatrix}0\\0\\1\end{pmatrix},$$

那么 A 的全部特征向量为

$$k_1\boldsymbol{\xi}_1+k_2\boldsymbol{\xi}_2+k_3\boldsymbol{\xi}_3=\begin{pmatrix}k_1\\k_2\\k_3\end{pmatrix}\quad (k_1,k_2,k_3\text{ 不全为零}),$$

即任一非零的 3 维向量都是 A 的特征向量.

5.2 方阵的相似关系和对角化问题

一、相似关系的定义与性质

定义 2 设 $\boldsymbol{A},\boldsymbol{B}$ 是两个 n 阶方阵，若存在可逆方阵 $\boldsymbol{P}$，使 $\boldsymbol{P}^{-1}\boldsymbol{A}\boldsymbol{P}=\boldsymbol{B}$，则称矩阵 $\boldsymbol{A}$ 与 $\boldsymbol{B}$ 相似，对 $\boldsymbol{A}$ 进行运算 $\boldsymbol{P}^{-1}\boldsymbol{A}\boldsymbol{P}$ 称为对 $\boldsymbol{A}$ 进行相似变换，称 $\boldsymbol{P}$ 为相似因子或相似变换矩阵.

性质 10 矩阵的相似关系满足

(1) **反身性** $\boldsymbol{A}$ 相似于 $\boldsymbol{A}$.

(2) **对称性** $\boldsymbol{A}$ 相似于 $\boldsymbol{B}$，则 $\boldsymbol{B}$ 相似于 $\boldsymbol{A}$.

(3) **传递性** $\boldsymbol{A}$ 相似于 $\boldsymbol{B}$，$\boldsymbol{B}$ 相似于 $\boldsymbol{C}$，则 $\boldsymbol{A}$ 相似于 $\boldsymbol{C}$.

可由定义直接验证，证明略.

性质 11 若 $\boldsymbol{A}$ 相似于 $\boldsymbol{B}$，则 (1) $R(\boldsymbol{A})=R(\boldsymbol{B})$；(2) $|\boldsymbol{A}|=|\boldsymbol{B}|$.

证 因为相似变换矩阵可逆，所以结论(1)成立.

(2)
$$\begin{aligned}\boldsymbol{P}^{-1}\boldsymbol{A}\boldsymbol{P}=\boldsymbol{B} &\Rightarrow |\boldsymbol{P}^{-1}\boldsymbol{A}\boldsymbol{P}|=|\boldsymbol{B}|\Rightarrow|\boldsymbol{P}^{-1}|\,|\boldsymbol{A}|\,|\boldsymbol{P}|=|\boldsymbol{B}|\\ &\Rightarrow|\boldsymbol{P}^{-1}|\,|\boldsymbol{P}|\,|\boldsymbol{A}|=|\boldsymbol{B}|\Rightarrow|\boldsymbol{P}^{-1}\boldsymbol{P}|\,|\boldsymbol{A}|=|\boldsymbol{B}|\\ &\Rightarrow|\boldsymbol{E}|\,|\boldsymbol{A}|=|\boldsymbol{B}|\Rightarrow|\boldsymbol{A}|=|\boldsymbol{B}|.\end{aligned}$$

性质 12 如果 $\boldsymbol{A}$ 相似于 $\boldsymbol{B}$，则 $\boldsymbol{A}$ 与 $\boldsymbol{B}$ 有相同的特征多项式，因而有相同的特征值.

证 由于 $\boldsymbol{A}$ 相似于 $\boldsymbol{B}$，则存在可逆矩阵 $\boldsymbol{P}$ 使 $\boldsymbol{P}^{-1}\boldsymbol{A}\boldsymbol{P}=\boldsymbol{B}$，故

$$\begin{aligned}|\boldsymbol{B}-\lambda\boldsymbol{E}|&=|\boldsymbol{P}^{-1}\boldsymbol{A}\boldsymbol{P}-\lambda\boldsymbol{E}|=|\boldsymbol{P}^{-1}\boldsymbol{A}\boldsymbol{P}-\boldsymbol{P}^{-1}(\lambda\boldsymbol{E})\boldsymbol{P}|=|\boldsymbol{P}^{-1}(\boldsymbol{A}-\lambda\boldsymbol{E})\boldsymbol{P}|\\&=|\boldsymbol{P}^{-1}|\,|\boldsymbol{A}-\lambda\boldsymbol{E}|\,|\boldsymbol{P}|=|\boldsymbol{A}-\lambda\boldsymbol{E}|.\end{aligned}$$

推论 1 如果矩阵 $\boldsymbol{A}$ 相似于一个对角矩阵 $\boldsymbol{D}$，则对角矩阵 $\boldsymbol{D}$ 的主对角线上的元素就是 $\boldsymbol{A}$ 的全部特征值，即若

$$\boldsymbol{D}=\begin{pmatrix}\lambda_1 & 0 & \cdots & 0\\ 0 & \lambda_2 & \cdots & 0\\ \vdots & \vdots & & \vdots\\ 0 & 0 & \cdots & \lambda_n\end{pmatrix}$$

与 $\boldsymbol{A}$ 相似，则 $\lambda_i(i=1,2,\cdots,n)$ 为 $\boldsymbol{A}$ 的全体特征值.

二、相似对角化及其应用

若方阵 $\boldsymbol{A}$ 相似于对角矩阵 $\boldsymbol{D}$，则称方阵 $\boldsymbol{A}$ 可相似对角化.

相似对角化的充要条件

定理 1 n 阶方阵 $\boldsymbol{A}$ 相似于一个对角矩阵 $\boldsymbol{D}$ 的充分必要条件是 $\boldsymbol{A}$ 有 n 个线性无关的特征向量.

证　先证充分性.

设 $\boldsymbol{A}$ 的 n 个特征向量 $\boldsymbol{\xi}_1,\boldsymbol{\xi}_2,\cdots,\boldsymbol{\xi}_n$ 线性无关,它们对应的特征值依次是 $\lambda_1,\lambda_2,\cdots,\lambda_n$,即

$$\boldsymbol{A\xi}_1=\lambda_1\boldsymbol{\xi}_1,\quad \boldsymbol{A\xi}_2=\lambda_2\boldsymbol{\xi}_2,\quad \cdots,\quad \boldsymbol{A\xi}_n=\lambda_n\boldsymbol{\xi}_n,$$

所以有

$$\boldsymbol{A}(\boldsymbol{\xi}_1,\boldsymbol{\xi}_2,\cdots,\boldsymbol{\xi}_n)=(\lambda_1\boldsymbol{\xi}_1,\lambda_2\boldsymbol{\xi}_2,\cdots,\lambda_n\boldsymbol{\xi}_n),$$

记矩阵

$$\boldsymbol{P}=(\boldsymbol{\xi}_1,\boldsymbol{\xi}_2,\cdots,\boldsymbol{\xi}_n),\quad \boldsymbol{D}=\begin{pmatrix}\lambda_1&&&\\&\lambda_2&&\\&&\ddots&\\&&&\lambda_n\end{pmatrix},$$

则 $\boldsymbol{P}$ 可逆,且 $\boldsymbol{AP}=\boldsymbol{PD}$,故 $\boldsymbol{P}^{-1}\boldsymbol{AP}=\boldsymbol{D}$.

再证必要性.

设 $\boldsymbol{A}$ 相似于对角矩阵

$$\boldsymbol{D}=\begin{pmatrix}d_1&&&\\&d_2&&\\&&\ddots&\\&&&d_n\end{pmatrix},$$

即存在可逆矩阵 $\boldsymbol{B}$,使得

$$\boldsymbol{B}^{-1}\boldsymbol{AB}=\boldsymbol{D}.$$

记 $\boldsymbol{B}=(\boldsymbol{\eta}_1,\boldsymbol{\eta}_2,\cdots,\boldsymbol{\eta}_n)$,我们有

$$\begin{aligned}\boldsymbol{B}^{-1}\boldsymbol{AB}=\boldsymbol{D}&\Rightarrow\boldsymbol{AB}=\boldsymbol{BD}\Rightarrow\boldsymbol{A}(\boldsymbol{\eta}_1,\boldsymbol{\eta}_2,\cdots,\boldsymbol{\eta}_n)=(d_1\boldsymbol{\eta}_1,d_2\boldsymbol{\eta}_2,\cdots,d_n\boldsymbol{\eta}_n)\\&\Rightarrow\boldsymbol{A\eta}_1=d_1\boldsymbol{\eta}_1,\boldsymbol{A\eta}_2=d_2\boldsymbol{\eta}_2,\cdots,\boldsymbol{A\eta}_n=d_n\boldsymbol{\eta}_n.\end{aligned}$$

由矩阵 $\boldsymbol{B}$ 可逆知,$\boldsymbol{\eta}_1,\boldsymbol{\eta}_2,\cdots,\boldsymbol{\eta}_n$ 都是非零向量,故其都是 $\boldsymbol{A}$ 的特征向量,又因为矩阵 $\boldsymbol{B}$ 可逆,所以 $\boldsymbol{\eta}_1,\boldsymbol{\eta}_2,\cdots,\boldsymbol{\eta}_n$ 线性无关.

推论 2　如果 n 阶方阵 $\boldsymbol{A}$ 的特征值 $\lambda_1,\lambda_2,\cdots,\lambda_n$ 互不相同,则 $\boldsymbol{A}$ 相似于一个对角矩阵

$$\boldsymbol{D}=\begin{pmatrix}\lambda_1&&&\\&\lambda_2&&\\&&\ddots&\\&&&\lambda_n\end{pmatrix}.$$

以下是相似对角化的一个直接应用的例子.

例 5　设 $\boldsymbol{A}=\begin{pmatrix}3&2\\3&4\end{pmatrix}$,求 $\boldsymbol{A}^{20}$.

解　由

$$|\boldsymbol{A}-\lambda\boldsymbol{E}|=\begin{vmatrix}3-\lambda & 2\\ 3 & 4-\lambda\end{vmatrix}=(\lambda-1)(\lambda-6)=0,$$

得 $\boldsymbol{A}$ 的两个相异特征值 $\lambda_1=1,\lambda_2=6$,故 $\boldsymbol{A}$ 能相似于对角阵.

与 $\lambda_1=1$ 相应的特征向量为 $\boldsymbol{\xi}_1=(1,-1)^{\mathrm{T}}$,与 $\lambda_2=6$ 相应的特征向量为 $\boldsymbol{\xi}_2=(2,3)^{\mathrm{T}}$.

令 $\boldsymbol{P}=(\boldsymbol{\xi}_1,\boldsymbol{\xi}_2)=\begin{pmatrix}1 & 2\\ -1 & 3\end{pmatrix},\boldsymbol{D}=\begin{pmatrix}1 & 0\\ 0 & 6\end{pmatrix}$,则 $\boldsymbol{P}^{-1}\boldsymbol{AP}=\boldsymbol{D}$,于是

$$\boldsymbol{A}=\boldsymbol{PDP}^{-1},\quad \boldsymbol{A}^2=\boldsymbol{PDP}^{-1}\cdot\boldsymbol{PDP}^{-1}=\boldsymbol{PD}^2\boldsymbol{P}^{-1},$$

类推即得

$$\begin{aligned}\boldsymbol{A}^{20}=\boldsymbol{PD}^{20}\boldsymbol{P}^{-1}&=\begin{pmatrix}1 & 2\\ -1 & 3\end{pmatrix}\begin{pmatrix}1 & 0\\ 0 & 6\end{pmatrix}^{20}\cdot\frac{1}{5}\begin{pmatrix}3 & -2\\ 1 & 1\end{pmatrix}\\ &=\begin{pmatrix}1 & 2\\ -1 & 3\end{pmatrix}\cdot\begin{pmatrix}1^{20} & 0\\ 0 & 6^{20}\end{pmatrix}\cdot\frac{1}{5}\begin{pmatrix}3 & -2\\ 1 & 1\end{pmatrix}\\ &=\frac{1}{5}\begin{pmatrix}1 & 2\cdot 6^{20}\\ -1 & 3\cdot 6^{20}\end{pmatrix}\begin{pmatrix}3 & -2\\ 1 & 1\end{pmatrix}=\frac{1}{5}\begin{pmatrix}3+2\cdot 6^{20} & -2+2\cdot 6^{20}\\ -3+3\cdot 6^{20} & 2+3\cdot 6^{20}\end{pmatrix}.\end{aligned}$$

5.3 实对称矩阵的正交对角化

一、正交矩阵

定义 3 如果 n 阶实方阵 $\boldsymbol{A}$ 满足 $\boldsymbol{A}^{\mathrm{T}}\boldsymbol{A}=\boldsymbol{E}$,则称 $\boldsymbol{A}$ 为**正交矩阵**.

设 $\boldsymbol{A}=(\boldsymbol{\alpha}_1,\boldsymbol{\alpha}_2,\cdots,\boldsymbol{\alpha}_n)$(其中 $\boldsymbol{\alpha}_i$ 为 $\boldsymbol{A}$ 的列向量)是一个正交矩阵,则

$$\boldsymbol{A}^{\mathrm{T}}\boldsymbol{A}=\begin{pmatrix}\boldsymbol{\alpha}_1^{\mathrm{T}}\\ \boldsymbol{\alpha}_2^{\mathrm{T}}\\ \vdots\\ \boldsymbol{\alpha}_n^{\mathrm{T}}\end{pmatrix}(\boldsymbol{\alpha}_1,\boldsymbol{\alpha}_2,\cdots,\boldsymbol{\alpha}_n),$$

所以 $\boldsymbol{\alpha}_i^{\mathrm{T}}\boldsymbol{\alpha}_j=\begin{cases}1, & i=j,\\ 0, & i\neq j.\end{cases}$ 若 $\boldsymbol{A}$ 为正交矩阵,则其列向量组为一组两两正交的单位向量组;反之,若 $\boldsymbol{\alpha}_1,\boldsymbol{\alpha}_2,\cdots,\boldsymbol{\alpha}_n$ 是一组两两正交的单位列向量,则 $\boldsymbol{A}=(\boldsymbol{\alpha}_1,\boldsymbol{\alpha}_2,\cdots,\boldsymbol{\alpha}_n)$ 是一个正交矩阵.

由于 $\boldsymbol{A}^{\mathrm{T}}\boldsymbol{A}=\boldsymbol{E}$,则 $\boldsymbol{AA}^{\mathrm{T}}=\boldsymbol{E}$,同理可得 $\boldsymbol{A}$ 是正交矩阵当且仅当 $\boldsymbol{A}$ 的行向量组也为一组两两正交的单位行向量组.

正交的单位向量组称为标准正交向量组.

用正交矩阵乘以向量我们称对这个向量施行了**正交变换**. 正交变换(正交矩阵)有以下重要性质.

性质 13 正交变换保持向量的内积不变,即设 $\boldsymbol{A}$ 是正交矩阵,则对任意向量

$\boldsymbol{\alpha},\boldsymbol{\beta}$有

$$(\boldsymbol{A\alpha},\boldsymbol{A\beta})=(\boldsymbol{\alpha},\boldsymbol{\beta}).$$

证 $(\boldsymbol{A\alpha},\boldsymbol{A\beta})=(\boldsymbol{A\alpha})^{\mathrm{T}}(\boldsymbol{A\beta})=\boldsymbol{\alpha}^{\mathrm{T}}\boldsymbol{A}^{\mathrm{T}}\boldsymbol{A\beta}=\boldsymbol{\alpha}^{\mathrm{T}}\boldsymbol{E\beta}=\boldsymbol{\alpha}^{\mathrm{T}}\boldsymbol{\beta}=(\boldsymbol{\alpha},\boldsymbol{\beta}).$

因为向量的长度、距离、夹角等几何量都是由内积决定的，所以性质 13 告诉我们，这些几何量不因正交变换而改变. 因此，**正交变换不改变几何图形的大小和形状**.

性质 14 正交变换将标准正交向量组变为标准正交向量组，即设 $\boldsymbol{A}$ 是正交矩阵，如果 $\boldsymbol{\varepsilon}_1,\boldsymbol{\varepsilon}_2,\cdots,\boldsymbol{\varepsilon}_n$ 是标准正交向量组，则 $\boldsymbol{A\varepsilon}_1,\boldsymbol{A\varepsilon}_2,\cdots,\boldsymbol{A\varepsilon}_n$ 也是标准正交向量组.

证 因为 $\boldsymbol{\varepsilon}_1,\boldsymbol{\varepsilon}_2,\cdots,\boldsymbol{\varepsilon}_n$ 是标准正交向量组，所以

$$\boldsymbol{\varepsilon}_i^{\mathrm{T}}\boldsymbol{\varepsilon}_j=\begin{cases}1, & i=j,\\ 0, & i\neq j,\end{cases}$$

而

$$(\boldsymbol{A\varepsilon}_i)^{\mathrm{T}}(\boldsymbol{A\varepsilon}_j)=\boldsymbol{\varepsilon}_i^{\mathrm{T}}(\boldsymbol{A}^{\mathrm{T}}\boldsymbol{A})\boldsymbol{\varepsilon}_j=\boldsymbol{\varepsilon}_i^{\mathrm{T}}\boldsymbol{\varepsilon}_j=\begin{cases}1, & i=j,\\ 0, & i\neq j,\end{cases}$$

故 $\boldsymbol{A\varepsilon}_1,\boldsymbol{A\varepsilon}_2,\cdots,\boldsymbol{A\varepsilon}_n$ 也是标准正交向量组.

二、实对称矩阵的正交对角化

将方阵 $\boldsymbol{A}$ 正交对角化就是求一正交矩阵 $\boldsymbol{U}$ 使 $\boldsymbol{U}^{-1}\boldsymbol{AU}=\boldsymbol{U}^{\mathrm{T}}\boldsymbol{AU}=\boldsymbol{D}$ 是一个对角形矩阵.

在 5.2 节中我们知道，若 n 阶方阵 $\boldsymbol{A}$ 有 n 个线性无关的特征向量 $\boldsymbol{\xi}_1,\boldsymbol{\xi}_2,\cdots,\boldsymbol{\xi}_n$，则 $\boldsymbol{A}$ 相似于一个对角矩阵

$$\boldsymbol{D}=\begin{pmatrix}\lambda_1 & & & \\ & \lambda_2 & & \\ & & \ddots & \\ & & & \lambda_n\end{pmatrix},$$

且 $\boldsymbol{P}^{-1}\boldsymbol{AP}=\boldsymbol{D}$ 中的可逆矩阵 $\boldsymbol{P}=(\boldsymbol{\xi}_1,\boldsymbol{\xi}_2,\cdots,\boldsymbol{\xi}_n)$，$\boldsymbol{D}$ 主对角线上的元素 $\lambda_1,\lambda_2,\cdots,\lambda_n$ 就是 $\boldsymbol{A}$ 的对应于特征向量 $\boldsymbol{\xi}_1,\boldsymbol{\xi}_2,\cdots,\boldsymbol{\xi}_n$ 的特征值. 在这一节，通过学习实对称矩阵的性质之后，对于实对称矩阵我们将会进一步得到：任意一个实对称矩阵都一定能够正交对角化. 我们首先学习实对称矩阵的一些性质.

性质 15 实对称矩阵的特征值为实数.

证 在复数范围内考虑实对称矩阵 $\boldsymbol{A}$ 的任一特征值 λ，设复向量 $\boldsymbol{\alpha}$ 为对应于 λ 的特征向量，则有 $\boldsymbol{A\alpha}=\lambda\boldsymbol{\alpha}(\boldsymbol{\alpha}\neq\boldsymbol{0})$.

设 $\bar{\lambda}$ 是 λ 的共轭复数，$\bar{\boldsymbol{\alpha}}$ 为 $\boldsymbol{\alpha}$ 的共轭复向量，因为 $\boldsymbol{A}$ 是实对称矩阵，所以有

$$\boldsymbol{A}\bar{\boldsymbol{\alpha}}=\bar{\boldsymbol{A}}\bar{\boldsymbol{\alpha}}=\overline{\boldsymbol{A\alpha}}=\overline{\lambda\boldsymbol{\alpha}}=\bar{\lambda}\bar{\boldsymbol{\alpha}},$$

于是

$$\bar{\boldsymbol{\alpha}}^{\mathrm{T}}\boldsymbol{A\alpha}=\bar{\boldsymbol{\alpha}}^{\mathrm{T}}\boldsymbol{A}^{\mathrm{T}}\boldsymbol{\alpha}=(\boldsymbol{A}\bar{\boldsymbol{\alpha}})^{\mathrm{T}}\boldsymbol{\alpha}=(\bar{\lambda}\bar{\boldsymbol{\alpha}})^{\mathrm{T}}\boldsymbol{\alpha}=\bar{\lambda}\,\bar{\boldsymbol{\alpha}}^{\mathrm{T}}\boldsymbol{\alpha},$$

又有

$$\bar{\boldsymbol{\alpha}}^{\mathrm{T}}\boldsymbol{A}\boldsymbol{\alpha}=\bar{\boldsymbol{\alpha}}^{\mathrm{T}}(\boldsymbol{A}\boldsymbol{\alpha})=\bar{\boldsymbol{\alpha}}^{\mathrm{T}}(\lambda\boldsymbol{\alpha})=\lambda\bar{\boldsymbol{\alpha}}^{\mathrm{T}}\boldsymbol{\alpha},$$

两式相减,得

$$(\lambda-\bar{\lambda})\bar{\boldsymbol{\alpha}}^{\mathrm{T}}\boldsymbol{\alpha}=\mathbf{0},$$

由于 $\boldsymbol{\alpha}\neq\mathbf{0}$,所以

$$(\bar{\boldsymbol{\alpha}})^{\mathrm{T}}\boldsymbol{\alpha}=\sum_{i=1}^{n}\overline{a_i}a_i=\sum_{i=1}^{n}|a_i|^2>0,$$

则有 $\lambda-\bar{\lambda}=0$,即 $\lambda=\bar{\lambda}$,所以 λ 必为实数.

由于 λ_i 为实数,所以齐次线性方程组 $(\boldsymbol{A}-\lambda_i\boldsymbol{E})\boldsymbol{X}=\mathbf{0}$ 是实系数方程组,由 $|\boldsymbol{A}-\lambda_i\boldsymbol{E}|=0$ 知必有实的基础解系,即特征向量为实向量.

性质 16 设 λ_1,λ_2 是实对称矩阵 $\boldsymbol{A}$ 的两个特征值,$\boldsymbol{\xi}_1,\boldsymbol{\xi}_2$ 分别为其对应的特征向量,若 $\lambda_1\neq\lambda_2$,则 $\boldsymbol{\xi}_1$ 与 $\boldsymbol{\xi}_2$ 正交.

证 因 $\boldsymbol{A}$ 是对称矩阵,即有 $\boldsymbol{A}^{\mathrm{T}}=\boldsymbol{A}$,故

$$\begin{aligned}\lambda_1(\boldsymbol{\xi}_1,\boldsymbol{\xi}_2)&=(\lambda_1\boldsymbol{\xi}_1)^{\mathrm{T}}\boldsymbol{\xi}_2=(\boldsymbol{A}\boldsymbol{\xi}_1)^{\mathrm{T}}\boldsymbol{\xi}_2=\boldsymbol{\xi}_1^{\mathrm{T}}\boldsymbol{A}^{\mathrm{T}}\boldsymbol{\xi}_2\\&=\boldsymbol{\xi}_1^{\mathrm{T}}\boldsymbol{A}\boldsymbol{\xi}_2=\boldsymbol{\xi}_1^{\mathrm{T}}\lambda_2\boldsymbol{\xi}_2=\lambda_2\boldsymbol{\xi}_1^{\mathrm{T}}\boldsymbol{\xi}_2=\lambda_2(\boldsymbol{\xi}_1,\boldsymbol{\xi}_2),\end{aligned}$$

故有

$$(\lambda_1-\lambda_2)(\boldsymbol{\xi}_1,\boldsymbol{\xi}_2)=0.$$

由 $\lambda_1\neq\lambda_2$,故 $\lambda_1-\lambda_2\neq0$,所以 $(\boldsymbol{\xi}_1,\boldsymbol{\xi}_2)=0$,即 $\boldsymbol{\xi}_1$ 与 $\boldsymbol{\xi}_2$ 正交.

定理 2 设 $\boldsymbol{A}$ 为 n 阶实对称矩阵,则必有正交矩阵 $\boldsymbol{P}$,使

$$\boldsymbol{P}^{-1}\boldsymbol{A}\boldsymbol{P}=\boldsymbol{P}^{\mathrm{T}}\boldsymbol{A}\boldsymbol{P}=\begin{pmatrix}\lambda_1&&&\\&\lambda_2&&\\&&\ddots&\\&&&\lambda_n\end{pmatrix}=\boldsymbol{D}$$

为对角矩阵,其中 $\lambda_1,\lambda_2,\cdots,\lambda_n$ 是 $\boldsymbol{A}$ 的特征值.

我们略去定理的证明而通过例题给出正交矩阵 $\boldsymbol{P}$ 的求法.

例 6 设

$$\boldsymbol{A}=\begin{pmatrix}4&0&0\\0&3&1\\0&1&3\end{pmatrix},$$

求一个正交矩阵 $\boldsymbol{P}$ 和对角形矩阵使 $\boldsymbol{P}^{-1}\boldsymbol{A}\boldsymbol{P}=\boldsymbol{D}$.

解

$$|\boldsymbol{A}-\lambda\boldsymbol{E}|=\begin{vmatrix}4-\lambda&0&0\\0&3-\lambda&1\\0&1&3-\lambda\end{vmatrix}=(2-\lambda)(4-\lambda)^2=0,$$

得特征值 $\lambda_1=2,\lambda_2=\lambda_3=4$.

对于 $\lambda_1=2$,解齐次线性方程组

$$(\boldsymbol{A}-2\boldsymbol{E})\boldsymbol{x}=\begin{pmatrix}2&0&0\\0&1&1\\0&1&1\end{pmatrix}\begin{pmatrix}x_1\\x_2\\x_3\end{pmatrix}=\boldsymbol{0},$$

得一个基础解系 $\boldsymbol{\alpha}=\begin{pmatrix}0\\1\\-1\end{pmatrix}$，单位化得 $\boldsymbol{\gamma}_1=\begin{pmatrix}0\\\frac{1}{\sqrt{2}}\\-\frac{1}{\sqrt{2}}\end{pmatrix}$.

对于 $\lambda_2=\lambda_3=4$，解齐次线性方程组

$$(\boldsymbol{A}-4\boldsymbol{E})\boldsymbol{X}=\begin{pmatrix}0&0&0\\0&-1&1\\0&1&-1\end{pmatrix}\begin{pmatrix}x_1\\x_2\\x_3\end{pmatrix}=\boldsymbol{0},$$

得一个基础解系

$$\boldsymbol{\xi}_1=\begin{pmatrix}1\\1\\1\end{pmatrix},\quad \boldsymbol{\xi}_2=\begin{pmatrix}-1\\1\\1\end{pmatrix},$$

将其正交化得

$$\boldsymbol{\eta}_1=\boldsymbol{\xi}_1,\quad \boldsymbol{\eta}_2=\boldsymbol{\xi}_2-\frac{(\boldsymbol{\eta}_1,\boldsymbol{\xi}_2)}{(\boldsymbol{\eta}_1,\boldsymbol{\eta}_1)}\boldsymbol{\eta}_1=\frac{2}{3}\begin{pmatrix}-2\\1\\1\end{pmatrix},$$

再单位化得

$$\boldsymbol{\gamma}_2=\frac{1}{\|\boldsymbol{\eta}_1\|}\boldsymbol{\eta}_1=\frac{1}{\sqrt{3}}\begin{pmatrix}1\\1\\1\end{pmatrix},\quad \boldsymbol{\gamma}_3=\frac{1}{\|\boldsymbol{\eta}_2\|}\boldsymbol{\eta}_2=\frac{1}{\sqrt{6}}\begin{pmatrix}-2\\1\\1\end{pmatrix}.$$

于是

$$\boldsymbol{P}=(\boldsymbol{\gamma}_1,\boldsymbol{\gamma}_2,\boldsymbol{\gamma}_3)=\begin{pmatrix}0&\frac{1}{\sqrt{3}}&-\frac{2}{\sqrt{6}}\\\frac{1}{\sqrt{2}}&\frac{1}{\sqrt{3}}&\frac{1}{\sqrt{6}}\\-\frac{1}{\sqrt{2}}&\frac{1}{\sqrt{3}}&\frac{1}{\sqrt{6}}\end{pmatrix},\quad \boldsymbol{D}=\begin{pmatrix}2&&\\&4&\\&&4\end{pmatrix},$$

使得 $\boldsymbol{P}^{-1}\boldsymbol{A}\boldsymbol{P}=\boldsymbol{D}$.

总结上例，我们得出对任意实对称矩阵求正交矩阵 $\boldsymbol{P}$ 和对角形矩阵 $\boldsymbol{D}$，使得

$$\boldsymbol{P}^{-1}\boldsymbol{A}\boldsymbol{P}=\boldsymbol{P}^{\mathrm{T}}\boldsymbol{A}\boldsymbol{P}=\boldsymbol{D}$$

为对角形的求法如下：

(1) 求出 $\boldsymbol{A}$ 的 n 个特征根 $\lambda_1,\lambda_2,\cdots,\lambda_n$（其中可能出现重根）；

(2) 对每个互异的特征根求出一组线性无关的特征向量；

(3) 对每组线性无关的特征向量施行施密特正交化(见第二章)、单位化，求出一组正交的单位向量；

(4) 以这些正交的单位向量为列向量就构成正交矩阵 $\boldsymbol{P}$.

事实上，上例中对应于 $\lambda_2=\lambda_3=4$，由

$$\begin{pmatrix}0&0&0\\0&-1&1\\0&1&-1\end{pmatrix}\begin{pmatrix}x_1\\x_2\\x_3\end{pmatrix}=\mathbf{0},$$

得另一基础解系：$\begin{pmatrix}1\\0\\0\end{pmatrix}$，$\begin{pmatrix}0\\1\\1\end{pmatrix}$，基础解系中的两个向量恰好正交，所以只将其单位化即可得到

$$\boldsymbol{\gamma}_2=\begin{pmatrix}1\\0\\0\end{pmatrix},\quad \boldsymbol{\gamma}_3=\begin{pmatrix}0\\\frac{1}{\sqrt{2}}\\\frac{1}{\sqrt{2}}\end{pmatrix},$$

于是得正交矩阵

$$\boldsymbol{P}=(\boldsymbol{\gamma}_1,\boldsymbol{\gamma}_2,\boldsymbol{\gamma}_3)=\begin{pmatrix}0&1&0\\\frac{1}{\sqrt{2}}&0&\frac{1}{\sqrt{2}}\\-\frac{1}{\sqrt{2}}&0&\frac{1}{\sqrt{2}}\end{pmatrix},$$

仍有

$$\boldsymbol{P}^{-1}\boldsymbol{A}\boldsymbol{P}=\boldsymbol{D}=\begin{pmatrix}2&&\\&4&\\&&4\end{pmatrix}.$$

可见，计算量要减少许多. 同时也说明，正交矩阵 $\boldsymbol{P}$ 不唯一.

习 题 5

(A)

1. 求下列矩阵 $\boldsymbol{A}$ 的特征值和特征向量：

(1) $\begin{pmatrix}1&-1\\2&4\end{pmatrix}$； (2) $\begin{pmatrix}1&2&3\\2&1&3\\2&3&5\end{pmatrix}$；

(3) $\begin{pmatrix} 1 & 0 & 1 \\ 0 & 1 & 0 \\ 0 & 2 & 1 \end{pmatrix}$；(4) $\begin{pmatrix} 1 & 1 & 1 & 1 \\ 1 & 1 & -1 & -1 \\ 1 & -1 & 1 & -1 \\ 1 & -1 & -1 & 1 \end{pmatrix}$.

2. 若三阶方阵 $\boldsymbol{A}$ 满足 $|2\boldsymbol{A}+3\boldsymbol{E}|=0$，$|\boldsymbol{A}-\boldsymbol{E}|=0$，$|\boldsymbol{A}|=0$，求 $\boldsymbol{A}$ 的三个特征值.

3. 设 $\boldsymbol{A}=\begin{pmatrix} 4 & a & b \\ a & 3 & 1 \\ b & 1 & 3 \end{pmatrix}$ 不可逆，其中 $a>0$，$b<0$，已知 $\boldsymbol{A}$ 的特征值 $\lambda_1=4$，求 $\boldsymbol{A}$ 的全体特征值.

4. 设 $1,-2,-\dfrac{3}{2}$ 是三阶方阵 $\boldsymbol{A}$ 的特征值，求 $|2\boldsymbol{A}^*-4\boldsymbol{A}^{-1}|$.

5. 求可逆矩阵 $\boldsymbol{P}$ 和对角形矩阵 $\boldsymbol{D}$，使得 $\boldsymbol{P}^{-1}\boldsymbol{A}\boldsymbol{P}=\boldsymbol{D}$.

(1) $\boldsymbol{A}=\begin{pmatrix} 5 & 0 & 4 \\ 3 & 1 & 6 \\ 0 & 2 & 3 \end{pmatrix}$；　　(2) $\boldsymbol{A}=\begin{pmatrix} 0 & -8 & -8 \\ 4 & 2 & 8 \\ 0 & 4 & 4 \end{pmatrix}$；

(3) $\boldsymbol{A}=\begin{pmatrix} -3 & -12 & -24 \\ -1 & 2 & -4 \\ 1 & 3 & 7 \end{pmatrix}$；　　(4) $\boldsymbol{A}=\begin{pmatrix} 3 & 0 & 0 \\ 48 & -9 & 3 \\ 144 & -36 & 12 \end{pmatrix}$.

6. 设 $\boldsymbol{A}=\begin{pmatrix} 1 & 3 \\ 3 & 1 \end{pmatrix}$，求 $\boldsymbol{A}^{50}$.

7. 已知矩阵 $\boldsymbol{A}=\begin{pmatrix} 2 & 0 & 0 \\ 0 & 0 & 1 \\ 0 & 1 & x \end{pmatrix}$ 与对角阵 $\boldsymbol{D}=\begin{pmatrix} 2 & 0 & 0 \\ 0 & y & 0 \\ 0 & 0 & -1 \end{pmatrix}$ 相似，求 x,y 以及 $\boldsymbol{A}$ 的全体特征值.

8. 设三阶方阵 $\boldsymbol{A}$ 的特征值为 $\lambda_1=1,\lambda_2=0,\lambda_3=-1$，对应的特征向量依次为

$$\boldsymbol{\alpha}_1=\begin{pmatrix} 1 \\ 2 \\ 2 \end{pmatrix},\quad \boldsymbol{\alpha}_2=\begin{pmatrix} 2 \\ -2 \\ 1 \end{pmatrix},\quad \boldsymbol{\alpha}_3=\begin{pmatrix} -2 \\ -1 \\ 2 \end{pmatrix},$$

求 $\boldsymbol{A}$.

9. 判断下列矩阵是不是正交矩阵：

(1) $\begin{pmatrix} 1 & -\dfrac{1}{2} & \dfrac{1}{3} \\ -\dfrac{1}{2} & 1 & \dfrac{1}{2} \\ -\dfrac{1}{3} & -\dfrac{1}{2} & -1 \end{pmatrix}$；(2) $\begin{pmatrix} \dfrac{1}{9} & -\dfrac{8}{9} & -\dfrac{4}{9} \\ -\dfrac{8}{9} & \dfrac{1}{9} & -\dfrac{4}{9} \\ -\dfrac{4}{9} & -\dfrac{4}{9} & \dfrac{7}{9} \end{pmatrix}$.

10. 设 $\boldsymbol{A}$ 与 $\boldsymbol{B}$ 都是 n 阶正交矩阵，证明：$\boldsymbol{AB}$ 也是正交矩阵.

11. 将下列线性无关向量组标准正交化：

(1) $\boldsymbol{\alpha}_1=(1,0,0)^{\mathrm{T}},\boldsymbol{\alpha}_2=(1,1,1)^{\mathrm{T}},\boldsymbol{\alpha}_3=(0,1,2)^{\mathrm{T}}$；

(2) $\boldsymbol{\alpha}_1=(1,0,0,-5,-1)^{\mathrm{T}},\boldsymbol{\alpha}_2=(0,1,0,-4,-1)^{\mathrm{T}},\boldsymbol{\alpha}_3=(0,0,1,4,1)^{\mathrm{T}}$；

(3) $\boldsymbol{\alpha}_1=(1,0,0,0,1)^{\mathrm{T}},\boldsymbol{\alpha}_2=(1,0,-1,1,0)^{\mathrm{T}},\boldsymbol{\alpha}_3=(2,1,1,0,0)^{\mathrm{T}}$.

12. 求正交变换矩阵 $\boldsymbol{P}$ 和对角形矩阵 $\boldsymbol{D}$，使得 $\boldsymbol{P}^{\mathrm{T}}\boldsymbol{AP}=\boldsymbol{P}^{-1}\boldsymbol{AP}=\boldsymbol{D}$.

(1) $\boldsymbol{A}=\begin{pmatrix}2&-2&0\\-2&1&-2\\0&-2&0\end{pmatrix}$；　(2) $\boldsymbol{A}=\begin{pmatrix}2&2&-2\\2&5&-4\\-2&-4&5\end{pmatrix}$；

(3) $\boldsymbol{A}=\begin{pmatrix}0&0&4&1\\0&0&1&4\\4&1&0&0\\1&4&0&0\end{pmatrix}$.

(B)

1. 设 n 阶方阵 $\boldsymbol{A}$ 的元素全为 1，求 $\boldsymbol{A}$ 的特征值.

2. 已知 1 是 $\boldsymbol{A}$ 的一个特征值，其中 $\boldsymbol{A}=\begin{pmatrix}1&1&1\\1&3&a\\1&a&1\end{pmatrix}$，求 a 的值.

3. 设 λ 是 n 阶可逆矩阵 $\boldsymbol{A}$ 的一个特征值，$\boldsymbol{A}^*$ 是 $\boldsymbol{A}$ 的伴随矩阵，$\boldsymbol{E}$ 是单位矩阵，求 $(\boldsymbol{A}^*)^2+3\boldsymbol{E}$ 的一个特征值.

4. 设 λ_1,λ_2 是 n 阶方阵 $\boldsymbol{A}$ 的两个不同的特征值，$\boldsymbol{\alpha}_1,\boldsymbol{\alpha}_2$ 是 $\boldsymbol{A}$ 的分别属于 λ_1,λ_2 的特征向量，证明：$\boldsymbol{\alpha}_1+\boldsymbol{\alpha}_2$ 不是 $\boldsymbol{A}$ 的特征向量.

5. 设 $\boldsymbol{A}=\begin{pmatrix}0&0&1\\1&1&t\\1&0&0\end{pmatrix}$，问 t 为何值时，矩阵 $\boldsymbol{A}$ 可相似对角化?

6. 设 $\boldsymbol{\alpha}$ 是 n 维列向量，$\boldsymbol{\alpha}^{\mathrm{T}}\boldsymbol{\alpha}=1$，证明：$\boldsymbol{H}=\boldsymbol{E}-2\boldsymbol{\alpha}\boldsymbol{\alpha}^{\mathrm{T}}$ 是对称的正交矩阵.

7. 设 $\boldsymbol{\alpha}_1=\frac{1}{3}(2\boldsymbol{\varepsilon}_1+2\boldsymbol{\varepsilon}_2-\boldsymbol{\varepsilon}_3),\boldsymbol{\alpha}_2=\frac{1}{3}(2\boldsymbol{\varepsilon}_1-\boldsymbol{\varepsilon}_2+2\boldsymbol{\varepsilon}_3),\boldsymbol{\alpha}_3=\frac{1}{3}(\boldsymbol{\varepsilon}_1-2\boldsymbol{\varepsilon}_2-2\boldsymbol{\varepsilon}_3)$，证明：若 $\boldsymbol{\varepsilon}_1,\boldsymbol{\varepsilon}_2,\boldsymbol{\varepsilon}_3$ 是一组标准正交向量组，则 $\boldsymbol{\alpha}_1,\boldsymbol{\alpha}_2,\boldsymbol{\alpha}_3$ 也是一组标准正交向量组.

8. 设 $\boldsymbol{A}$ 为三阶实对称矩阵，且满足 $\boldsymbol{A}^2+2\boldsymbol{A}=\boldsymbol{O}$. 已知 $\boldsymbol{A}$ 的秩等于 2，求 $\boldsymbol{A}$ 的特征值.

9. 设正交方阵 $\boldsymbol{A}$，证明：正交矩阵 $\boldsymbol{A}$ 的实特征向量所对应的特征值的绝对值等于 1.

阅读材料 5　若尔当标准形介绍

我们知道,并不是每一个 n 阶方阵 $\boldsymbol{A}$ 都与简单的对角形矩阵相似,其条件是 $\boldsymbol{A}$ 有 n 个线性无关的特征向量. 同时我们也知道,实对称方阵一定与对角形矩阵相似. 那么,对于一般方阵 $\boldsymbol{A}$ 来说,与 $\boldsymbol{A}$ 相似的方阵中最简单的是一个什么形式的方阵呢? 下面我们就来回答这一问题,为此,先介绍以下概念.

定义　设 λ 是一个复数,把形为

$$\boldsymbol{J}(\lambda,k)=\begin{pmatrix}\lambda & 0 & \cdots & 0 & 0 & 0\\ 1 & \lambda & \cdots & 0 & 0 & 0\\ \vdots & \vdots & & \vdots & \vdots & \vdots\\ 0 & 0 & \cdots & 1 & \lambda & 0\\ 0 & 0 & \cdots & 0 & 1 & \lambda\end{pmatrix}_{k\times k}$$

的 k 阶方阵称为**若尔当**(Jordan)**块**.

主对角线上为若尔当块的准对角形(即分块意义下的对角形)方阵

$$\boldsymbol{J}=\begin{pmatrix}\boldsymbol{J}_1 & & & \\ & \boldsymbol{J}_2 & & \\ & & \ddots & \\ & & & \boldsymbol{J}_s\end{pmatrix}$$

称为**若尔当形矩阵**,其中,

$$\boldsymbol{J}_i=\boldsymbol{J}(\lambda_i,k_i)=\begin{pmatrix}\lambda_i & & & & 0\\ 1 & \lambda_i & & & \\ & 1 & \ddots & & \\ & & \ddots & \lambda_i & \\ 0 & & & 1 & \lambda_i\end{pmatrix}_{k_i\times k_i},\quad i=1,2,\cdots,s.$$

例如

$$\begin{pmatrix}3 & 0 & 0\\ 1 & 3 & 0\\ 0 & 1 & 3\end{pmatrix},\quad \begin{pmatrix}1-i & 0 & 0 & 0\\ 1 & 1-i & 0 & 0\\ 0 & 1 & 1-i & 0\\ 0 & 0 & 1 & 1-i\end{pmatrix},\quad 4,\quad \begin{pmatrix}i & 0\\ 1 & i\end{pmatrix}$$

等都是若尔当块,此处 i 为虚数单位;而

$$\begin{pmatrix}3 & 0\\ 0 & 3\end{pmatrix},\quad \begin{pmatrix}1 & 0 & 0\\ 0 & i & 0\\ 0 & 1 & i\end{pmatrix},\quad \begin{pmatrix}0 & 0 & 0 & 0\\ 0 & 2 & 0 & 0\\ 0 & 1 & 2 & 0\\ 0 & 0 & 0 & i\end{pmatrix},\quad 2+3i$$

等都是若尔当形矩阵.

显然,对角形矩阵是特殊的若尔当形矩阵;若尔当块一定是若尔当形矩阵,反之则不然.

对于一般方阵我们有以下重要结论:

每个方阵 A 都与一个若尔当形矩阵 J 相似,并且,若不考虑若尔当形矩阵 J 主对角线上若尔当块的排列顺序,若尔当形矩阵 J 由方阵 A 唯一确定,叫作方阵 A 的若尔当标准形.

我们通过以下例题说明方阵 $\boldsymbol{A}$ 的若尔当标准形矩阵 $\boldsymbol{J}$ 的求法.

例　求方阵

$$\boldsymbol{A}=\begin{pmatrix}-1 & -2 & 6\\ -1 & 0 & 3\\ -1 & -1 & 4\end{pmatrix}$$

的若尔当标准形矩阵 $\boldsymbol{J}$.

解　首先,应用初等变换化 $\boldsymbol{A}$ 的特征矩阵 $\lambda\boldsymbol{E}-\boldsymbol{A}$ 为对角形 $\boldsymbol{D}(\lambda)$,并且要求对角形 $\boldsymbol{D}(\lambda)$ 主对角线上的元素是关于 λ 的首项系数为 1 的一次因式的方幂:

$$\lambda\boldsymbol{E}-\boldsymbol{A}=\begin{pmatrix}\lambda+1 & 2 & -6\\ 1 & \lambda & -3\\ 1 & 1 & \lambda-4\end{pmatrix}\longrightarrow\begin{pmatrix}0 & -\lambda+1 & -\lambda^2+3\lambda-2\\ 0 & \lambda-1 & -\lambda+1\\ 1 & 1 & \lambda-4\end{pmatrix}$$

$$\longrightarrow\begin{pmatrix}1 & 0 & 0\\ 0 & \lambda-1 & -\lambda+1\\ 0 & -\lambda+1 & -\lambda^2+3\lambda-2\end{pmatrix}\longrightarrow\begin{pmatrix}1 & 0 & 0\\ 0 & \lambda-1 & -\lambda+1\\ 0 & 0 & -\lambda^2+2\lambda-1\end{pmatrix}$$

$$\longrightarrow\begin{pmatrix}1 & 0 & 0\\ 0 & \lambda-1 & 0\\ 0 & 0 & (\lambda-1)^2\end{pmatrix}=\boldsymbol{D}(\lambda).$$

其次,以 $\boldsymbol{D}(\lambda)$ 主对角线每一个关于 λ 的首项系数为 1 的一次因式的方幂构造若尔当块:

$$\boldsymbol{J}_1=\boldsymbol{J}(1,1)=1,\quad \boldsymbol{J}_2=\boldsymbol{J}(1,2)=\begin{pmatrix}1 & 0\\ 1 & 1\end{pmatrix}.$$

最后以所求出的若尔当块直接写出 $\boldsymbol{A}$ 的若尔当标准形矩阵:

$$\boldsymbol{J}=\begin{pmatrix}\boldsymbol{J}_1 & \\ & \boldsymbol{J}_2\end{pmatrix}=\begin{pmatrix}1 & 0 & 0\\ 0 & 1 & 0\\ 0 & 1 & 1\end{pmatrix}.$$

由以上例题的解题过程可见,$\boldsymbol{A}$ 的若尔当标准形矩阵主对角线上的元素就是 $\boldsymbol{A}$ 的全体特征值,每个若尔当块的阶数等于 $\boldsymbol{A}$ 的特征矩阵 $\lambda\boldsymbol{E}-\boldsymbol{A}$ 的等价对角形矩阵 $\boldsymbol{D}(\lambda)$ 主对角线上关于 λ 的首项系数为 1 的一次因式方幂的幂指数.

第六章　二　次　型

二次型理论起源于化二次曲线、二次曲面的方程为标准形式的问题.如在平面解析几何中,直接由方程

$$13x^2+7y^2-6\sqrt{3}xy=4$$

难以确定它所表示的平面曲线的几何形状,如果我们作如下变换:

$$\begin{cases} x=\dfrac{1}{2}x'-\dfrac{\sqrt{3}}{2}y', \\ y=\dfrac{\sqrt{3}}{2}x'+\dfrac{1}{2}y', \end{cases}$$

则上述方程可化为标准形式

$$(x')^2+4(y')^2=1,$$

从这个标准形我们容易识别曲线的类型,研究曲线的性质.

在数学的一些分支及其他科学技术中,也会遇到类似的问题,但变量的个数不止两个.为此,在这一章中,我们将把有关概念加以推广,将介绍一般二次型及矩阵的概念、化二次型为标准形的问题及正定二次型.

6.1　二次型及其矩阵表示

二次型的定义

定义 1　含有 n 个变量 $x_1,x_2,\cdots,x_n$ 的二次齐次函数

$$\begin{aligned} f(x_1,x_2,\cdots,x_n)=&a_{11}x_1^2+2a_{12}x_1x_2+2a_{13}x_1x_3+\cdots+2a_{1n}x_1x_n \\ &+a_{22}x_2^2+2a_{23}x_2x_3+\cdots+2a_{2n}x_2x_n+\cdots+a_{nn}x_n^2 \end{aligned} \tag{1}$$

称为一个 n 元二次型.

取 $a_{ji}=a_{ij}$,则 $2a_{ij}x_ix_j=a_{ij}x_ix_j+a_{ji}x_jx_i$,于是(1)式可写成

$$\begin{aligned} f=&\ a_{11}x_1^2+a_{12}x_1x_2+\cdots+a_{1n}x_1x_n \\ &+a_{21}x_2x_1+a_{22}x_2^2+\cdots+a_{2n}x_2x_n \\ &+\cdots \\ &+a_{n1}x_nx_1+a_{n2}x_nx_2+\cdots+a_{nn}x_n^2 \\ =&\ \sum_{i=1}^{n}\sum_{j=1}^{n}a_{ij}x_ix_j. \end{aligned} \tag{2}$$

当 a_{ij} 为复数时,f 称为**复二次型**;当 a_{ij} 为实数时,f 称为**实二次型**,这里我们仅讨论实二次型.

利用矩阵乘法和相等的定义,(2)式可表示为

$$\begin{aligned} f &= x_1(a_{11}x_1+a_{12}x_2+\cdots+a_{1n}x_n) \\ &\quad +x_2(a_{21}x_1+a_{22}x_2+\cdots+a_{2n}x_n) \\ &\quad +\cdots \\ &\quad +x_n(a_{n1}x_1+a_{n2}x_2+\cdots+a_{nn}x_n) \\ &=(x_1,x_2,\cdots,x_n)\begin{pmatrix} a_{11}x_1+a_{12}x_2+\cdots+a_{1n}x_n \\ a_{21}x_1+a_{22}x_2+\cdots+a_{2n}x_n \\ \vdots \\ a_{n1}x_1+a_{n2}x_2+\cdots+a_{nn}x_n \end{pmatrix} \\ &=(x_1,x_2,\cdots,x_n)\begin{pmatrix} a_{11} & a_{12} & \cdots & a_{1n} \\ a_{21} & a_{22} & \cdots & a_{2n} \\ \vdots & \vdots & & \vdots \\ a_{n1} & a_{n2} & \cdots & a_{nn} \end{pmatrix}\begin{pmatrix} x_1 \\ x_2 \\ \vdots \\ x_n \end{pmatrix}, \end{aligned}$$

记

$$\boldsymbol{A}=\begin{pmatrix} a_{11} & a_{12} & \cdots & a_{1n} \\ a_{21} & a_{22} & \cdots & a_{2n} \\ \vdots & \vdots & & \vdots \\ a_{n1} & a_{n2} & \cdots & a_{nn} \end{pmatrix},\quad \boldsymbol{X}=\begin{pmatrix} x_1 \\ x_2 \\ \vdots \\ x_n \end{pmatrix},$$

则二次型可记作

$$f=\boldsymbol{X}^{\mathrm{T}}\boldsymbol{A}\boldsymbol{X}, \tag{3}$$

其中 $\boldsymbol{A}$ 为对称矩阵. 显然,任给一个二次型,就唯一地确定一个对称矩阵;反之,任给一个对称矩阵,也可唯一地确定一个二次型. 如此看来,二次型与对称矩阵之间存在着一一对应的关系. 因此,我们**把对称矩阵 $\boldsymbol{A}$ 叫作二次型 f 的矩阵,也把 f 叫作对称矩阵 $\boldsymbol{A}$ 的二次型,对称矩阵 $\boldsymbol{A}$ 的秩就叫作二次型 f 的秩.**

例如,二次型 $f=x_1^2+3x_3^2-4x_1x_2+x_2x_3$ 用矩阵表示法写出来就是

$$f(x_1,x_2,x_3)=(x_1,x_2,x_3)\begin{pmatrix} 1 & -2 & 0 \\ -2 & 0 & \dfrac{1}{2} \\ 0 & \dfrac{1}{2} & 3 \end{pmatrix}\begin{pmatrix} x_1 \\ x_2 \\ x_3 \end{pmatrix},$$

所以三元二次型 $f(x_1,x_2,x_3)$ 的矩阵

$$\boldsymbol{A}=\begin{pmatrix} 1 & -2 & 0 \\ -2 & 0 & \dfrac{1}{2} \\ 0 & \dfrac{1}{2} & 3 \end{pmatrix}.$$

定义 2　设 $x_1,x_2,\cdots,x_n$ 和 $y_1,y_2,\cdots,y_n$ 是两组变量，c_{ij} 是常数，称

$$\begin{cases} x_1=c_{11}y_1+c_{12}y_2+\cdots+c_{1n}y_n, \\ x_2=c_{21}y_1+c_{22}y_2+\cdots+c_{2n}y_n, \\ \cdots\cdots \\ x_n=c_{n1}y_1+c_{n2}y_2+\cdots+c_{nn}y_n \end{cases} \tag{4}$$

为从变量 $x_1,x_2,\cdots,x_n$ 到变量 $y_1,y_2,\cdots,y_n$ 的线性变换，记

$$\boldsymbol{X}=\begin{pmatrix} x_1 \\ x_2 \\ \vdots \\ x_n \end{pmatrix},\quad \boldsymbol{C}=\begin{pmatrix} c_{11} & c_{12} & \cdots & c_{1n} \\ c_{21} & c_{22} & \cdots & c_{2n} \\ \vdots & \vdots & & \vdots \\ c_{n1} & c_{n2} & \cdots & c_{nn} \end{pmatrix},\quad \boldsymbol{Y}=\begin{pmatrix} y_1 \\ y_2 \\ \vdots \\ y_n \end{pmatrix},$$

则(4)式可表示为

$$\boldsymbol{X}=\boldsymbol{CY}.$$

若 $\boldsymbol{C}$ 可逆，则(4)式称作可逆的(或满秩的)线性变换；

若 $\boldsymbol{C}$ 是正交阵，则(4)式称作正交变换.

我们的主要任务是，如何求出可逆线性变换(或正交变换)$\boldsymbol{X}=\boldsymbol{CY}$，化二次型只含平方项，也就是用(4)式代入(2)式化二次型为只含平方项的二次型

$$f=k_1y_1^2+k_2y_2^2+\cdots+k_ny_n^2,$$

称为**二次型的标准形(或法式)**.

我们先证明以下结论.

定理 1　设二次型 $f=\boldsymbol{X}^{\mathrm{T}}\boldsymbol{AX}$ 经过满秩的线性变换 $\boldsymbol{X}=\boldsymbol{CY}$ 变为二次型 $\boldsymbol{Y}^{\mathrm{T}}\boldsymbol{BY}$，则有 $\boldsymbol{B}=\boldsymbol{C}^{\mathrm{T}}\boldsymbol{AC}$(此时称 $\boldsymbol{A}$ 与 $\boldsymbol{B}$ 合同)，且 $R(\boldsymbol{B})=R(\boldsymbol{A})$.

证　因为

$$f=\boldsymbol{X}^{\mathrm{T}}\boldsymbol{AX}=(\boldsymbol{CY})^{\mathrm{T}}\boldsymbol{A}(\boldsymbol{CY})=\boldsymbol{Y}^{\mathrm{T}}(\boldsymbol{C}^{\mathrm{T}}\boldsymbol{AC})\boldsymbol{Y},$$

又因为 $(\boldsymbol{C}^{\mathrm{T}}\boldsymbol{AC})^{\mathrm{T}}=\boldsymbol{C}^{\mathrm{T}}\boldsymbol{A}^{\mathrm{T}}(\boldsymbol{C}^{\mathrm{T}})^{\mathrm{T}}=\boldsymbol{C}^{\mathrm{T}}\boldsymbol{AC}$，所以 $\boldsymbol{C}^{\mathrm{T}}\boldsymbol{AC}$ 是对称矩阵，于是 $\boldsymbol{B}=\boldsymbol{C}^{\mathrm{T}}\boldsymbol{AC}$. 又因为 $\boldsymbol{C}$ 为可逆阵，所以有 $R(\boldsymbol{B})=R(\boldsymbol{A})$.

由定理 1 可知，经过可逆变换 $\boldsymbol{X}=\boldsymbol{CY}$ 后，二次型 f 的矩阵由 $\boldsymbol{A}$ 变为 $\boldsymbol{C}^{\mathrm{T}}\boldsymbol{AC}$，但二次型的秩不变. 要使二次型在此变换下变为标准形，就是要使

$$\boldsymbol{Y}^{\mathrm{T}}\boldsymbol{C}^{\mathrm{T}}\boldsymbol{ACY}=k_1y_1^2+k_2y_2^2+\cdots+k_ny_n^2$$

$$=(y_1,y_2,\cdots,y_n)\begin{pmatrix} k_1 & & & \\ & k_2 & & \\ & & \ddots & \\ & & & k_n \end{pmatrix}\begin{pmatrix} y_1 \\ y_2 \\ \vdots \\ y_n \end{pmatrix},$$

也就是要使 $\boldsymbol{C}^{\mathrm{T}}\boldsymbol{AC}$ 成为对角矩阵

$$D=\begin{pmatrix} k_1 & & & \\ & k_2 & & \\ & & \ddots & \\ & & & k_n \end{pmatrix}.$$

于是,我们的主要问题就变为如何寻求可逆矩阵(或正交矩阵)$\boldsymbol{C}$,使 $\boldsymbol{C}^{\mathrm{T}}\boldsymbol{A}\boldsymbol{C}=\boldsymbol{D}$ 为对角矩阵.这就是后面的主要任务.

6.2 标准形及其求法

在这一节,我们介绍用配方法、初等变换法、正交变换法化二次型为标准形的问题.

一、配方法

首先给出一个基本定理.

定理 2 对于任意一个 n 元二次型

$$f=\sum_{i,j=1}^{n}a_{ij}x_ix_j=\boldsymbol{X}^{\mathrm{T}}\boldsymbol{A}\boldsymbol{X},$$

必存在满秩线性变换 $\boldsymbol{X}=\boldsymbol{C}\boldsymbol{Y}$ 使得

$$f=d_1y_1^2+d_2y_2^2+\cdots+d_ny_n^2.$$

定理的证明过程就是中学里学过的"配方法".详细证明此处从略.下面,我们通过例题来说明配方法的思想方法.

例 1 化二次型 $f(x_1,x_2,x_3)=x_1^2-5x_1x_2+3x_2x_3$ 为标准形,并写出所用的满秩线性变换.

解 先把含 x_1 的项配方得

$$f=\left(x_1^2-5x_1x_2+\frac{25}{4}x_2^2\right)-\frac{25}{4}x_2^2+3x_2x_3,$$

再把 x_2,x_3 配方得

$$\begin{aligned}f&=\left(x_1-\frac{5}{2}x_2\right)^2-\left[\left(\frac{5}{2}x_2\right)^2-3x_2x_3+\frac{9}{25}x_3^2\right]+\frac{9}{25}x_3^2\\&=\left(x_1-\frac{5}{2}x_2\right)^2-\left(\frac{5}{2}x_2-\frac{3}{5}x_3\right)^2+\left(\frac{3}{5}x_3\right)^2,\end{aligned}$$

于是令

$$\begin{cases} y_1=x_1-\dfrac{5}{2}x_2, \\ y_2=\dfrac{5}{2}x_2-\dfrac{3}{5}x_3, \\ y_3=\dfrac{3}{5}x_3, \end{cases} \quad 即 \quad \begin{cases} x_1=y_1+y_2+y_3, \\ x_2=\dfrac{2}{5}y_2+\dfrac{2}{5}y_3, \\ x_3=\dfrac{5}{3}y_3, \end{cases}$$

则二次型 f 在上述满秩线性变换之下就可化为标准形

$$f=y_1^2-y_2^2+y_3^2=\boldsymbol{Y}^{\mathrm{T}}\boldsymbol{D}\boldsymbol{Y},$$

其中

$$\boldsymbol{D}=\begin{pmatrix} 1 & 0 & 0 \\ 0 & -1 & 0 \\ 0 & 0 & 1 \end{pmatrix}=\mathrm{diag}(1,-1,1), \quad \boldsymbol{Y}=\begin{pmatrix} y_1 \\ y_2 \\ y_3 \end{pmatrix}, \quad \boldsymbol{Y}^{\mathrm{T}}=(y_1,y_2,y_3),$$

所用的满秩线性变换为

$$\begin{cases} x_1=y_1+y_2+y_3, \\ x_2=\dfrac{2}{5}y_2+\dfrac{2}{5}y_3, \\ x_3=\dfrac{5}{3}y_3, \end{cases} \quad 即 \quad \begin{pmatrix} x_1 \\ x_2 \\ x_3 \end{pmatrix}=\begin{pmatrix} 1 & 1 & 1 \\ 0 & \dfrac{2}{5} & \dfrac{2}{5} \\ 0 & 0 & \dfrac{5}{3} \end{pmatrix}\begin{pmatrix} y_1 \\ y_2 \\ y_3 \end{pmatrix}.$$

例 2　化二次型 $f=2x_1x_2+2x_1x_3-6x_2x_3$ 为标准形，并求所用的变换矩阵 $\boldsymbol{C}$.

解　由于 f 中不含有平方项，不能直接配方，故可先令

$$\begin{cases} x_1=y_1+y_2, \\ x_2=y_1-y_2, \\ x_3=y_3, \end{cases}$$

代入 f 中可得

$$f=2y_1^2-2y_2^2-4y_1y_3+8y_2y_3,$$

再配方得

$$f=2(y_1-y_3)^2-2(y_2-2y_3)^2+6y_3^2.$$

令

$$\begin{cases} z_1=y_1-y_3, \\ z_2=y_2-2y_3, \\ z_3=y_3, \end{cases} \quad 即 \quad \begin{cases} y_1=z_1+z_3, \\ y_2=z_2+2z_3, \\ y_3=z_3, \end{cases}$$

则有

$$f=2z_1^2-2z_2^2+6z_3^2.$$

所用变换矩阵为

$$C=\begin{pmatrix}1&1&0\\1&-1&0\\0&0&1\end{pmatrix}\begin{pmatrix}1&0&1\\0&1&2\\0&0&1\end{pmatrix}=\begin{pmatrix}1&1&3\\1&-1&-1\\0&0&1\end{pmatrix}.$$

因为$|\boldsymbol{C}|=-2\neq0$,所以$\boldsymbol{C}$满秩.

不难看出:任何二次型都可用上面方法找到一个可逆变换,将其化为标准形.由定理1可知标准形中含有的项数,就是二次型的秩.

当变量个数很多时,这种用配方法化二次型为标准形的方法是相当烦琐的,下面给出的初等变换化二次型为标准形的方法,就是将配方法通过对二次型的矩阵施行初等变换来实现的.当变元个数较多,尤其要求变换矩阵$\boldsymbol{C}$时,这一方法较为实用.

二、初等变换法(也称为合同变换法)*

由6.1节的讨论知,标准形的矩阵是一个对角矩阵.因此,对于一个秩为r的二次型$f=\boldsymbol{X}^{\mathrm{T}}\boldsymbol{AX}$,若用满秩线性变换$\boldsymbol{X}=\boldsymbol{CY}$使它化为标准形,那么标准形中平方项的项数就是$r$,从而标准形的矩阵主对角线上非零元素的个数就是$r$,即

$$f=d_1y_1^2+d_2y_2^2+\cdots+d_ry_r^2+0\cdot y_{r+1}^2+\cdots+0\cdot y_n^2=\boldsymbol{Y}^{\mathrm{T}}\boldsymbol{DY},$$

其中

$$\boldsymbol{D}=\boldsymbol{C}^{\mathrm{T}}\boldsymbol{AC}=\mathrm{diag}(d_1,d_2,\cdots,d_r,0,\cdots,0).$$

由此可知,用满秩线性变换$\boldsymbol{X}=\boldsymbol{CY}$化二次型$f=\boldsymbol{X}^{\mathrm{T}}\boldsymbol{AX}$为标准形的问题,实质上是求满秩矩阵$\boldsymbol{C}$,使$\boldsymbol{C}^{\mathrm{T}}\boldsymbol{AC}$成为对角形矩阵$\boldsymbol{D}$的问题,也即求满秩矩阵$\boldsymbol{C}$,使

$$\boldsymbol{C}^{\mathrm{T}}\boldsymbol{AC}=\boldsymbol{D}=\mathrm{diag}(d_1,d_2,\cdots,d_r,0,\cdots,0).$$

因任一满秩矩阵$\boldsymbol{C}$皆可表示成若干初等矩阵的乘积,故可设

$$\boldsymbol{C}=\boldsymbol{P}_1\boldsymbol{P}_2\cdots\boldsymbol{P}_s,$$

从而

$$\boldsymbol{C}^{\mathrm{T}}=(\boldsymbol{P}_1\boldsymbol{P}_2\cdots\boldsymbol{P}_s)^{\mathrm{T}}=\boldsymbol{P}_s^{\mathrm{T}}\cdots\boldsymbol{P}_2^{\mathrm{T}}\boldsymbol{P}_1^{\mathrm{T}}.$$

这里$\boldsymbol{P}_1,\boldsymbol{P}_2,\cdots,\boldsymbol{P}_s$都是初等矩阵.因此,由定理2,对任意给定的秩为$r$的对称矩阵$\boldsymbol{A}$(即二次型$f=\boldsymbol{X}^{\mathrm{T}}\boldsymbol{AX}$),一定存在一系列初等矩阵$\boldsymbol{P}_1,\boldsymbol{P}_2,\cdots,\boldsymbol{P}_s$使得

$$\boldsymbol{P}_s^{\mathrm{T}}\cdots\boldsymbol{P}_2^{\mathrm{T}}\boldsymbol{P}_1^{\mathrm{T}}\boldsymbol{AP}_1\boldsymbol{P}_2\cdots\boldsymbol{P}_s=\boldsymbol{D}=\mathrm{diag}(d_1,d_2,\cdots,d_r,0,\cdots,0).$$

由于初等矩阵的转置矩阵还是初等矩阵,因此对二次型f的系数矩阵$\boldsymbol{A}$,只要运用一系列行与列成对的初等变换(我们称之为合同变换),就能把$\boldsymbol{A}$化为对角形矩阵.

由于$\boldsymbol{C}=\boldsymbol{P}_1\boldsymbol{P}_2\cdots\boldsymbol{P}_s=\boldsymbol{EP}_1\boldsymbol{P}_2\cdots\boldsymbol{P}_s$,所以为了求出化$\boldsymbol{A}$为对角形矩阵所用的满秩矩阵$\boldsymbol{C}$,只需把与$\boldsymbol{A}$同阶的单位矩阵$\boldsymbol{E}$放在矩阵$\boldsymbol{A}$的下面,构成矩阵$\begin{pmatrix}\boldsymbol{A}\\ \hdashline \boldsymbol{E}\end{pmatrix}$,当对$\boldsymbol{A}$施行合同变换时,单位矩阵$\boldsymbol{E}$随$\boldsymbol{A}$施行相同的列变换,且只施行列的初等变换,那

么把 $\boldsymbol{A}$ 化为对角形矩阵 $\boldsymbol{D}$ 时,同时就把 $\boldsymbol{E}$ 化为我们所要求的满秩矩阵 $\boldsymbol{C}$ 了.

仍以例 1 为例,首先写出二次型 f 的矩阵

$$\boldsymbol{A}=\begin{pmatrix} 1 & -\frac{5}{2} & 0 \\ -\frac{5}{2} & 0 & \frac{3}{2} \\ 0 & \frac{3}{2} & 0 \end{pmatrix},$$

把与 $\boldsymbol{A}$ 同阶的三阶单位矩阵 $\boldsymbol{E}$ 放在 $\boldsymbol{A}$ 的下方,构成矩阵 $\left(\frac{\boldsymbol{A}}{\boldsymbol{E}}\right)$,然后对 $\boldsymbol{A}$ 施行合同变换,同时对下面的单位矩阵 $\boldsymbol{E}$ 只作相应的初等列变换,当把上面的 $\boldsymbol{A}$ 化成对角形矩阵时,下面的 $\boldsymbol{E}$ 就化成矩阵 $\boldsymbol{C}$,具体过程如下:

$$\left(\frac{\boldsymbol{A}}{\boldsymbol{E}}\right)=\begin{pmatrix} 1 & -\frac{5}{2} & 0 \\ -\frac{5}{2} & 0 & \frac{3}{2} \\ 0 & \frac{3}{2} & 0 \\ \hdashline 1 & 0 & 0 \\ 0 & 1 & 0 \\ 0 & 0 & 1 \end{pmatrix} \xrightarrow[r_2+\frac{5}{2}r_1]{c_2+\frac{5}{2}c_1} \begin{pmatrix} 1 & 0 & 0 \\ 0 & -\frac{25}{4} & \frac{3}{2} \\ 0 & \frac{3}{2} & 0 \\ \hdashline 1 & \frac{5}{2} & 0 \\ 0 & 1 & 0 \\ 0 & 0 & 1 \end{pmatrix} \xrightarrow[r_3+\frac{6}{25}r_2]{c_3+\frac{6}{25}c_2} \begin{pmatrix} 1 & 0 & 0 \\ 0 & -\frac{25}{4} & 0 \\ 0 & 0 & \frac{9}{25} \\ \hdashline 1 & \frac{5}{2} & \frac{3}{5} \\ 0 & 1 & \frac{6}{25} \\ 0 & 0 & 1 \end{pmatrix},$$

于是

$$\boldsymbol{C}=\begin{pmatrix} 1 & \frac{5}{2} & \frac{3}{5} \\ 0 & 1 & \frac{6}{25} \\ 0 & 0 & 1 \end{pmatrix},$$

显然,$|\boldsymbol{C}|\neq 0$,且

$$\boldsymbol{C}^{\mathrm{T}}\boldsymbol{A}\boldsymbol{C}=\boldsymbol{D}=\operatorname{diag}\left(1,-\frac{25}{4},\frac{9}{25}\right),$$

从而满秩线性变换 $\boldsymbol{X}=\boldsymbol{C}\boldsymbol{Y}$,即

$$\begin{pmatrix} x_1 \\ x_2 \\ x_3 \end{pmatrix}=\begin{pmatrix} 1 & \frac{5}{2} & \frac{3}{5} \\ 0 & 1 & \frac{6}{25} \\ 0 & 0 & 1 \end{pmatrix}\begin{pmatrix} y_1 \\ y_2 \\ y_3 \end{pmatrix},$$

把二次型 $f=x_1^2-5x_1x_2+3x_2x_3$ 化为标准形：

$$f=y_1^2-\frac{25}{4}y_2^2+\frac{9}{25}y_3^2.$$

例 3 化二次型 $f(x_1,x_2,x_3)=2x_1x_2+2x_1x_3+6x_2x_3$ 为标准形，并写出所用的满秩线性变换.

解 首先写出二次型 f 的矩阵 $\boldsymbol{A}$，然后构造矩阵 $\begin{pmatrix}\boldsymbol{A}\\ \boldsymbol{E}\end{pmatrix}$，应用合同变换化 $\boldsymbol{A}$ 为对角形矩阵，对 $\boldsymbol{E}$ 只作相应的初等列变换.

$$\begin{pmatrix}\boldsymbol{A}\\ \boldsymbol{E}\end{pmatrix}=\begin{pmatrix}0&1&1\\1&0&3\\1&3&0\\ \hdashline 1&0&0\\0&1&0\\0&0&1\end{pmatrix}\xrightarrow[r_1+r_2]{c_1+c_2}\begin{pmatrix}2&1&4\\1&0&3\\4&3&0\\ \hdashline 1&0&0\\1&1&0\\0&0&1\end{pmatrix}\xrightarrow[r_2-\frac{1}{2}r_1]{c_2-\frac{1}{2}c_1}\begin{pmatrix}2&0&4\\0&-\frac{1}{2}&1\\4&1&0\\ \hdashline 1&-\frac{1}{2}&0\\1&\frac{1}{2}&0\\0&0&1\end{pmatrix}$$

$$\xrightarrow[r_3-2r_1]{c_3-2c_1}\begin{pmatrix}2&0&0\\0&-\frac{1}{2}&1\\0&1&-8\\ \hdashline 1&-\frac{1}{2}&-2\\1&\frac{1}{2}&-2\\0&0&1\end{pmatrix}\xrightarrow[r_3+2r_2]{c_3+2c_2}\begin{pmatrix}2&0&0\\0&-\frac{1}{2}&0\\0&0&-6\\ \hdashline 1&-\frac{1}{2}&-3\\1&\frac{1}{2}&-1\\0&0&1\end{pmatrix},$$

于是通过满秩线性变换

$$\begin{pmatrix}x_1\\x_2\\x_3\end{pmatrix}=\begin{pmatrix}1&-\frac{1}{2}&-3\\1&\frac{1}{2}&-1\\0&0&1\end{pmatrix}\begin{pmatrix}y_1\\y_2\\y_3\end{pmatrix},$$

把二次型 $f(x_1,x_2,x_3)=2x_1x_2+2x_1x_3+6x_2x_3$ 化成标准形

$$f=2y_1^2-\frac{1}{2}y_2^2-6y_3^2.$$

三、正交变换法

正交变换法求标准形

定理 3 任给二次型 $f=\boldsymbol{X}^{\mathrm{T}}\boldsymbol{A}\boldsymbol{X}$,总有正交变换 $\boldsymbol{X}=\boldsymbol{P}\boldsymbol{Y}$(即 $\boldsymbol{P}$ 为正交矩阵),使二次型 f 化为标准形

$$f=\lambda_1 y_1^2+\lambda_2 y_2^2+\cdots+\lambda_n y_n^2,$$

其中 $\lambda_1,\lambda_2,\cdots,\lambda_n$ 是 f 的矩阵 $\boldsymbol{A}$ 的特征值.

这是第五章定理 2 的直接推论.

例 4 求一个正交变换 $\boldsymbol{X}=\boldsymbol{P}\boldsymbol{Y}$,把二次型

$$f=2x_1x_2+2x_1x_3-2x_1x_4-2x_2x_3+2x_2x_4+2x_3x_4$$

化为标准形.

解 二次型的矩阵为

$$\boldsymbol{A}=\begin{pmatrix}0&1&1&-1\\1&0&-1&1\\1&-1&0&1\\-1&1&1&0\end{pmatrix},$$

它的特征多项式为

$$|\boldsymbol{A}-\lambda\boldsymbol{E}|=\begin{vmatrix}-\lambda&1&1&-1\\1&-\lambda&-1&1\\1&-1&-\lambda&1\\-1&1&1&-\lambda\end{vmatrix}\xlongequal[i=2,3,4]{c_1+\sum_i c_i}\begin{vmatrix}1-\lambda&1&1&-1\\1-\lambda&-\lambda&-1&1\\1-\lambda&-1&-\lambda&1\\1-\lambda&1&1&-\lambda\end{vmatrix}$$

$$=(1-\lambda)\begin{vmatrix}1&1&1&-1\\1&-\lambda&-1&1\\1&-1&-\lambda&1\\1&1&1&-\lambda\end{vmatrix}$$

$$=(1-\lambda)\begin{vmatrix}1&1&1&1\\0&-\lambda-1&-2&2\\0&-2&-\lambda-1&2\\0&0&0&-\lambda+1\end{vmatrix}$$

$$=(1-\lambda)^2\begin{vmatrix}-\lambda-1&-2\\-2&-\lambda-1\end{vmatrix}$$

$$=(1-\lambda)^2(\lambda^2+2\lambda-3)$$

$$=(\lambda+3)(\lambda-1)^3,$$

于是 $\boldsymbol{A}$ 的特征值为 $\lambda_1=-3,\lambda_2=\lambda_3=\lambda_4=1$.

当 $\lambda_1=-3$ 时,解方程组 $(\boldsymbol{A}+3\boldsymbol{E})\boldsymbol{X}=\boldsymbol{0}$,由

$$\boldsymbol{A}+3\boldsymbol{E}=\begin{pmatrix}3&1&1&-1\\1&3&-1&1\\1&-1&3&1\\-1&1&1&3\end{pmatrix}\xrightarrow[\frac{1}{4}r_1]{\substack{r_1+\sum_i r_i\\(i=2,3,4)}}\begin{pmatrix}1&1&1&1\\1&3&-1&1\\1&-1&3&1\\-1&1&1&3\end{pmatrix}$$

$$\xrightarrow[r_4+r_1]{\substack{r_2-r_1\\r_3-r_1}}\begin{pmatrix}1&1&1&1\\0&2&-2&0\\0&-2&2&0\\0&2&2&4\end{pmatrix}\xrightarrow[\substack{\frac{1}{2}r_2\\\frac{1}{4}r_3}]{\substack{r_3+r_2\\r_4-r_2\\r_3\leftrightarrow r_4}}\begin{pmatrix}1&1&1&1\\0&1&-1&0\\0&0&1&1\\0&0&0&0\end{pmatrix}$$

$$\xrightarrow[r_1-r_2]{r_1-r_3}\begin{pmatrix}1&0&1&0\\0&1&-1&0\\0&0&1&1\\0&0&0&0\end{pmatrix},$$

得基础解系

$$\boldsymbol{\xi}_1=\begin{pmatrix}1\\-1\\-1\\1\end{pmatrix},$$

单位化得

$$\boldsymbol{\gamma}_1=\frac{1}{2}\begin{pmatrix}1\\-1\\-1\\1\end{pmatrix}.$$

当 $\lambda_2=\lambda_3=\lambda_4=1$ 时,解方程组 $(\boldsymbol{A}-\boldsymbol{E})\boldsymbol{X}=\boldsymbol{0}$,因为

$$\boldsymbol{A}-\boldsymbol{E}=\begin{pmatrix}-1&1&1&-1\\1&-1&-1&1\\1&-1&-1&1\\-1&1&1&-1\end{pmatrix}\xrightarrow[r_4-r_1]{\substack{r_2+r_1\\r_3+r_1}}\begin{pmatrix}-1&1&1&-1\\0&0&0&0\\0&0&0&0\\0&0&0&0\end{pmatrix}$$

$$\xrightarrow{(-1)r_1}\begin{pmatrix}1&-1&-1&1\\0&0&0&0\\0&0&0&0\\0&0&0&0\end{pmatrix},$$

得同解方程组 $x_1=x_2+x_3+x_4$(x_2,x_3,x_4 为自由未知量),得基础解系

$$\boldsymbol{\xi}_2=\begin{pmatrix}1\\1\\0\\0\end{pmatrix},\quad \boldsymbol{\xi}_3=\begin{pmatrix}1\\0\\1\\0\end{pmatrix},\quad \boldsymbol{\xi}_4=\begin{pmatrix}1\\0\\0\\1\end{pmatrix}.$$

正交化得

$$\boldsymbol{\eta}_2=\begin{pmatrix}1\\1\\0\\0\end{pmatrix},\quad \boldsymbol{\eta}_3=\frac{1}{2}\begin{pmatrix}1\\-1\\2\\0\end{pmatrix},\quad \boldsymbol{\eta}_4=\frac{1}{3}\begin{pmatrix}1\\-1\\-1\\3\end{pmatrix}.$$

单位化得

$$\boldsymbol{\gamma}_2=\frac{1}{\sqrt{2}}\begin{pmatrix}1\\1\\0\\0\end{pmatrix},\quad \boldsymbol{\gamma}_3=\frac{1}{\sqrt{6}}\begin{pmatrix}1\\-1\\2\\0\end{pmatrix},\quad \boldsymbol{\gamma}_4=\frac{1}{2\sqrt{3}}\begin{pmatrix}1\\-1\\-1\\3\end{pmatrix}.$$

于是所求正交变换为

$$\begin{pmatrix}x_1\\x_2\\x_3\\x_4\end{pmatrix}=\begin{pmatrix}\frac{1}{2} & \frac{1}{\sqrt{2}} & \frac{1}{\sqrt{6}} & \frac{1}{2\sqrt{3}}\\ -\frac{1}{2} & \frac{1}{\sqrt{2}} & -\frac{1}{\sqrt{6}} & -\frac{1}{2\sqrt{3}}\\ -\frac{1}{2} & 0 & \frac{2}{\sqrt{6}} & -\frac{1}{2\sqrt{3}}\\ \frac{1}{2} & 0 & 0 & \frac{\sqrt{3}}{2}\end{pmatrix}\begin{pmatrix}y_1\\y_2\\y_3\\y_4\end{pmatrix}.$$

在此变换下,原二次型化为

$$f=-3y_1^2+y_2^2+y_3^2+y_4^2.$$

有了这一方法,像本章一开始提出的几何问题就迎刃而解了,请读者自己完成.

6.3 正定二次型和正定矩阵

定理 4(惯性定理) 设实二次型 $f=\boldsymbol{X}^{\mathrm{T}}\boldsymbol{A}\boldsymbol{X}$ 的秩为 r,若有两个实的可逆线性变换

$$\boldsymbol{X}=\boldsymbol{C}\boldsymbol{Y} \quad 及 \quad \boldsymbol{X}=\boldsymbol{P}\boldsymbol{Z},$$

使

$$f=d_1y_1^2+d_2y_2^2+\cdots+d_ry_r^2 \quad (d_i\neq 0)$$

及

$$f=\lambda_1 z_1^2+\lambda_2 z_2^2+\cdots+\lambda_r z_r^2 \quad (\lambda_i\neq 0),$$

则 $d_1,d_2,\cdots,d_r$ 中正数的个数与 $\lambda_1,\lambda_2,\cdots,\lambda_r$ 中正数的个数相等.

证明略.

二次型经过不同满秩线性变换所得到的标准形可能是不同的,但定理 4 告诉我们,任何标准形中正系数的个数是不变的,从而负系数的个数也是不变的. 我们把标准形中正(负)项的项数叫作该二次型的**正(负)惯性指数**;正惯性指数与负惯性指数之差叫作**符号差**.

我们现在来讨论一种最常用的也是最重要的二次型,即标准形的系数全为正的情形.

定义 3　对于实二次型 $f(\boldsymbol{X})=\boldsymbol{X}^{\mathrm{T}}\boldsymbol{A}\boldsymbol{X}$,如果对于任何

$$\boldsymbol{X}=\begin{pmatrix}x_1\\x_2\\\vdots\\x_n\end{pmatrix}\neq\begin{pmatrix}0\\0\\\vdots\\0\end{pmatrix},$$

都有 $f(\boldsymbol{X})>0$,则称 f 为正定二次型,并称对称矩阵 $\boldsymbol{A}$ 是正定矩阵.

如果对于任何 $\boldsymbol{X}\neq\boldsymbol{0}$,都有 $f(\boldsymbol{X})<0$,则称 f 为负定二次型,并称对称矩阵 $\boldsymbol{A}$ 是负定矩阵.

下面给出二次型正定的判别方法.

定理 5　实二次型 $f=\boldsymbol{X}^{\mathrm{T}}\boldsymbol{A}\boldsymbol{X}$ 为正定的充分必要条件是它的标准形的 n 个系数全为正的.

证　设二次型 $f=\boldsymbol{X}^{\mathrm{T}}\boldsymbol{A}\boldsymbol{X}$ 经满秩的线性变换 $\boldsymbol{X}=\boldsymbol{C}\boldsymbol{Y}$ 化为标准形

$$f(\boldsymbol{X})=f(\boldsymbol{C}\boldsymbol{Y})=\sum_{i=1}^{n}k_i y_i^2.$$

先证充分性.

设 $k_i>0(i=1,2,\cdots,n)$,任给 $\boldsymbol{X}\neq\boldsymbol{0}$ 有 $\boldsymbol{Y}=\boldsymbol{C}^{-1}\boldsymbol{X}\neq\boldsymbol{0}$,所以

$$f(\boldsymbol{X})=\sum_{i=1}^{n}k_i y_i^2>0.$$

再用反证法证必要性.

设有 $k_s\leqslant 0$,则对于

$$\boldsymbol{Y}=\begin{pmatrix}0\\\vdots\\1\\\vdots\\0\end{pmatrix}(\text{第 } s \text{ 行}),$$

因为 $\boldsymbol{C}$ 可逆，所以有 $\boldsymbol{X}=\boldsymbol{CY}\neq\boldsymbol{0}$，且有

$$f(\boldsymbol{X})=f(\boldsymbol{CY})=k_s\leqslant 0,$$

这与 f 为正定相矛盾. 这就证明了 $k_i>0(i=1,2,\cdots,n)$.

推论 实对称矩阵 $\boldsymbol{A}$ 为正定的充分必要条件是 $\boldsymbol{A}$ 的特征值全为正的.

用定理 5 判断二次型是否正定，首先要将二次型化为标准形. 下面我们给出一种方法，直接通过二次型的矩阵即可判断二次型的正定性.

定理 6 对称矩阵 $\boldsymbol{A}$ 为正定的充分必要条件是：$\boldsymbol{A}$ 的各阶顺序主子式都为正的，即

$$a_{11}>0,\quad \begin{vmatrix} a_{11} & a_{12} \\ a_{21} & a_{22} \end{vmatrix}>0,\quad \cdots,\quad \begin{vmatrix} a_{11} & \cdots & a_{1k} \\ \vdots & & \vdots \\ a_{k1} & \cdots & a_{kk} \end{vmatrix}>0,\quad k=1,2,\cdots,n.$$

证明略.

正定二次型的判定方法

例 5 判别二次型的正定性：

(1) $f=-5x^2-6y^2-4z^2+4xy+4xz$；

(2) $f=3x_1^2+4x_2^2+5x_3^2+4x_1x_2-4x_2x_3$.

解 (1) f 的矩阵为

$$\boldsymbol{A}=\begin{pmatrix} -5 & 2 & 2 \\ 2 & -6 & 0 \\ 2 & 0 & -4 \end{pmatrix},$$

因为 $a_{11}=-5<0$，即存在 $\boldsymbol{A}$ 的一个顺序主子式为负，所以根据定理 6 可知 f 不是正定的.

(2) f 的矩阵为

$$\boldsymbol{A}=\begin{pmatrix} 3 & 2 & 0 \\ 2 & 4 & -2 \\ 0 & -2 & 5 \end{pmatrix},$$

因为 $a_{11}=3>0$，$\begin{vmatrix} 3 & 2 \\ 2 & 4 \end{vmatrix}=8>0$，$|\boldsymbol{A}|=\begin{vmatrix} 3 & 2 & 0 \\ 2 & 4 & -2 \\ 0 & -2 & 5 \end{vmatrix}=28>0$，即 $\boldsymbol{A}$ 的各阶顺序主子式都为正的，所以由定理 6 可知 f 为正定的.

习 题 6

(A)

1. 判断下列各式是否为二次型，若是，写出对应的矩阵：

(1) $f(x_1x_2x_3)=x_1^2+2x_2^2+x_3^2+4x_1x_2+x_1$；

(2) $f(x_1x_2)=x_1^2+3x_2^2+4x_1x_2$;

(3) $f(x_1x_2x_3)=x_1^2+3x_2^2+2x_3^2+2x_1x_2+4x_1x_3+2x_2x_3$;

(4) $f(x_1x_2)=2x_1^2+2x_2^2+\sqrt{x_1x_2}$.

2. 写出下列二次型的矩阵并求出其秩:

(1) $f(x_1x_2)=x_1^2+x_2^2-4x_1x_2$;

(2) $f(x_1x_2x_3x_4)=x_4^2+x_1x_2-x_1x_3+2x_2x_3$.

3. 写出下列矩阵对应的二次型:

(1) $\mathbf{A}=\begin{pmatrix}2&2&5\\2&1&0\\5&0&2\end{pmatrix}$; (2) $\mathbf{A}=\begin{pmatrix}0&0&1\\0&1&0\\1&0&0\end{pmatrix}$.

4. 求下列二次型的秩,并用配方法化二次型为标准形.

(1) $f=x_1^2+2x_2^2+3x_3^2-2x_1x_2-2x_1x_3+2x_2x_3$;

(2) $f=x_1^2+2x_2^2+x_3^2-2x_1x_2-2x_1x_3+2x_2x_3$;

(3) $f=x_1x_2+x_2x_3+x_3x_4$.

5. 用正交变换法化下列二次型为标准形,并求所经过的正交变换.

(1) $f=2x_1^2+3x_2^2+3x_3^2+4x_2x_3$;

(2) $f=x_1^2+x_2^2+x_3^2+x_4^2+2x_1x_2-2x_1x_4-2x_2x_3+2x_3x_4$;

(3) $f=2x_1^2+x_2^2-4x_1x_2-4x_2x_3$.

6. 用矩阵形式表示下列二次型,并用合同变换法化二次型为标准形.

(1) $f=x_1^2+4x_1x_2+4x_2^2+2x_1x_3+x_3^2+4x_2x_3$;

(2) $f=x_1^2+2x_1x_2+4x_1x_3+3x_2^2+x_2x_3+7x_3^2$;

(3) $f=x_1^2+x_2^2+x_3^2+x_4^2-2x_1x_2+6x_2x_3+4x_1x_3-2x_1x_4-4x_2x_4$;

(4) $f=2x_1^2+5x_2^2+5x_3^2+4x_1x_2-4x_1x_3-8x_2x_3$.

7. 判断下列二次型的正定性:

(1) $f=-2x_1^2-6x_2^2-4x_3^2+2x_1x_2+2x_1x_3$;

(2) $f=x_1^2+3x_2^2+9x_3^2+19x_4^2-2x_1x_2+4x_1x_3+2x_1x_4-6x_2x_4-12x_3x_4$;

(3) $f=5x_1^2+6x_2^2+4x_3^2-4x_1x_2-4x_2x_3$;

(4) $f=10x_1^2+8x_1x_2+24x_1x_3+2x_2^2-28x_2x_3+x_3^2$.

(B)

1. 当 t 为何值时,二次型 $f(x_1x_2x_3)=x_1^2+2x_2^2+tx_3^2+6x_1x_2+4x_1x_3+2x_2x_3$ 的秩为 2.

2. 当 t 为何值时,下列二次型为正定二次型.

(1) $f(x_1x_2x_3)=2x_1^2+x_2^2+x_3^2+2x_1x_2+2tx_2x_3$;

(2) $f(x_1x_2x_3)=x_1^2+5x_2^2+x_3^2-4x_1x_2-2tx_2x_3$.

3. 证明:如果 $\boldsymbol{A}$ 是满秩的对称矩阵,那么 $\boldsymbol{A}^{-1}$ 也是对称矩阵.

4. 设 $\boldsymbol{A}$ 是 n 阶实对称矩阵,且 $\boldsymbol{A}^2=\boldsymbol{A}$,证明:存在正交矩阵 $\boldsymbol{T}$,使得

$$\boldsymbol{T}^{-1}\boldsymbol{AT}=\mathrm{diag}(1,1,\cdots,1,0,\cdots,0).$$

5. 求证实反对称矩阵(即 $\boldsymbol{A}^{\mathrm{T}}=-\boldsymbol{A}$)的特征值是零或是纯虚数.

6. 设 $\boldsymbol{U}$ 为可逆矩阵,$\boldsymbol{A}=\boldsymbol{U}^{\mathrm{T}}\boldsymbol{U}$,证明:二次型 $f=\boldsymbol{X}^{\mathrm{T}}\boldsymbol{AX}$ 为正定二次型.

7. 设对称矩阵 $\boldsymbol{A}$ 为正定矩阵,证明:存在可逆矩阵 $\boldsymbol{U}$,使得 $\boldsymbol{A}=\boldsymbol{U}^{\mathrm{T}}\boldsymbol{U}$.

8. 已知二次曲面方程 $x_1^2+2bx_1x_2+2x_1x_3+ax_2^2+2x_2x_3+x_3^2=4$,经过正交变换 $\begin{pmatrix}x_1\\x_2\\x_3\end{pmatrix}=\boldsymbol{P}\begin{pmatrix}y_1\\y_2\\y_3\end{pmatrix}$ 化为椭圆柱面方程 $y_2^2+4y_3^2=4$,求 a,b 的值和正交矩阵 $\boldsymbol{P}$.

9. 设 $\boldsymbol{A}$ 为 $m\times n$ 实矩阵,$\boldsymbol{E}$ 是 n 阶单位矩阵,$\boldsymbol{B}=\lambda\boldsymbol{E}+\boldsymbol{A}^{\mathrm{T}}\boldsymbol{A}$,证明:当 $\lambda>0$ 时,$\boldsymbol{B}$ 是正定矩阵.

10. 设二次型 $f(x_1x_2x_3)=2x_1^2-x_2^2+ax_3^2+2x_1x_2-8x_1x_3+2x_2x_3$ 在正交变换 $\boldsymbol{X}=\boldsymbol{PY}$ 下的标准形为 $\lambda_1y_1^2+\lambda_2y_2^2$,求 a 的值及一个正交矩阵 $\boldsymbol{P}$.

11. 设二次型 $f(x_1,x_2,x_3)=\boldsymbol{X}^{\mathrm{T}}\boldsymbol{AX}$ 的秩为 1,$\boldsymbol{A}$ 的各行元素之和为 3,求 f 在正交变换 $\boldsymbol{X}=\boldsymbol{PY}$ 下的标准形.

阅读材料 6　正定二次型及其他

我们在第六章中介绍了正定二次型并给出了判别方法.在此,我们再介绍其他几种特殊的实二次型并给出判别方法.

定义　设 $f(x_1,x_2,\cdots,x_n)=\boldsymbol{X}^{\mathrm{T}}\boldsymbol{AX}$ 是一个 n 元实二次型,如果对任意 n 个不全为零的实数 $c_1,c_2,\cdots,c_n$,都有

$$f(c_1,c_2,\cdots,c_n)>0\quad(\geqslant 0,<0,\leqslant 0),$$

则称实二次型 $f(x_1,x_2,\cdots,x_n)=\boldsymbol{X}^{\mathrm{T}}\boldsymbol{AX}$ 为**正定(半正定、负定、半负定)二次型**;并把实对称矩阵 $\boldsymbol{A}$ 叫作**正定(半正定、负定、半负定)矩阵**.

下面分别给出它们的判别方法.

实二次型 $f(x_1,x_2,\cdots,x_n)=\boldsymbol{X}^{\mathrm{T}}\boldsymbol{AX}$ 正定的充要条件有

(Ⅰ) $f(x_1,x_2,\cdots,x_n)=\boldsymbol{X}^{\mathrm{T}}\boldsymbol{AX}$ 的正惯性指数与秩相等且等于 n;

(Ⅱ) 存在可逆实矩阵 $\boldsymbol{C}$,使得

$$\boldsymbol{C}^{\mathrm{T}}\boldsymbol{AC}=\begin{pmatrix}d_1&&&\\&d_2&&\\&&\ddots&\\&&&d_n\end{pmatrix},\quad 且\quad d_i>0,\ i=1,2,\cdots,n;$$

（Ⅲ）存在可逆实矩阵 $\boldsymbol{S}$，使得 $\boldsymbol{A}=\boldsymbol{S}^{\mathrm{T}}\boldsymbol{S}$；

（Ⅳ）$\boldsymbol{A}$ 的顺序主子式都大于零；

（Ⅴ）$\boldsymbol{A}$ 的主子式都大于零；

（Ⅵ）$\boldsymbol{A}$ 的特征根都大于零.

实二次型 $f(x_1,x_2,\cdots,x_n)=\boldsymbol{X}^{\mathrm{T}}\boldsymbol{A}\boldsymbol{X}$ 半正定的充要条件有

（Ⅰ）$f(x_1,x_2,\cdots,x_n)=\boldsymbol{X}^{\mathrm{T}}\boldsymbol{A}\boldsymbol{X}$ 的正惯性指数与秩相等；

（Ⅱ）存在可逆实矩阵 $\boldsymbol{C}$，使得

$$\boldsymbol{C}^{\mathrm{T}}\boldsymbol{A}\boldsymbol{C}=\begin{pmatrix} d_1 & & & \\ & d_2 & & \\ & & \ddots & \\ & & & d_n \end{pmatrix},\quad \text{且}\quad d_i\geqslant 0,i=1,2,\cdots,n;$$

（Ⅲ）存在实矩阵 $\boldsymbol{S}$，使得 $\boldsymbol{A}=\boldsymbol{S}^{\mathrm{T}}\boldsymbol{S}$；

（Ⅳ）$\boldsymbol{A}$ 的主子式都不小于零；

（Ⅴ）$\boldsymbol{A}$ 的特征根都不小于零.

实二次型 $f(x_1,x_2,\cdots,x_n)=\boldsymbol{X}^{\mathrm{T}}\boldsymbol{A}\boldsymbol{X}$ 负定的充要条件有

（Ⅰ）$f(x_1,x_2,\cdots,x_n)=\boldsymbol{X}^{\mathrm{T}}\boldsymbol{A}\boldsymbol{X}$ 的负惯性指数与秩相等且等于 n；

（Ⅱ）存在可逆实矩阵 $\boldsymbol{C}$，使得

$$\boldsymbol{C}^{\mathrm{T}}\boldsymbol{A}\boldsymbol{C}=\begin{pmatrix} d_1 & & & \\ & d_2 & & \\ & & \ddots & \\ & & & d_n \end{pmatrix},\quad \text{且}\quad d_i<0,\ i=1,2,\cdots,n;$$

（Ⅲ）存在可逆实矩阵 $\boldsymbol{S}$，使得 $\boldsymbol{A}=-\boldsymbol{S}^{\mathrm{T}}\boldsymbol{S}$；

（Ⅳ）$\boldsymbol{A}$ 的特征根都小于零.

习题参考答案

习　题　1

(A)

1. (1) 4,偶. (2) 4,偶. (3) $\frac{n(n-1)}{2}$,当 $n=4k,4k+1$ 时,为偶排列;当 $n=4k+2,4k+3$ 时,为奇排列($k=1,2,\cdots$).
2. (1) $i=3,j=6,k=8$ 或 $i=6,j=8,k=3$ 或 $i=8,j=3,k=6$;
   (2) $i=4,j=5,k=9$ 或 $i=5,j=9,k=4$ 或 $i=9,j=4,k=5$.
3. (1) 12;(2) $\cos 2x$;(3) -92;(4) $3abc-a^3-b^3-c^3$;(5) $abcd$;(6) $(-1)^{\frac{n(n-1)}{2}}a_1a_2\cdots a_n$.
4. $a_{13}a_{21}a_{32}a_{44}$ 和 $-a_{14}a_{21}a_{32}a_{43}$.
5. (1) -2.94×10^7;(2) $-2(x^3+y^3)$;(3) 4;(4) -18;(5) 0;(6) $(b^2-a^2)(c^2-a^2)(c^2-b^2)$;
   (7) $3n+1$;(8) $(-1)^{\frac{(n-1)(n-2)}{2}}n!$;(9) $-2(n-2)!\ (n\geqslant2)$;(10) $1+\sum_{i=1}^{n}a_i$.
6. 证明略.
7. a 的代数余子式为 7;b 的代数余子式为 -7.
8. (1) $\begin{cases}x_1=1,\\x_2=2;\end{cases}$ (2) $\begin{cases}x=1,\\y=2,\\z=3;\end{cases}$ (3) $\begin{cases}x_1=-\frac{31}{4},\\x_2=\frac{23}{8},\\x_3=6,\\x_4=\frac{1}{8};\end{cases}$ (4) $\begin{cases}x_1=1,\\x_2=1,\\x_3=1,\\x_4=1.\end{cases}$
9. $\lambda=0$ 或 2 或 3.

(B)

1. -12.
2. 1.
3. x^4 的系数为 10,x^3 的系数为 -5.
4. 证明略.
5. 证明略(用数学归纳法).
6. (1) $1-(2^2+3^2+\cdots+n^2)$;(2) $n+1$.
7. $\frac{21}{2}$.

8. (1) 0;(2) 56;(3) −16.

9. (1) 1,1,2;(2) 2,5,−1.

10. $f(x)=\frac{1}{3}-x+\frac{2}{3}x^2$.

11. 当 $a\neq 1$ 且 $b\neq 0$ 时,方程组只有零解;当 $a=1$ 或 $b=0$ 时,方程组有非零解.

12. (1) $(\lambda^2-1)^2$;(2) $(ab+1)cd$;(3) −2;(4) $\prod_{i=1}^{n}(a_id_i-b_ic_i)$.

习　题　2

(A)

1. (1) $\begin{pmatrix}2\\16\\11\end{pmatrix}$;(2) $\frac{1}{3}\begin{pmatrix}-2\\3\\-2\end{pmatrix}$.

2. $\begin{cases}x_1=1,\\x_2=2,\\x_3=3.\end{cases}$

3. D.

4. (1)$k_1\boldsymbol{\alpha}_1+k_2\boldsymbol{\alpha}_2+k_3\boldsymbol{\alpha}_3=\mathbf{0}\Rightarrow k_1\begin{pmatrix}1\\2\\3\\4\end{pmatrix}+k_2\begin{pmatrix}0\\1\\0\\1\end{pmatrix}+k_3\begin{pmatrix}-2\\1\\1\\0\end{pmatrix}=0\Rightarrow\begin{cases}k_1+0k_2-2k_3=0,\\2k_1+k_2+k_3=0,\\3k_1+0k_2+k_3=0,\\4k_1+k_2+0k_3=0\end{cases}$

$\Rightarrow k_1=k_2=k_3=0$,证明 $\boldsymbol{\alpha}_1,\boldsymbol{\alpha}_2,\boldsymbol{\alpha}_3$ 线性无关.

(本题也可考虑前三个分量构成的三个三维向量证明其无关,从而得证.)

(2) $k_1\boldsymbol{\alpha}_1+k_2\boldsymbol{\alpha}_2+k_3\boldsymbol{\alpha}_3=\boldsymbol{\beta}\Rightarrow k_1\begin{pmatrix}1\\2\\3\\4\end{pmatrix}+k_2\begin{pmatrix}0\\1\\0\\1\end{pmatrix}+k_3\begin{pmatrix}-2\\1\\1\\0\end{pmatrix}=\begin{pmatrix}3\\3\\2\\6\end{pmatrix}\Rightarrow\begin{cases}k_1+0k_2-2k_3=3,\\2k_1+k_2+k_3=3,\\3k_1+0k_2+k_3=2,\\4k_1+k_2+0k_3=6\end{cases}$

$\Rightarrow k_1=1,k_2=2,k_3=-1$ 得出 $\boldsymbol{\alpha}_1+2\boldsymbol{\alpha}_2-\boldsymbol{\alpha}_3=\boldsymbol{\beta}$.

5. $k_1\boldsymbol{\beta}_1+k_2\boldsymbol{\beta}_2+k_3\boldsymbol{\beta}_3+k_4\boldsymbol{\beta}_4=k_1(\boldsymbol{\alpha}_1+\boldsymbol{\alpha}_2)+k_2(\boldsymbol{\alpha}_2+\boldsymbol{\alpha}_3)+k_3(\boldsymbol{\alpha}_3+\boldsymbol{\alpha}_4)+k_4(\boldsymbol{\alpha}_4+\boldsymbol{\alpha}_1)=\mathbf{0}$

$\Rightarrow(k_1+k_4)\boldsymbol{\alpha}_1+(k_1+k_2)\boldsymbol{\alpha}_2+(k_2+k_3)\boldsymbol{\alpha}_3+(k_3+k_4)\boldsymbol{\alpha}_4=\mathbf{0}$,因为向量组 $\boldsymbol{\alpha}_1,\boldsymbol{\alpha}_2,\boldsymbol{\alpha}_3,\boldsymbol{\alpha}_4$ 线性无关,所以其组合表示零向量时组合系数全为 $0\Rightarrow k_1+k_4=0,k_1+k_2=0,k_2+k_3=0,k_3+k_4=0$,此齐次线性方程组有无穷解,可取 $k_1=1,k_2=-1,k_3=1,k_4=-1$,组合系数不全为零,得证.

6. 等价说明这两个向量组可以相互表示. 很明显向量组 A:$\boldsymbol{\alpha}_1,\boldsymbol{\alpha}_2,\boldsymbol{\alpha}_3$ 可以线性表示向量组 B:$\boldsymbol{\beta}_1=\boldsymbol{\alpha}_1+\boldsymbol{\alpha}_2,\boldsymbol{\beta}_2=\boldsymbol{\alpha}_2-\boldsymbol{\alpha}_3,\boldsymbol{\beta}_3=\boldsymbol{\alpha}_1-\boldsymbol{\alpha}_3$.

由于$\begin{cases}\boldsymbol{\beta}_1-\boldsymbol{\beta}_2+\boldsymbol{\beta}_3=(\boldsymbol{\alpha}_1+\boldsymbol{\alpha}_2)-(\boldsymbol{\alpha}_2-\boldsymbol{\alpha}_3)+(\boldsymbol{\alpha}_1-\boldsymbol{\alpha}_3)=2\boldsymbol{\alpha}_1,\\ \boldsymbol{\beta}_1+\boldsymbol{\beta}_2-\boldsymbol{\beta}_3=(\boldsymbol{\alpha}_1+\boldsymbol{\alpha}_2)+(\boldsymbol{\alpha}_2-\boldsymbol{\alpha}_3)-(\boldsymbol{\alpha}_1-\boldsymbol{\alpha}_3)=2\boldsymbol{\alpha}_2,\\ \boldsymbol{\beta}_2+\boldsymbol{\beta}_3-\boldsymbol{\beta}_1=(\boldsymbol{\alpha}_2-\boldsymbol{\alpha}_3)+(\boldsymbol{\alpha}_1-\boldsymbol{\alpha}_3)-(\boldsymbol{\alpha}_1+\boldsymbol{\alpha}_2)=-2\boldsymbol{\alpha}_3,\end{cases}$ 故向量组 B 也可以线性表示量组 A,两个向量组等价.

7. (1)向量组 $\boldsymbol{\alpha}_1=\begin{pmatrix}1\\0\end{pmatrix},\boldsymbol{\alpha}_2=\begin{pmatrix}2\\0\end{pmatrix},\boldsymbol{\alpha}_3=\begin{pmatrix}3\\0\end{pmatrix},\boldsymbol{\alpha}_4=\begin{pmatrix}1\\1\end{pmatrix}$线性相关,但第四个向量不能由其余向量线性表示.

(2) $\boldsymbol{\alpha}_1=\begin{pmatrix}1\\0\end{pmatrix},\boldsymbol{\alpha}_2=\begin{pmatrix}0\\1\end{pmatrix},\boldsymbol{\alpha}_3=\begin{pmatrix}1\\1\end{pmatrix}$中任意两个向量不成比例,线性无关,但 $\boldsymbol{\alpha}_1,\boldsymbol{\alpha}_2,\boldsymbol{\alpha}_3$ 线性相关.

(3) 向量组 $\boldsymbol{\alpha}_1=\begin{pmatrix}1\\0\end{pmatrix},\boldsymbol{\alpha}_2=\begin{pmatrix}2\\0\end{pmatrix},\boldsymbol{\alpha}_3=\begin{pmatrix}1\\1\end{pmatrix}$中,第三个向量不能由其余向量线性表示,但 $\boldsymbol{\alpha}_1,\boldsymbol{\alpha}_2,\boldsymbol{\alpha}_3$ 线性相关.

(4) $\boldsymbol{\alpha}=\begin{pmatrix}4\\0\end{pmatrix}$能由 $\boldsymbol{\alpha}_1=\begin{pmatrix}1\\0\end{pmatrix},\boldsymbol{\alpha}_2=\begin{pmatrix}2\\0\end{pmatrix},\boldsymbol{\alpha}_3=\begin{pmatrix}4\\0\end{pmatrix},\boldsymbol{\alpha}_4=\begin{pmatrix}1\\1\end{pmatrix}$线性表示,但表达式不唯一. 如 $\boldsymbol{\alpha}=4\boldsymbol{\alpha}_1+0\boldsymbol{\alpha}_2+0\boldsymbol{\alpha}_3+0\boldsymbol{\alpha}_4$;$\boldsymbol{\alpha}=2\boldsymbol{\alpha}_1+\boldsymbol{\alpha}_2+0\boldsymbol{\alpha}_3+0\boldsymbol{\alpha}_4$;$\boldsymbol{\alpha}=0\boldsymbol{\alpha}_1+0\boldsymbol{\alpha}_2+1\boldsymbol{\alpha}_3+0\boldsymbol{\alpha}_4$ 等.

(5) 向量组 A:$\boldsymbol{\alpha}_1=\begin{pmatrix}1\\0\end{pmatrix},\boldsymbol{\alpha}_2=\begin{pmatrix}2\\0\end{pmatrix},\cdots,\boldsymbol{\alpha}_r=\begin{pmatrix}r\\0\end{pmatrix}$与 B:$\boldsymbol{\beta}_1=\begin{pmatrix}1\\0\end{pmatrix},\boldsymbol{\beta}_2=\begin{pmatrix}2\\0\end{pmatrix},\cdots,\boldsymbol{\beta}_s=\begin{pmatrix}s\\0\end{pmatrix}$等价,但两个向量组的向量个数没有关系,可以 $r\neq s$.

8. (1) $\boldsymbol{\alpha}_1$ 与 $\boldsymbol{\alpha}_2$ 的夹角为 $\arccos\dfrac{\sqrt{6}}{6}$.

(2) $2\boldsymbol{\alpha}_1-\boldsymbol{\alpha}_2+\boldsymbol{\alpha}_3-3\boldsymbol{\alpha}_4=\begin{pmatrix}3\\-1\\2\\5\end{pmatrix}$, $\|2\boldsymbol{\alpha}_1-\boldsymbol{\alpha}_2+\boldsymbol{\alpha}_3-3\boldsymbol{\alpha}_4\|=\sqrt{39}$.

(3) $\boldsymbol{\gamma}_1=\dfrac{1}{\sqrt{2}}\begin{pmatrix}1\\0\\1\\0\end{pmatrix},\boldsymbol{\gamma}_2=\dfrac{1}{\sqrt{10}}\begin{pmatrix}-1\\-2\\1\\-2\end{pmatrix},\boldsymbol{\gamma}_3=\dfrac{1}{\sqrt{10}}\begin{pmatrix}-2\\1\\2\\1\end{pmatrix},\boldsymbol{\gamma}_4=\dfrac{1}{\sqrt{2}}\begin{pmatrix}0\\1\\0\\-1\end{pmatrix}$.

9. $a=2b$.

10. $a\neq-1$ 且 $a\neq-2$.

(B)

1. 由原题可知,$\boldsymbol{\beta}_1,\boldsymbol{\beta}_2,\cdots,\boldsymbol{\beta}_r$ 可由 $\boldsymbol{\alpha}_1,\boldsymbol{\alpha}_2,\cdots,\boldsymbol{\alpha}_r$ 线性表示;又

$\boldsymbol{\beta}_1=\boldsymbol{\alpha}_1\Rightarrow\boldsymbol{\alpha}_1=\boldsymbol{\beta}_1$;

$\boldsymbol{\beta}_2=\boldsymbol{\alpha}_1+\boldsymbol{\alpha}_2\Rightarrow\boldsymbol{\alpha}_2=\boldsymbol{\beta}_2-\boldsymbol{\alpha}_1=\boldsymbol{\beta}_2-\boldsymbol{\beta}_1$;

$\boldsymbol{\beta}_r=\boldsymbol{\alpha}_1+\boldsymbol{\alpha}_2+\cdots+\boldsymbol{\alpha}_r\Rightarrow\boldsymbol{\alpha}_r=\boldsymbol{\beta}_r-(\boldsymbol{\alpha}_{r-1}+\cdots+\boldsymbol{\alpha}_2+\boldsymbol{\alpha}_1)=\boldsymbol{\beta}_r-(\boldsymbol{\alpha}_{r-1}+\cdots+\boldsymbol{\alpha}_2+\boldsymbol{\alpha}_1)=\boldsymbol{\beta}_r-\boldsymbol{\beta}_{r-1}$.

可知，$\boldsymbol{\alpha}_1,\boldsymbol{\alpha}_2,\cdots,\boldsymbol{\alpha}_r$ 可由 $\boldsymbol{\beta}_1,\boldsymbol{\beta}_2,\cdots,\boldsymbol{\beta}_r$ 线性表示，从而等价. 而向量组 $\boldsymbol{\alpha}_1,\boldsymbol{\alpha}_2,\cdots,\boldsymbol{\alpha}_r$ 线性无关其秩为 r，所以 $\boldsymbol{\beta}_1,\boldsymbol{\beta}_2,\cdots,\boldsymbol{\beta}_r$ 的秩也为 r，故线性无关.

2. 不妨设 $A:\boldsymbol{\alpha}_1,\boldsymbol{\alpha}_2,\cdots,\boldsymbol{\alpha}_r$ 和 $B:\boldsymbol{\beta}_1,\boldsymbol{\beta}_2,\cdots,\boldsymbol{\beta}_s$ 极大无关组分别为 $A_0:\boldsymbol{\alpha}_1,\boldsymbol{\alpha}_2,\cdots,\boldsymbol{\alpha}_p$ 和 $B_0:\boldsymbol{\beta}_1,\boldsymbol{\beta}_2,\cdots,\boldsymbol{\beta}_q$，则 $R(A)=p\leqslant r,R(B)=q\leqslant s$，而向量组 $C:\boldsymbol{\alpha}_1,\boldsymbol{\alpha}_2,\cdots,\boldsymbol{\alpha}_r,\boldsymbol{\beta}_1,\boldsymbol{\beta}_2,\cdots,\boldsymbol{\beta}_s$ 一定能被其子组 $C_0:\boldsymbol{\alpha}_1,\boldsymbol{\alpha}_2,\cdots,\boldsymbol{\alpha}_p,\boldsymbol{\beta}_1,\boldsymbol{\beta}_2,\cdots,\boldsymbol{\beta}_q$ 线性表示.

若 C_0 线性无关，则 $R(C)=R(C_0)=R(A)+R(B)=p+q$；若 C_0 线性相关，则 $R(C)<R(C_0)<R(A)+R(B)=p+q$，得证.

3. $R(\boldsymbol{\alpha}_1,\boldsymbol{\alpha}_2,\boldsymbol{\alpha}_3,\boldsymbol{\alpha}_4+\boldsymbol{\alpha}_5)=4$.

4. B.

5. D.

习　题　3

(A)

1. (1) $\begin{pmatrix}-1&9\\-1&4\end{pmatrix}$； (2) $\begin{pmatrix}3&1\\-3&-2\end{pmatrix}$； (3) $\begin{pmatrix}-1&20\\0&14\end{pmatrix}$.

2. (1) $\begin{pmatrix}35\\6\\49\end{pmatrix}$； (2) $\begin{pmatrix}2&-4\\-1&2\\3&-6\end{pmatrix}$； (3) -1；

(4) $\begin{pmatrix}6&-7&8\\20&-5&-6\end{pmatrix}$； (5) $\begin{pmatrix}a_{11}x_1+a_{12}x_2+a_{13}x_3\\a_{21}x_1+a_{22}x_2+a_{23}x_3\\a_{31}x_1+a_{32}x_2+a_{33}x_3\end{pmatrix}$；

(6) $a_{11}x_1^2+a_{22}x_2^2+a_{33}x_3^2+(a_{12}+a_{21})x_1x_2+(a_{13}+a_{31})x_1x_3+(a_{32}+a_{23})x_3x_2$；

(7) $\begin{pmatrix}\lambda_1a_{11}&\lambda_1a_{12}\\\lambda_2a_{21}&\lambda_2a_{22}\\\lambda_3a_{31}&\lambda_3a_{32}\end{pmatrix}$； (8) $\begin{pmatrix}\lambda_1a_{11}&\lambda_2a_{12}&\lambda_3a_{13}\\\lambda_1a_{21}&\lambda_2a_{22}&\lambda_3a_{23}\end{pmatrix}$.

3. $\boldsymbol{AB}=\begin{pmatrix}1&0\\0&1\end{pmatrix},\boldsymbol{BA}=\begin{pmatrix}1&0&0\\0&1&0\\1&0&0\end{pmatrix},\boldsymbol{AC}=\begin{pmatrix}1&0\\0&1\end{pmatrix}$.

4. (1) $\begin{pmatrix}-9&7&13\\-3&-19&15\\1&21&-9\end{pmatrix}$； (2) $\begin{pmatrix}6&1&6\\0&-7&4\\2&5&-4\end{pmatrix}$； (3) 32.

5. 证明略.

6. (1) $\begin{pmatrix}1&n\\0&1\end{pmatrix}$； (2) $\begin{pmatrix}1&n&\frac{n(n-1)}{2}\\0&1&n\\0&0&1\end{pmatrix}$； (3) $\begin{pmatrix}1&na&\frac{n(n-1)}{2}a\\0&1&na\\0&0&1\end{pmatrix}$；

(4)当 $n=2$ 时, $\begin{pmatrix} 0 & 0 & ac \\ 0 & 0 & 0 \\ 0 & 0 & 0 \end{pmatrix}$,当 $n\geqslant 3$ 时,为 $\begin{pmatrix} 0 & 0 & 0 \\ 0 & 0 & 0 \\ 0 & 0 & 0 \end{pmatrix}$;

(5) 当 n 为奇数时,为

$$2^{n-1}\begin{pmatrix} 1 & -1 & -1 & -1 \\ -1 & 1 & -1 & -1 \\ -1 & -1 & 1 & -1 \\ -1 & -1 & -1 & 1 \end{pmatrix},$$

当 n 为偶数时,为

$$2^n\begin{pmatrix} 1 & 0 & 0 & 0 \\ 0 & 1 & 0 & 0 \\ 0 & 0 & 1 & 0 \\ 0 & 0 & 0 & 1 \end{pmatrix}.$$

7. (1)36; (2)1; (3)1; (4) 5^{6n}.

8. 证明略.

9. (1) $\begin{pmatrix} -2 & 1 & 0 \\ -\frac{13}{2} & 3 & -\frac{1}{2} \\ -16 & 7 & -1 \end{pmatrix}$; (2) $\begin{pmatrix} 1 & 0 & -2 & -3 \\ 0 & 1 & -4 & -5 \\ 0 & 0 & 1 & 0 \\ 0 & 0 & 0 & 1 \end{pmatrix}$;

(3) $\begin{pmatrix} \cos\theta & \sin\theta \\ -\sin\theta & \cos\theta \end{pmatrix}$; (4) $\begin{pmatrix} \frac{3}{4} & \frac{1}{2} & \frac{1}{4} \\ \frac{1}{2} & 1 & \frac{1}{2} \\ \frac{1}{4} & \frac{1}{2} & \frac{3}{4} \end{pmatrix}$;

(5) $\begin{pmatrix} 5 & -2 & 0 & 0 \\ -2 & 1 & 0 & 0 \\ 0 & 0 & \frac{1}{7} & -\frac{1}{7} \\ 0 & 0 & 0 & 1 \end{pmatrix}$; (6) $\begin{pmatrix} 0 & 0 & \cdots & 0 & a_n^{-1} \\ a_1^{-1} & 0 & \cdots & 0 & 0 \\ 0 & a_2^{-1} & \cdots & 0 & 0 \\ \vdots & \vdots & & \vdots & \vdots \\ 0 & 0 & \cdots & a_{n-1}^{-1} & 0 \end{pmatrix}$.

10. (1)2; (2)3; (3)3.

11. (1) $\begin{pmatrix} 2 & -23 \\ 0 & 8 \end{pmatrix}$; (2) $\begin{pmatrix} -2 & 2 & 1 \\ -\frac{8}{3} & 5 & -\frac{2}{3} \end{pmatrix}$; (3) $\begin{pmatrix} \frac{1}{3} & -\frac{1}{3} \\ \frac{5}{12} & \frac{1}{3} \end{pmatrix}$.

12. $\begin{pmatrix} 2 & 0 & 0 \\ -1 & 2 & 0 \\ 0 & -1 & 2 \end{pmatrix}$.

13. 证明略.

14. 证明略.

15. 证明略. 提示：$\boldsymbol{A}^{-1}=\frac{1}{2}(\boldsymbol{A}-\boldsymbol{E})$，$(\boldsymbol{A}+2\boldsymbol{E})^{-1}=\frac{1}{4}(3\boldsymbol{E}-\boldsymbol{A})$.

16. 证明略.

17. (1)向量组的秩为 3，$\boldsymbol{\alpha}_1,\boldsymbol{\alpha}_2,\boldsymbol{\alpha}_3$ 为一个极大无关组，$\boldsymbol{\alpha}_4=\boldsymbol{\alpha}_2-\boldsymbol{\alpha}_3$；

(2) 向量组的秩为 3，$\boldsymbol{\alpha}_1,\boldsymbol{\alpha}_2,\boldsymbol{\alpha}_3$ 为一个极大无关组，$\boldsymbol{\alpha}_4=\boldsymbol{\alpha}_1+\boldsymbol{\alpha}_2-\boldsymbol{\alpha}_3$，$\boldsymbol{\alpha}_5=-2\boldsymbol{\alpha}_1+3\boldsymbol{\alpha}_2+4\boldsymbol{\alpha}_3$.

(B)

1. 2.

2. $10^{99}\begin{pmatrix}1&1&1&1\\2&2&2&2\\3&3&3&3\\4&4&4&4\end{pmatrix}$.

3. ～6. 证明略.

7. －16.

8. D.

9. $\begin{pmatrix}0&0&-2\\0&-3&5\\-6&3&-3\end{pmatrix}$.

10. (1) $a=5$；

(2)$\boldsymbol{\beta}_1=2\boldsymbol{\alpha}_1+4\boldsymbol{\alpha}_2-\boldsymbol{\alpha}_3$，$\boldsymbol{\beta}_2=\boldsymbol{\alpha}_1+2\boldsymbol{\alpha}_2$，$\boldsymbol{\beta}_3=5\boldsymbol{\alpha}_1+10\boldsymbol{\alpha}_2-2\boldsymbol{\alpha}_3$.

11. 证明略.

习　题　4

(A)

1. (1)$\boldsymbol{\xi}_1=(4,-9,4,3)^{\mathrm{T}}$ 为方程组的一个基础解系；

(2) $\boldsymbol{\xi}_1=(-2,1,0,0)^{\mathrm{T}}$，$\boldsymbol{\xi}_2=(1,0,0,1)^{\mathrm{T}}$ 为方程组的一个基础解系；

(3) 方程组只有零解；

(4) $\boldsymbol{\xi}_1=(3,19,17,0)^{\mathrm{T}}$，$\boldsymbol{\xi}_2=(-13,-20,0,17)^{\mathrm{T}}$ 为方程组的一个基础解系.

2. (1) 方程组无解；

(2) $\boldsymbol{X}=\boldsymbol{\eta}^*+k\boldsymbol{\xi}$ (k 为任意常数)，其中，$\boldsymbol{\eta}^*=\left(\frac{1}{2},0,0,0\right)^{\mathrm{T}}$，$\boldsymbol{\xi}=\left(\frac{1}{2},0,1,0\right)^{\mathrm{T}}$；

(3) $\boldsymbol{X}=\boldsymbol{\eta}^*+k_1\boldsymbol{\xi}_1+k_2\boldsymbol{\xi}_2$ (k_1,k_2 为任意常数)，其中，$\boldsymbol{\eta}^*=\left(\frac{6}{7},-\frac{5}{7},0,0\right)^{\mathrm{T}}$，$\boldsymbol{\xi}_1=(1,5,7,0)^{\mathrm{T}}$，$\boldsymbol{\xi}_2=(1,-9,0,7)^{\mathrm{T}}$；

(4) $\boldsymbol{X}=\boldsymbol{\eta}^*+k\boldsymbol{\xi}$($k$ 为任意常数)，其中，$\boldsymbol{\eta}^*=(-1,2,0)^{\mathrm{T}}$，$\boldsymbol{\xi}=(-2,1,1)^{\mathrm{T}}$.

3. (1) 当 $\lambda\neq-2$ 且 $\lambda\neq1$ 时，方程组有唯一解：

$$x_1=-\frac{\lambda+1}{\lambda+2},\quad x_2=\frac{1}{\lambda+2},\quad x_3=\frac{(\lambda+1)^2}{\lambda+2};$$

(2) 当$\lambda=-2$时,方程组无解;

(3) 当$\lambda=1$时,方程组有无穷多解:方程组的通解为$X=\eta^*+k_1\xi_1+k_2\xi_2$($k_1,k_2$为任意常数),其中$\eta^*=(1,0,0)^T$,$\xi_1=(-1,1,0)^T$,$\xi_2=(-1,0,1)^T$.

4. $\boldsymbol{X}=(2,3,4,5)^T+k(3,4,5,6)^T$($k$为任意实数).

5. (1)当$\lambda=-2$或$\lambda=1$时,方程组有解;

(2)当$\lambda=-2$时,方程组的通解为$\boldsymbol{X}=\boldsymbol{\eta}_1^*+k_1\boldsymbol{\xi}_1$($k_1$为任意常数),其中$\boldsymbol{\eta}_1^*=(2,2,0)^T$,$\boldsymbol{\xi}_1=(1,1,1)^T$.

当$\lambda=1$时,方程组的通解为$\boldsymbol{X}=\boldsymbol{\eta}_2^*+k_2\boldsymbol{\xi}_2$($k_2$为任意常数),其中$\boldsymbol{\eta}_2^*=(1,0,0)^T$,$\boldsymbol{\xi}_2=(1,1,1)^T$.

6. (1)当$t\neq-2$时,$R(\boldsymbol{A})\neq R(\bar{\boldsymbol{A}})$,方程组无解.

(2)当$t=-2$时,$R(\boldsymbol{A})=R(\bar{\boldsymbol{A}})$,方程组有解.

①当$k=-8$时,方程组的通解为$\boldsymbol{X}=\boldsymbol{\eta}_1^*+k_1\boldsymbol{\xi}_1+k_2\boldsymbol{\xi}_2$($k_1,k_2$为任意常数),其中

$\boldsymbol{\eta}_1^*=(-1,1,0,0)^T$, $\boldsymbol{\xi}_1=(4,-2,1,0)^T$, $\boldsymbol{\xi}_2=(-1,-2,0,1)^T$.

②当$k\neq-8$时,方程组的通解为$\boldsymbol{X}=\boldsymbol{\eta}_2^*+k_3\boldsymbol{\xi}_3$($k_3$为任意常数),其中$\boldsymbol{\eta}_2^*=(-1,1,0,0)^T$,$\boldsymbol{\xi}_3=(-1,-2,0,1)^T$.

7. 方程组的通解为$\boldsymbol{X}=\left(\frac{1}{2},\frac{1}{2},1,\frac{3}{2}\right)^T+k(0,1,-1,2)^T$($k$为任意常数).

8. $k=1$,且方程组的通解为$\boldsymbol{X}=k_1\boldsymbol{\xi}_1+k_2\boldsymbol{\xi}_2$($k_1,k_2$为任意常数),其中

$\boldsymbol{\xi}_1=(1,-1,1,0)^T$,$\boldsymbol{\xi}_2=(0,-1,0,1)^T$.

(B)

1. 方程组的通解为$\boldsymbol{X}=\left(\frac{1}{2},1,\frac{3}{2}\right)^T+k_1(0,1,2)^T+k_2(0,2,1)^T$($k_1,k_2$为任意常数).

2. ~4. 证明略.

5. (1)当$a\neq1$且$b\neq0$时,方程组有唯一解.

(2) 当$a=1,b=\frac{1}{2}$时,方程组有无穷多解.

(3) 当$a=1,b\neq\frac{1}{2}$或$b=0$时,方程组无解.

6. (1) 当$a\neq-1$且$a\neq1$时方程组有唯一解:$x_1=\frac{4a+1}{a^2-1}$, $x_2=\frac{2a^2-7a}{a^2-1}$, $x_3=\frac{-3a}{a+1}$.

(2) 当$a=-1$时,方程组无解.

(3) 当$a=1$时,方程组有无穷多解,其通解为$\boldsymbol{X}=\boldsymbol{\eta}^*+k\boldsymbol{\xi}$($k$为任意常数),其中$\boldsymbol{\eta}^*=(1,0,-1)^T$,$\boldsymbol{\xi}=(-1,1,0)^T$.

7. (1) 当$a=-1,b\neq0$时,$\boldsymbol{\beta}$不能表示成$\boldsymbol{\alpha}_1,\boldsymbol{\alpha}_2,\boldsymbol{\alpha}_3,\boldsymbol{\alpha}_4$的线性组合.

(2) 当$a\neq-1$时,$\boldsymbol{\beta}$可由$\boldsymbol{\alpha}_1,\boldsymbol{\alpha}_2,\boldsymbol{\alpha}_3,\boldsymbol{\alpha}_4$唯一线性表示,且

$$\boldsymbol{\beta}=-\frac{2b}{a+1}\boldsymbol{\alpha}_1+\frac{a+b+1}{a+1}\boldsymbol{\alpha}_2+\frac{b}{a+1}\boldsymbol{\alpha}_3+0\boldsymbol{\alpha}_4.$$

8. B.
9. A.
10. D.
11. B.

习 题 5

(A)

1. (1) $\lambda_1=2,\lambda_2=3$;

对应于 $\lambda_1=2$ 的全体特征向量为 $k_1\begin{pmatrix}1\\-1\end{pmatrix}(k_1\neq0)$;

对应于 $\lambda_2=3$ 的全体特征向量为 $k_2\begin{pmatrix}-1\\2\end{pmatrix}(k_2\neq0)$.

(2) $\lambda_1=-1,\lambda_2=0,\lambda_3=8$;

对应于 $\lambda_1=-1$ 的全体特征向量为 $k_1\begin{pmatrix}3\\-6\\2\end{pmatrix}(k_1\neq0)$;

对应于 $\lambda_2=0$ 的全体特征向量为 $k_2\begin{pmatrix}-1\\-1\\1\end{pmatrix}(k_2\neq0)$;

对应于 $\lambda_3=8$ 的全体特征向量为 $k_3\begin{pmatrix}3\\3\\5\end{pmatrix}(k_3\neq0)$.

(3) $\lambda_1=\lambda_2=\lambda_3=1$;

对应于 $\lambda_1=\lambda_2=\lambda_3=1$ 的全体特征向量为 $k\begin{pmatrix}1\\0\\0\end{pmatrix}(k\neq0)$.

(4) $\lambda_1=\lambda_2=\lambda_3=2,\lambda_4=-2$;

对应于 $\lambda_1=\lambda_2=\lambda_3=2$ 的全体特征向量为

$$k_1\begin{pmatrix}1\\1\\0\\0\end{pmatrix}+k_2\begin{pmatrix}1\\0\\1\\0\end{pmatrix}+k_3\begin{pmatrix}1\\0\\0\\1\end{pmatrix}\quad(k_1,k_2,k_3\text{ 不全为 }0);$$

对应于 $\lambda_4=-2$ 的全体特征向量为 $k_4\begin{pmatrix}1\\-1\\-1\\-1\end{pmatrix}(k_4\neq0)$.

2. $-\frac{3}{2},1,0$.

3. 4,0,6.

4. $\frac{8}{3}$.

5. (1) $\boldsymbol{P}=\begin{pmatrix}2&2&2\\6&0&2\\-3&-1&1\end{pmatrix},\boldsymbol{P}^{-1}\boldsymbol{AP}=\begin{pmatrix}-1&0&0\\0&3&0\\0&0&7\end{pmatrix}=\boldsymbol{D}$;

(2) $\boldsymbol{P}=\begin{pmatrix}3&4&-2\\2&1&0\\-2&-2&1\end{pmatrix},\boldsymbol{P}^{-1}\boldsymbol{AP}=\begin{pmatrix}0&0&0\\0&2&0\\0&0&4\end{pmatrix}=\boldsymbol{D}$;

(3) $\boldsymbol{P}=\begin{pmatrix}9&12&-4\\1&1&0\\-2&-3&1\end{pmatrix},\boldsymbol{P}^{-1}\boldsymbol{AP}=\begin{pmatrix}1&0&0\\0&2&0\\0&0&3\end{pmatrix}=\boldsymbol{D}$;

(4) $\boldsymbol{P}=\begin{pmatrix}0&1&1\\1&4&0\\3&0&-16\end{pmatrix},\boldsymbol{P}^{-1}\boldsymbol{AP}=\begin{pmatrix}0&0&0\\0&3&0\\0&0&3\end{pmatrix}=\boldsymbol{D}$.

6. $\frac{1}{2}\begin{pmatrix}2^{50}+4^{50}&4^{50}-2^{50}\\4^{50}-2^{50}&2^{50}+4^{50}\end{pmatrix}$.

7. $x=0,y=1$,全体特征值为 $\lambda_1=2,\lambda_2=1,\lambda_3=-1$.

8. $\boldsymbol{A}=\frac{1}{3}\begin{pmatrix}-1&0&2\\0&1&2\\2&2&0\end{pmatrix}$.

9. (1) 否; (2)是.

10. 证明略.

11. (1) $\boldsymbol{\eta}_1=(1,0,0)^{\mathrm{T}},\boldsymbol{\eta}_2=\frac{\sqrt{2}}{2}(0,1,1)^{\mathrm{T}},\boldsymbol{\eta}_3=\frac{\sqrt{2}}{2}(0,-1,1)^{\mathrm{T}}$;

(2) $\boldsymbol{\eta}_1=\frac{1}{3\sqrt{3}}(1,0,0,-5,-1)^{\mathrm{T}},\boldsymbol{\eta}_2=\frac{1}{3\sqrt{15}}(-7,9,0,-1,-2)^{\mathrm{T}},\boldsymbol{\eta}_3=\frac{1}{3\sqrt{35}}(7,6,15,1,2)^{\mathrm{T}}$.

(3) $\boldsymbol{\eta}_1=\frac{\sqrt{2}}{2}(1,0,0,0,1)^{\mathrm{T}},\boldsymbol{\eta}_2=\frac{\sqrt{10}}{10}(1,0,-2,2,-1)^{\mathrm{T}},\boldsymbol{\eta}_3=\frac{1}{2}(1,1,1,0,-1)^{\mathrm{T}}$.

12. (1) $\boldsymbol{P}=\frac{1}{3}\begin{pmatrix}-2&2&1\\-1&-2&2\\2&1&2\end{pmatrix},\boldsymbol{P}^{\mathrm{T}}\boldsymbol{AP}=\begin{pmatrix}1&&\\&4&\\&&-2\end{pmatrix}=\boldsymbol{D}$;

(2) $\boldsymbol{P}=\begin{pmatrix}\frac{-1}{3} & \frac{-2}{\sqrt{5}} & \frac{2}{3\sqrt{5}}\\ \frac{-2}{3} & \frac{1}{\sqrt{5}} & \frac{4}{3\sqrt{5}}\\ \frac{2}{3} & 0 & \frac{5}{3\sqrt{5}}\end{pmatrix}$, $\boldsymbol{P}^{\mathrm{T}}\boldsymbol{AP}=\begin{pmatrix}10 & & \\ & 1 & \\ & & 1\end{pmatrix}=\boldsymbol{D}$;

(3) $\boldsymbol{P}=\frac{1}{2}\begin{pmatrix}1 & 1 & -1 & 1\\ 1 & 1 & 1 & -1\\ 1 & -1 & -1 & -1\\ 1 & -1 & 1 & 1\end{pmatrix}$, $\boldsymbol{P}^{\mathrm{T}}\boldsymbol{AP}=\begin{pmatrix}5 & & & \\ & -5 & & \\ & & 3 & \\ & & & -3\end{pmatrix}=\boldsymbol{D}$.

(B)

1. $\lambda_1=n,\lambda_2=\lambda_3=\cdots=\lambda_n=0$.
2. 1.
3. $\left(\frac{|\boldsymbol{A}|}{\lambda}\right)^2+3$.
4. 证明略.
5. $t=-1$ 时,矩阵 $\boldsymbol{A}$ 可相似对角化.
6. ~7. 证明略.
8. 0,-2,-2.
9. 证明略.

习　题　6

(A)

1. (1) 否;

(2) 是,二次型的矩阵为 $\boldsymbol{A}=\begin{pmatrix}1 & 2\\ 2 & 3\end{pmatrix}$;

(3) 是,二次型的矩阵为 $\boldsymbol{A}=\begin{pmatrix}1 & 1 & 2\\ 1 & 3 & 1\\ 2 & 1 & 2\end{pmatrix}$;

(4) 否.

2. (1)秩是 2,二次型的矩阵为 $\boldsymbol{A}=\begin{pmatrix}1 & -2\\ -2 & 1\end{pmatrix}$;

(2) 秩是 4，二次型的矩阵为 $\mathbf{A}=\begin{pmatrix} 0 & \frac{1}{2} & -\frac{1}{2} & 0 \\ \frac{1}{2} & 0 & 1 & 0 \\ -\frac{1}{2} & 1 & 0 & 0 \\ 0 & 0 & 0 & 1 \end{pmatrix}$.

3. (1) 二次型为 $f(x_1,x_2,x_3)=2x_1^2+x_2^2+2x_3^2+4x_1x_2+10x_1x_3$；

(2) 二次型为 $f(x_1,x_2,x_3)=x_2^2+2x_1x_3$.

4. (1) 秩是 3，标准形为 $f=y_1^2+y_2^2+2y_3^2$；

(2) 秩是 2，标准形为 $f=y_1^2+y_2^2$；

(3) 秩是 4，标准形为 $f=y_1^2+y_2^2-y_3^2-y_4^2$.

5. (1) $\begin{pmatrix} x_1 \\ x_2 \\ x_3 \end{pmatrix}=\begin{pmatrix} 1 & 0 & 0 \\ 0 & \frac{1}{\sqrt{2}} & \frac{1}{\sqrt{2}} \\ 0 & \frac{1}{\sqrt{2}} & -\frac{1}{\sqrt{2}} \end{pmatrix}\begin{pmatrix} y_1 \\ y_2 \\ y_3 \end{pmatrix}$，标准形为 $f=2y_1^2+5y_2^2+y_3^2$；

(2) $\begin{pmatrix} x_1 \\ x_2 \\ x_3 \\ x_4 \end{pmatrix}=\begin{pmatrix} \frac{1}{2} & \frac{1}{2} & \frac{1}{\sqrt{2}} & 0 \\ -\frac{1}{2} & \frac{1}{2} & 0 & \frac{1}{\sqrt{2}} \\ -\frac{1}{2} & -\frac{1}{2} & \frac{1}{\sqrt{2}} & 0 \\ \frac{1}{2} & -\frac{1}{2} & 0 & \frac{1}{\sqrt{2}} \end{pmatrix}\begin{pmatrix} y_1 \\ y_2 \\ y_3 \\ y_4 \end{pmatrix}$，标准形为 $f=-y_1^2+3y_2^2+y_3^2+y_4^2$；

(3) $\begin{pmatrix} x_1 \\ x_2 \\ x_3 \end{pmatrix}=\frac{1}{3}\begin{pmatrix} 2 & 2 & 1 \\ 1 & -2 & 2 \\ -2 & 1 & 2 \end{pmatrix}\begin{pmatrix} y_1 \\ y_2 \\ y_3 \end{pmatrix}$，标准形为 $f=y_1^2+4y_2^2-2y_3^2$.

6. (1) $f=(x_1,x_2,x_3)\begin{pmatrix} 1 & 2 & 1 \\ 2 & 4 & 2 \\ 1 & 2 & 1 \end{pmatrix}\begin{pmatrix} x_1 \\ x_2 \\ x_3 \end{pmatrix}$标准形为 y_1^2；

(2) $f=(x_1,x_2,x_3)\begin{pmatrix} 1 & 1 & 2 \\ 1 & 3 & \frac{1}{2} \\ 2 & \frac{1}{2} & 7 \end{pmatrix}\begin{pmatrix} x_1 \\ x_2 \\ x_3 \end{pmatrix}$，标准形为 $y_1^2+y_2^2+y_3^2$；

(3) $f=(x_1,x_2,x_3,x_4)\begin{pmatrix} 1 & -1 & 2 & -1 \\ -1 & 1 & 3 & -2 \\ 2 & 3 & 1 & 0 \\ -1 & -2 & 0 & 1 \end{pmatrix}\begin{pmatrix} x_1 \\ x_2 \\ x_3 \\ x_4 \end{pmatrix}$，标准形为 $y_1^2+y_2^2+y_3^2-y_4^2$；

(4) $f=(x_1,x_2,x_3)\begin{pmatrix}2&2&-2\\2&5&-4\\-2&-4&5\end{pmatrix}\begin{pmatrix}x_1\\x_2\\x_3\end{pmatrix}$,标准形为 $y_1^2+y_2^2+10y_3^2$.

7. (1)否;(2)正定;(3)正定;(4)否.

(B)

1. $t=\frac{3}{7}$.

2. (1)$-\frac{1}{\sqrt{2}}<t<\frac{1}{\sqrt{2}}$; (2)$-1<t<1$.

3. 证明略.

4. 证明略. 提示:证明 $\boldsymbol{A}$ 的特征值只有 1 或 0.

5. 由特征值、特征向量定义设出并求之.

6. 将 $\boldsymbol{A}$ 代入由二次型正定的定义证之.

7. 由标准形理论及合同变换证之.

8. 与所对应的二次型的矩阵相似,从而有相同的特征值,比较系数可得 $a=3,b=1$;再将 a,b 的值代入,求特征向量,从而求得

$$\boldsymbol{P}=\begin{pmatrix}\frac{1}{\sqrt{2}}&\frac{1}{\sqrt{3}}&\frac{1}{\sqrt{6}}\\0&-\frac{1}{\sqrt{3}}&\frac{2}{\sqrt{6}}\\-\frac{1}{\sqrt{2}}&\frac{1}{\sqrt{3}}&\frac{1}{\sqrt{6}}\end{pmatrix}.$$

9. 通过判断 $\boldsymbol{B}$ 的特征值大于零验证.

10. $a=2$,

$$\boldsymbol{P}=\begin{pmatrix}\frac{1}{\sqrt{2}}&\frac{1}{\sqrt{3}}&\frac{1}{\sqrt{6}}\\0&-\frac{1}{\sqrt{3}}&\frac{2}{\sqrt{6}}\\-\frac{1}{\sqrt{2}}&\frac{1}{\sqrt{3}}&\frac{1}{\sqrt{6}}\end{pmatrix}.$$

11. $f=3y_1^2$.

自 测 题

自测题一

一、填空题(每空 3 分,共 30 分)

1. 设可逆方阵 $\boldsymbol{A}$ 有一个特征值为 2,则$\left(\frac{1}{3}\boldsymbol{A}^2\right)^{-1}$必有一个特征值为________.

2. 行列式$\begin{vmatrix} 1 & 1 & 1 \\ x & y & z \\ x^2 & y^2 & z^2 \end{vmatrix}=$________.

3. 设 $\boldsymbol{A}=\begin{pmatrix} 1 & 2 & 3 \\ 4 & 5 & 6 \end{pmatrix}$,则 $R(\boldsymbol{A}^{\mathrm{T}}\boldsymbol{A})=$________.

4. 设 $\boldsymbol{A}=\begin{pmatrix} 3 & 2 \\ 1 & 6 \end{pmatrix}$,则 $\boldsymbol{A}^{-1}=$________.

5. 设 $\boldsymbol{\alpha}_1=(0,1,1,\sqrt{3})^{\mathrm{T}}$,$\boldsymbol{\alpha}_2=(0,1,0,0)^{\mathrm{T}}$,则向量 $\boldsymbol{\alpha}_1$ 与 $\boldsymbol{\alpha}_2$ 的夹角为________.

6. 设 $\boldsymbol{A}=\begin{pmatrix} 1 & -2 & 3 \\ 5 & 3 & \lambda \\ 3 & 7 & -4 \end{pmatrix}$,已知 $R(\boldsymbol{A})=2$,则 $\lambda=$________.

7. 四阶行列式 D 的项:$a_{11}a_{43}a_{32}a_{24}$应取________号.

8. 二次型 $f=2x_1x_2+2x_1x_3-2x_1x_4-2x_2x_3+2x_2x_4+2x_3x_4$ 的矩阵________.

9. 实对称矩阵的对应于不同特征值的特征向量一定是________.

10. 设 $\boldsymbol{A}$ 为三阶方阵,且$|\boldsymbol{A}|=1$,k 为非零常数,则$|k\boldsymbol{A}|=$________.

二、计算行列式(共 10 分)

1. $D_4=\begin{vmatrix} 1+a_1 & 1 & 1 & 1 \\ 1 & 1+a_2 & 1 & 1 \\ 1 & 1 & 1+a_3 & 1 \\ 1 & 1 & 1 & 1+a_4 \end{vmatrix}$.

2. $D_n=\begin{vmatrix} x & y & 0 & \cdots & 0 & 0 \\ 0 & x & y & \cdots & 0 & 0 \\ \vdots & \vdots & \vdots & & \vdots & \vdots \\ 0 & 0 & 0 & \cdots & x & y \\ y & 0 & 0 & \cdots & 0 & x \end{vmatrix}$.

三、(共 12 分) 向量组 $\boldsymbol{\alpha}_1=(1,-2,-1,0)^{\mathrm{T}}$,$\boldsymbol{\alpha}_2=(-1,2,1,3)^{\mathrm{T}}$,$\boldsymbol{\alpha}_3=$

$(2,-1,0,2)^{\mathrm{T}}$，$\boldsymbol{\alpha}_4=(1,1,1,1)^{\mathrm{T}}$.

1. 求一个极大无关组；

2. 把其余向量用上面的极大无关组表示.

四、(共 12 分)

设方阵

$$\boldsymbol{A}=\begin{pmatrix}1&2&3\\2&1&2\\1&3&4\end{pmatrix}.$$

求 $\boldsymbol{A}^{-1}$.

五、(共 12 分)　讨论 a 取何值时以下线性方程组有唯一解、无穷多解或无解？并在有解时求解.

$$\begin{cases}x_1+x_2+ax_3=1,\\ax_1+x_2+x_3=1,\\x_1+x_2+x_3=a.\end{cases}$$

六、(共 12 分)　设方阵 $\boldsymbol{A}=\begin{pmatrix}-2&0&0\\2&0&2\\3&1&1\end{pmatrix}$.

1. 求 $\boldsymbol{A}$ 的特征值和特征向量；

2. 求 $\boldsymbol{A}^n$.

七、(共 12 分)　已知三元二次型 $f(x_1,x_2,x_3)=x_1^2+x_2^2+x_3^2+6x_2x_3$.

1. 写出二次型的矩阵 $\boldsymbol{A}$，并求出二次型的秩；

2. 用正交变换法化此二次型为标准形，并求所经过的正交变换 $\boldsymbol{X}=\boldsymbol{PY}$.

自 测 题 二

一、填空题(每空 3 分，共 30 分)

1. 三维单位列向量 $\boldsymbol{\varepsilon}_1=\begin{pmatrix}1\\0\\0\end{pmatrix}$，$\boldsymbol{\varepsilon}_2=\begin{pmatrix}0\\1\\0\end{pmatrix}$，$\boldsymbol{\varepsilon}_3=\begin{pmatrix}0\\0\\1\end{pmatrix}$的线性关系为________(线性相关或者线性无关).

2. 已知 $\boldsymbol{A}$ 为三阶方阵，$\boldsymbol{A}^*$ 为其伴随矩阵，$\boldsymbol{A}$ 的行列式为 $|\boldsymbol{A}|=-2$，则 $|-2\boldsymbol{A}^{-1}|=$________，$|3\boldsymbol{A}^*+4\boldsymbol{A}^{-1}|=$________.

3. 排列 4321 的逆序数等于________，该排列为________排列(填奇、偶).

4. 设向量 $\boldsymbol{\alpha}=\begin{pmatrix}1\\-2\\0\end{pmatrix}$，$\boldsymbol{\beta}=\begin{pmatrix}2\\1\\-1\end{pmatrix}$，则向量 $\boldsymbol{\alpha}$ 与 $\boldsymbol{\beta}$ 的内积等于________，向量 $\boldsymbol{\alpha}$

与 $\boldsymbol{\beta}$ 的距离等于________，向量 $\boldsymbol{\alpha}$ 与 $\boldsymbol{\beta}$ 的夹角等于________.

5. 矩阵 $\boldsymbol{A}=\begin{pmatrix}1 & 2 & k\\4 & -2 & 1\\3 & -1 & -3\end{pmatrix}$ 中元素 4 的代数余子式等于 0，则 $k=$________.

6. 已知三阶矩阵 $\boldsymbol{A}$ 的行列式为 $|\boldsymbol{A}|=-2$，其中 $\lambda_1=\lambda_2=1$ 为矩阵 $\boldsymbol{A}$ 的两个特征值，则矩阵 $\boldsymbol{A}$ 的另一特征值等于________.

二、计算行列式(共 10 分)

1. $D_4=\begin{vmatrix}1 & 1 & 1 & 1\\2 & 1 & 2 & -1\\0 & 0 & -1 & 3\\1 & -1 & 2 & -2\end{vmatrix}$.

2. $D_n=\begin{vmatrix}4 & 2 & 2 & \cdots & 2\\2 & 4 & 2 & \cdots & 2\\2 & 2 & 4 & \cdots & 2\\\vdots & \vdots & \vdots & & \vdots\\2 & 2 & 2 & \cdots & 4\end{vmatrix}$.

三、(共 15 分)　已知非齐次线性方程组

$$\begin{cases}\lambda x_1+x_2+x_3=1,\\x_1+\lambda x_2+x_3=3,\\x_1+2\lambda x_2+x_3=3,\end{cases}$$

问当 λ 取何值时，方程组有(1)唯一解；(2)无解；(3)无穷多解？并且在有解的情况下求解.

四、(共 15 分)　已知 $\boldsymbol{A}=\begin{pmatrix}1 & 0 & 1\\0 & 1 & 1\\2 & 1 & 0\end{pmatrix}$，$\boldsymbol{B}=\begin{pmatrix}1 & -1\\2 & 0\\0 & 3\end{pmatrix}$，求解以下问题：

1. $\boldsymbol{A}$ 的逆矩阵 $\boldsymbol{A}^{-1}$；

2. 满足矩阵方程 $\boldsymbol{AX}=\boldsymbol{B}$ 的矩阵 $\boldsymbol{X}$.

五、(共 15 分)　设三阶方阵 $\boldsymbol{A}$ 的特征值为 $\lambda_1=1$，$\lambda_2=-1$，$\lambda_3=0$，对应的特征向量依次为 $\boldsymbol{\alpha}_1=\begin{pmatrix}1\\0\\1\end{pmatrix}$，$\boldsymbol{\alpha}_2=\begin{pmatrix}1\\1\\2\end{pmatrix}$，$\boldsymbol{\alpha}_3=\begin{pmatrix}-1\\0\\0\end{pmatrix}$，求 $\boldsymbol{A}$.

六、(共 15 分)　已知三元二次型 $f(x_1,x_2,x_3)=x_1^2+4x_2^2+x_3^2-4x_1x_2-8x_1x_3-4x_2x_3$.

1. 请写出该二次型的矩阵，并求出此二次型的秩；

2. 用正交变换法化此二次型为标准形,并求所经过的正交变换 $\boldsymbol{X}=\boldsymbol{P}\boldsymbol{Y}$.

自测题三

一、填空题(每空 3 分,共 30 分)

1. 二次型 $f(x_1,x_2,x_3)=x_1^2-2x_3^2-4x_1x_3+6x_2x_3$ 的矩阵为________.

2. 已知 2 为 n 阶可逆阵 $\boldsymbol{A}$ 的一个特征根,则 $2\boldsymbol{A}^2-\boldsymbol{A}$ 的一个特征根为________.

3. 已知六元非齐次线性方程组 $\boldsymbol{AX}=\boldsymbol{\beta}$,系数矩阵 $\boldsymbol{A}$ 的秩 $R(\boldsymbol{A})=5$,且 $\boldsymbol{\alpha}_1,\boldsymbol{\alpha}_2$ 是它的两个线性无关的解向量,则它的通解为________.

4. 设 $\boldsymbol{A}=\begin{pmatrix}1 & -1 & 2\\ 0 & 2 & -3\end{pmatrix}$,则 $R(\boldsymbol{A}^{\mathrm{T}}\boldsymbol{A})=$________.

5. 设三阶方阵 $\boldsymbol{A}$ 的行列式 $|\boldsymbol{A}|=4$,$\boldsymbol{A}^*$ 表示 $\boldsymbol{A}$ 的伴随矩阵,则 $|2\boldsymbol{A}^*+2\boldsymbol{A}^{-1}|=$________.

6. 设 $\boldsymbol{A}=\begin{pmatrix}1 & 2 & -1\\ x & 0 & -2\\ 2 & 4 & 3\end{pmatrix}$ 的元素 -1 的代数余子式等于 4,则 $x=$________.

7. 设 $f(x)=x^2+2x-1$,若 n 阶方阵 $\boldsymbol{A}$ 满足 $f(\boldsymbol{A})=\boldsymbol{O}$,则 $\boldsymbol{A}^{-1}=$________.

8. 若三阶行列式 D 的项:$a_{1i}a_{2j}a_{31}$ 取正号,则 $i=$________.

9. 若 $\boldsymbol{\alpha}=\begin{pmatrix}1\\ -1\\ x\\ 0\end{pmatrix}$ 与 $\boldsymbol{\beta}=\begin{pmatrix}y\\ 2\\ 1\\ -4\end{pmatrix}$ 正交,则 x,y 满足的条件是________. 又若 $\boldsymbol{\alpha}$ 的长度 $\|\boldsymbol{\alpha}\|=\sqrt{6}$,则 $x=$________.

二、(共 12 分)　已知三元二次型 $f(x_1,x_2,x_3)=3x_1^2+3x_2^2+3x_3^2-2x_2x_3$.

1. 写出二次型 f 的矩阵表示形式;

2. 用正交变换法化此二次型为标准形,并求所经过的正交变换 $\boldsymbol{X}=\boldsymbol{P}\boldsymbol{Y}$.

三、(共 12 分)　确定 a 的取值和以下线性方程组的解之间的关系,并在有解时求解:

$$\begin{cases}x_1+2x_2+x_3=1,\\ 2x_1-x_2=a,\\ x_1-3x_2+ax_3=3a.\end{cases}$$

四、(共 12 分)　求满足 $\boldsymbol{AX}=\boldsymbol{B}$ 的矩阵 $\boldsymbol{X}$,

$$\boldsymbol{A}=\begin{pmatrix}3 & 1 & 2\\ -4 & -1 & -4\\ -1 & 0 & -1\end{pmatrix},\quad \boldsymbol{B}=\begin{pmatrix}1 & 2\\ 0 & -3\\ 2 & 1\end{pmatrix}.$$

五、(共 12 分) 设$\boldsymbol{A}=\begin{pmatrix}1&2&0\\0&-1&0\\-4&-2&-3\end{pmatrix}$,求:

1. 可逆矩阵$\boldsymbol{P}$以及对角阵$\boldsymbol{D}$,使得$\boldsymbol{P}^{-1}\boldsymbol{A}\boldsymbol{P}=\boldsymbol{D}$;

2. $\boldsymbol{A}^{100}$.

六、(共 12 分) 计算行列式:

1. $D_4=\begin{vmatrix}1&0&-1&2\\3&-1&2&-4\\0&1&0&3\\-2&1&-1&3\end{vmatrix}$.

2. $D_{2016}=\begin{vmatrix}2016&2015&2015&\cdots&2015\\2015&2016&2015&\cdots&2015\\2015&2015&2016&\cdots&2015\\\vdots&\vdots&\vdots&&\vdots\\2015&2015&2015&\cdots&2016\end{vmatrix}_{2016}$.

七、(共 10 分) 设向量组 T:$\boldsymbol{\alpha}_1=(1,2,0,1)^{\mathrm{T}}$,$\boldsymbol{\alpha}_2=(2,-1,3,0)^{\mathrm{T}}$,$\boldsymbol{\alpha}_3=(-3,0,1,4)^{\mathrm{T}}$,$\boldsymbol{\alpha}_4=(-3,5,-2,6)^{\mathrm{T}}$,求向量组 T 的一个极大线性无关组,并用其表示其余向量.

自 测 题 四

一、填空题(每空 2 分,共 12 分)

1. 设$\boldsymbol{A}$是 3 阶方阵且$|\boldsymbol{A}|=2$,则$|2\boldsymbol{A}^{-1}|=$________,$|\boldsymbol{A}\boldsymbol{A}^{*}|=$________.

2. 设$\boldsymbol{A}=\begin{pmatrix}1&-1&0&1\\-1&0&1&k\\0&1&-1&-2\end{pmatrix}$的秩为 2,则$k=$________.

3. 向量组 $\boldsymbol{\alpha}_1=(1,3,1,0,0)^{\mathrm{T}}$,$\boldsymbol{\alpha}_2=(-1,6,0,1,0)^{\mathrm{T}}$,$\boldsymbol{\alpha}_3=(2,4,0,0,1)^{\mathrm{T}}$ ________(填线性相关或线性无关).

4. 设$\boldsymbol{A}=\begin{pmatrix}2&1&0\\1&1&2\\-1&2&1\end{pmatrix}$,$\boldsymbol{B}=\begin{pmatrix}1&-1\\0&2\\3&2\end{pmatrix}$,则$\boldsymbol{A}^{\mathrm{T}}\boldsymbol{B}=$________.

5. 二次型 $f=3x_1^2-2x_2^2+3x_1x_3-2x_2x_3$ 的矩阵是________.

二、选择题(每题 2 分,共 10 分)

1. $\boldsymbol{A}$,$\boldsymbol{B}$是 n 阶方阵,下列结论正确的是(　　).

A. $\boldsymbol{A}^2=\boldsymbol{O}$,则$\boldsymbol{A}=\boldsymbol{O}$;　　B. $\boldsymbol{A}^2=\boldsymbol{A}$,则$\boldsymbol{A}=\boldsymbol{O}$或$\boldsymbol{A}=\boldsymbol{E}$;

C. $(\boldsymbol{A}-\boldsymbol{B})(\boldsymbol{A}+\boldsymbol{B})=\boldsymbol{A}^2-\boldsymbol{B}^2$;　　D. $(\boldsymbol{A}-\boldsymbol{B})^2=\boldsymbol{A}^2-\boldsymbol{A}\boldsymbol{B}-\boldsymbol{B}\boldsymbol{A}+\boldsymbol{B}^2$.

2. $\boldsymbol{A},\boldsymbol{B}$ 是 n 阶方阵，则 $R(\boldsymbol{A}+\boldsymbol{B})$(　　).

A. $\geqslant \max\{R(\boldsymbol{A}),R(\boldsymbol{B})\}$；　　B. $\leqslant \min\{R(\boldsymbol{A}),R(\boldsymbol{B})\}$；

C. $\geqslant R(\boldsymbol{A})+R(\boldsymbol{B})$；　　D. $\leqslant R(\boldsymbol{A})+R(\boldsymbol{B})$.

3. 设 $\lambda=2$ 是可逆矩阵 $\boldsymbol{A}$ 的一个特征值，则 $2\boldsymbol{A}^2-4\boldsymbol{A}^{-1}$ 有一个特征值为(　　).

A. 2；　　B. 4；　　C. 6；　　D. 8.

4. 设向量 $\boldsymbol{\eta}_1,\boldsymbol{\eta}_2$ 是线性方程组 $\boldsymbol{AX}=\boldsymbol{\beta}(\boldsymbol{\beta}\neq\boldsymbol{0})$ 的两个解，则(　　).

A. $\boldsymbol{\eta}_1+\boldsymbol{\eta}_2$ 是 $\boldsymbol{AX}=\boldsymbol{0}$ 的解；　　B. $\boldsymbol{\eta}_1-\boldsymbol{\eta}_2$ 是 $\boldsymbol{AX}=\boldsymbol{\beta}$ 的解；

C. $\boldsymbol{\eta}_1+\boldsymbol{\eta}_2$ 是 $\boldsymbol{AX}=\boldsymbol{\beta}$ 的解；　　D. $\boldsymbol{\eta}_1-\boldsymbol{\eta}_2$ 是 $\boldsymbol{AX}=\boldsymbol{0}$ 的解.

5. 若矩阵 $\boldsymbol{A}^{\mathrm{T}}=-\boldsymbol{A}$，则称 $\boldsymbol{A}$ 为反对称矩阵. 若 $\boldsymbol{A}$ 为 n 阶反对称矩阵，$\boldsymbol{B}$ 为 n 阶对称矩阵，则下列矩阵为反对称矩阵的是(　　).

A. $\boldsymbol{BA}-\boldsymbol{AB}$；　　B. $(\boldsymbol{AB})^2$；　　C. $\boldsymbol{AB}+\boldsymbol{BA}$；　　D. $\boldsymbol{ABA}$.

三、计算以下各题(共 55 分)

1. (10 分)　求四阶行列式 $D_4=\begin{vmatrix}1&1&5&1\\2&3&10&0\\2&0&2&1\\4&2&0&7\end{vmatrix}$ 的值.

2. (10 分)　计算 n 阶行列式 $D_n=\begin{vmatrix}1&1&1&\cdots&1\\1&2&1&\cdots&1\\1&1&3&\cdots&1\\\vdots&\vdots&\vdots&&\vdots\\1&1&1&\cdots&n\end{vmatrix}$ 的值.

3. (10 分)　设 $\boldsymbol{A}=\begin{pmatrix}1&2&-1\\3&1&0\\-1&-1&-2\end{pmatrix}$，求矩阵 $\boldsymbol{A}$ 的逆矩阵.

4. (10 分) 设向量组 T：$\boldsymbol{\alpha}_1=(1,1,1,3)^{\mathrm{T}}$，$\boldsymbol{\alpha}_2=(-1,-3,5,1)^{\mathrm{T}}$，$\boldsymbol{\alpha}_3=(3,2,-1,p+2)^{\mathrm{T}}$，$\boldsymbol{\alpha}_4=(-2,-6,10,p)^{\mathrm{T}}$，当 p 为何值时，该向量组线性相关？并在此时求出它的秩和一个极大线性无关组，并用此极大线性无关组表示其余向量.

5. (15 分)　设 $\boldsymbol{A}=\begin{pmatrix}2&-1&-1\\-1&2&-1\\-1&-1&2\end{pmatrix}$. 求：

1. $\boldsymbol{A}$ 的特征值和特征向量；

2. 可逆矩阵 $\boldsymbol{P}$ 和对角形矩阵 $\boldsymbol{D}$，使得 $\boldsymbol{P}^{-1}\boldsymbol{AP}=\boldsymbol{D}$；

3. $\boldsymbol{A}^n$.

四、(共 23 分)

1. (10 分)　求以下齐次线性方程组的一个基础解系：

$$\begin{cases} x_1-x_2+x_3-x_4=0, \\ 2x_1+x_2+x_3-2x_4=0, \\ 3x_1+3x_2+x_3-3x_4=0. \end{cases}$$

2. (13 分)　讨论 a 分别取何值时,非齐次线性方程组

$$\begin{cases} ax_1+x_2+x_3=a-3, \\ x_1+ax_2+x_3=-2, \\ x_1+x_2+ax_3=-2 \end{cases}$$

无解、有唯一解或无穷多解?

自 测 题 五

一、填空题(每空 2 分,共 10 分)

1. 已知 $\boldsymbol{A}$ 为三阶方阵,且 $|\boldsymbol{A}|=2$,则 $\left|(2\boldsymbol{A})^{-1}+\frac{3}{4}\boldsymbol{A}^*\right|=$________.

2. 若 $\boldsymbol{A}=\begin{pmatrix} 1 & 2 \\ -1 & 3 \end{pmatrix}$,$\boldsymbol{B}=\begin{pmatrix} -1 & -2 & 3 \\ 1 & 2 & -1 \end{pmatrix}$,则 $R(\boldsymbol{AB})=$________.

3. 设向量 $\boldsymbol{\alpha}=(1,2,2)^{\mathrm{T}}$,则 $3\boldsymbol{\alpha}$ 的长度 $\|3\boldsymbol{\alpha}\|=$________.

4. 设 $\boldsymbol{A}$ 为不可逆方阵,则 $\boldsymbol{A}$ 有一个特征值为________.

5. 设 $\boldsymbol{\alpha}=\begin{pmatrix} 1 \\ x \\ x \end{pmatrix}$ 与 $\boldsymbol{\beta}=\begin{pmatrix} 1 \\ x \\ -2 \end{pmatrix}$ 正交,则 $x=$________.

二、选择题(每题 2 分,共 10 分)

1. 设 $\boldsymbol{A}$ 为 n 阶可逆方阵,则下列结论不成立的是(　　).

A. $|\boldsymbol{A}|\neq 0$;

B. $R(\boldsymbol{A})=n$;

C. $\boldsymbol{A}$ 可表示为有限个初等矩阵的乘积;

D. 齐次线性方程组 $\boldsymbol{AX}=\boldsymbol{0}$ 有非零解.

2. n 阶方阵 $\boldsymbol{A}$ 相似于对角阵的充分必要条件是(　　).

A. $\boldsymbol{A}$ 有 n 个互不相同的特征值;　　B. $\boldsymbol{A}$ 有 n 个互不相同的特征向量;

C. $\boldsymbol{A}$ 有 n 个线性无关的特征向量;　D. $\boldsymbol{A}$ 有 n 个两两正交的特征向量.

3. 已知方阵 $\boldsymbol{A}=\begin{pmatrix} 3 & 2 & 0 \\ 2 & 4 & -2 \\ 0 & -2 & 5 \end{pmatrix}$ 为正定矩阵,则其相似的对角阵为(　　).

A. $\begin{pmatrix} 1 & 0 & 0 \\ 0 & 1 & 0 \\ 0 & 0 & 1 \end{pmatrix}$;　　B. $\begin{pmatrix} 2 & 0 & 0 \\ 0 & 0 & 0 \\ 0 & 0 & 10 \end{pmatrix}$;

C. $\begin{pmatrix}1&0&0\\0&4&0\\0&0&7\end{pmatrix}$； D. $\begin{pmatrix}-1&0&0\\0&6&0\\0&0&7\end{pmatrix}$.

4. 设 $\boldsymbol{A}$,$\boldsymbol{B}$ 都是 n 阶非零矩阵,且 $\boldsymbol{AB}=\boldsymbol{O}$,则 $\boldsymbol{A}$ 和 $\boldsymbol{B}$ 的秩(　　).

A. 必有一个为 0； B. 一个小于 n,一个大于 n；

C. 都小于 n； D. 都等于 n.

5. 设向量组 $\boldsymbol{\alpha}_1,\boldsymbol{\alpha}_2,\boldsymbol{\alpha}_3$ 线性无关,向量组 $\boldsymbol{\alpha}_2,\boldsymbol{\alpha}_3,\boldsymbol{\alpha}_4$ 线性相关,则(　　).

A. $\boldsymbol{\alpha}_2$ 可由 $\boldsymbol{\alpha}_3,\boldsymbol{\alpha}_4$ 线性表示；

B. $\boldsymbol{\alpha}_4$ 可由 $\boldsymbol{\alpha}_2,\boldsymbol{\alpha}_3$ 线性表示；

C. $\boldsymbol{\alpha}_4$ 不可由 $\boldsymbol{\alpha}_1,\boldsymbol{\alpha}_2,\boldsymbol{\alpha}_3$ 线性表示；

D. $\boldsymbol{\alpha}_4$ 可由 $\boldsymbol{\alpha}_2,\boldsymbol{\alpha}_3$ 线性表示,但表示法不唯一.

三、求下列行列式的值(共 14 分)

1. $D_4=\begin{vmatrix}3&1&-1&2\\-5&1&3&-4\\2&0&1&-1\\1&-5&3&-3\end{vmatrix}$.

2. $D_n=\begin{vmatrix}x-b&b&b&\cdots&b\\b&x-b&b&\cdots&b\\b&b&x-b&\cdots&b\\\vdots&\vdots&\vdots&&\vdots\\b&b&b&\cdots&x-b\end{vmatrix}_n$.

四、(共 12 分)　设向量组 T：

$$\boldsymbol{\alpha}_1=\begin{pmatrix}1\\2\\2\\3\end{pmatrix},\quad \boldsymbol{\alpha}_2=\begin{pmatrix}1\\-1\\-3\\6\end{pmatrix},\quad \boldsymbol{\alpha}_3=\begin{pmatrix}1\\1\\-1\\7\end{pmatrix},\quad \boldsymbol{\alpha}_4=\begin{pmatrix}4\\2\\2\\9\end{pmatrix}.$$

1. 求向量组 T 的秩.
2. 判断向量组的线性相关性.
3. 求向量组的一个极大线性无关组.
4. 用此极大线性无关组表示其余向量.

五、(共 12 分)　设方阵 $\boldsymbol{A}=\begin{pmatrix}1&2&0\\2&3&1\\2&0&2\end{pmatrix}$,$\boldsymbol{B}=\begin{pmatrix}1&0\\0&2\\1&3\end{pmatrix}$,满足 $\boldsymbol{AX}=\boldsymbol{B}$,求 $\boldsymbol{X}$.

六、(共 15 分)　讨论 λ 分别取何值时,方程组

$$\begin{cases} x_1+x_2+x_3=1, \\ x_1+2x_2+\lambda x_3=1, \\ x_1+4x_2+\lambda^2 x_3=\lambda \end{cases}$$

无解、有唯一解和有无穷多解,并在有解时求出解.

七、(共 15 分)　设方阵 $\boldsymbol{A}=\begin{pmatrix} 1 & -1 & 1 \\ 2 & -2 & 2 \\ -1 & 1 & -1 \end{pmatrix}$,求:

1. $\boldsymbol{A}$ 的特征值和特征向量.
2. 可逆矩阵 $\boldsymbol{P}$ 和对角形矩阵 $\boldsymbol{D}$,使得 $\boldsymbol{P}^{-1}\boldsymbol{AP}=\boldsymbol{D}$.
3. $\boldsymbol{A}^n$.

八、(共 12 分)　问 a 为何值时,下列二次型为正定二次型?

$$f(x_1,x_2,x_3)=x_1^2+x_2^2+5x_3^2+2ax_1x_2-2x_1x_3+4x_2x_3.$$

自 测 题 六

一、填空题(每空 3 分,共 15 分)

1. 设 $\boldsymbol{A},\boldsymbol{B}$ 都是 n 阶方阵,且 $|\boldsymbol{A}|=2$,$|\boldsymbol{B}|=-3$,则 $|2\boldsymbol{A}^*\boldsymbol{B}^{-1}|=$________.

2. 若 $\boldsymbol{A}=\begin{pmatrix} k & 1 & 1 & 1 \\ 1 & k & 1 & 1 \\ 1 & 1 & k & 1 \\ 1 & 1 & 1 & k \end{pmatrix}$,$R(\boldsymbol{A})=3$,则 $k=$________.

3. 设向量 $\boldsymbol{\alpha}=(2,2,1)^{\mathrm{T}}$,则 $-\dfrac{1}{3}\boldsymbol{\alpha}$ 的长度 $\left\|-\dfrac{1}{3}\boldsymbol{\alpha}\right\|=$________.

4. 若实二次型 $f(x_1,x_2,x_3)=a(x_1^2+x_2^2+x_3^2)+4x_1x_2+4x_1x_3+4x_2x_3$ 经正交变换 $\boldsymbol{X}=\boldsymbol{PY}$ 化为标准形 $f(y_1,y_2,y_3)=6y_1^2$,则 $a=$________.

5. 若 $\boldsymbol{\alpha}_1,\boldsymbol{\alpha}_2,\boldsymbol{\alpha}_3$ 线性无关,$\boldsymbol{\alpha}_1+2\boldsymbol{\alpha}_2$,$2\boldsymbol{\alpha}_2+k\boldsymbol{\alpha}_3$,$3\boldsymbol{\alpha}_3+2\boldsymbol{\alpha}_1$ 线性相关,则 $k=$________.

二、选择题(每题 3 分,共 15 分)

1. 设矩阵 $\boldsymbol{A}_{m\times n}$,$\boldsymbol{B}_{n\times p}$,$\boldsymbol{C}_{p\times m}$,则下列运算无意义的是(　　).

A. $\boldsymbol{C}+(\boldsymbol{AB})^{\mathrm{T}}$;　B. $\boldsymbol{ABC}$;　C. $(\boldsymbol{BC})^{\mathrm{T}}-\boldsymbol{A}$;　D. $\boldsymbol{AC}^{\mathrm{T}}$.

2. 设四阶方阵 $\boldsymbol{A}$ 的行列式 $|\boldsymbol{A}|=0$,则必有(　　).

A. $\boldsymbol{A}$ 的列向量组线性相关,且任意 3 个列向量也线性相关;

B. $\boldsymbol{A}$ 的 4 个列向量两两线性相关;

C. $\boldsymbol{A}$ 中必有一个列向量是其余列向量的线性组合;

D. $\boldsymbol{A}$ 的任意 3 个行向量线性无关,但其 4 个行向量线性相关.

3. 下列矩阵中不是正交阵的是(　　).

A. $\begin{pmatrix}0 & -1\\ 1 & 0\end{pmatrix}$； B. $\begin{pmatrix}\cos\theta & \sin\theta & 0\\ -\sin\theta & \cos\theta & 0\\ 0 & 0 & -1\end{pmatrix}$；

C. $\frac{1}{6}\begin{pmatrix}1 & 5 & \sqrt{10}\\ 5 & 1 & -\sqrt{10}\\ \sqrt{10} & -\sqrt{10} & 4\end{pmatrix}$； D. $\frac{1}{2}\begin{pmatrix}\sqrt{3}+1 & \sqrt{3}+1\\ \sqrt{3}-1 & -\sqrt{3}-1\end{pmatrix}$.

4. 若 $\boldsymbol{A}=\begin{pmatrix}1 & x & -3\\ 0 & 1 & -4\\ 0 & 0 & 2\end{pmatrix}$ 相似于对角矩阵，则 x 的值为（　　）.

A. 1； B. −1；

C. 3； D. 0.

5. 设 n 元齐次线性方程组 $\boldsymbol{AX}=\boldsymbol{0}$，若 $R(\boldsymbol{A})=r<n$，则其基础解系（　　）.

A. 唯一存在； B. 共有 $n-r$ 个；

C. 含有 $n-r$ 个解向量； D. 含有无穷多个解向量.

三、计算行列式（每题 7 分，共 14 分）

1. $D=\begin{vmatrix}0 & 2 & -1 & 0\\ 4 & -3 & 0 & 6\\ 2 & 2 & 1 & 3\\ 3 & -1 & -2 & 3\end{vmatrix}$.

2. $D=\begin{vmatrix}1 & 3 & 3 & \cdots & 3\\ 3 & 2 & 3 & \cdots & 3\\ 3 & 3 & 3 & \cdots & 3\\ \vdots & \vdots & \vdots & & \vdots\\ 3 & 3 & 3 & \cdots & n\end{vmatrix}$.

四、（每题 7 分，共 14 分）

1. 向量组：$\boldsymbol{\alpha}_1=(1,-2,-1,0)^{\mathrm{T}}$，$\boldsymbol{\alpha}_2=(-1,2,1,3)^{\mathrm{T}}$，$\boldsymbol{\alpha}_3=(2,-1,0,2)^{\mathrm{T}}$，$\boldsymbol{\alpha}_4=(1,1,1,1)^{\mathrm{T}}$.（1）求一个极大无关组；（2）把其余向量用此极大无关组线性表示.

2. 设 $\boldsymbol{AX}=\boldsymbol{B}$，求 $\boldsymbol{X}$，其中

$$\boldsymbol{A}=\begin{pmatrix}1 & 0 & -1\\ 0 & 1 & 2\\ -1 & 0 & 0\end{pmatrix},\quad \boldsymbol{B}=\begin{pmatrix}1 & 2\\ 2 & 0\\ 3 & 1\end{pmatrix}.$$

五、（共 14 分） 求当 a 取何值时，下面的齐次线性方程组有唯一零解，有非零解？并在有非零解时求一组基础解系.

$$\begin{cases} x_1+x_2+x_3=0, \\ x_1+x_2+ax_3=0, \\ ax_1+x_2+x_3=0. \end{cases}$$

六、(每题 7 分,共 14 分) 设三阶方阵 $\boldsymbol{A}$ 的三个特征值为 $\lambda_1=1,\lambda_2=0,\lambda_3=-1$,相应的特征向量为

$$\boldsymbol{\alpha}_1=\begin{pmatrix}1\\1\\1\end{pmatrix},\quad \boldsymbol{\alpha}_2=\begin{pmatrix}1\\1\\0\end{pmatrix},\quad \boldsymbol{\alpha}_3=\begin{pmatrix}1\\0\\0\end{pmatrix}.$$

求:

1. 方阵 $\boldsymbol{A}$.
2. $\boldsymbol{A}^{2n}$,其中 n 为正整数.

七、(每题 7 分,共 14 分) 设

$$\boldsymbol{\alpha}_1=\begin{pmatrix}1\\1\\1\\1\end{pmatrix},\quad \boldsymbol{\alpha}_2=\begin{pmatrix}1\\0\\-1\\0\end{pmatrix},\quad \boldsymbol{\alpha}_3=\begin{pmatrix}1\\1\\-1\\0\end{pmatrix}.$$

1. 证明:$\boldsymbol{\alpha}_1,\boldsymbol{\alpha}_2,\boldsymbol{\alpha}_3$ 线性无关.
2. 将 $\boldsymbol{\alpha}_1,\boldsymbol{\alpha}_2,\boldsymbol{\alpha}_3$ 标准正交化.

自测题七

一、填空题(每空 3 分,共 36 分)

1. 设 $D=\begin{vmatrix}1 & x & 2\\ 3 & 4 & 1\\ a & 0 & 1\end{vmatrix}$,已知 x 的代数余子式等于 1,则 $a=$________.

2. 设 $\boldsymbol{A}=\begin{pmatrix}1 & 2 & 3\\ 2 & 3 & \lambda\\ 3 & 7 & 4\end{pmatrix}$,已知 $R(\boldsymbol{A})=2$,则 $\lambda=$________.

3. 四阶行列式 D 的项:$a_{22}a_{31}a_{14}a_{43}$ 应取________号.

4. 设 $\boldsymbol{A}=\begin{pmatrix}x & a & b\\ a & 3 & c\\ b & c & 4\end{pmatrix}$ 不可逆,且 $\lambda_1=\lambda_2=3$ 是 $\boldsymbol{A}$ 的特征值,则 $x=$________.

5. 设三阶方阵 $\boldsymbol{A}$ 的行列式 $|\boldsymbol{A}|=2$,$\boldsymbol{A}^*$ 表示 $\boldsymbol{A}$ 的伴随矩阵,则 $|\boldsymbol{A}^*-4\boldsymbol{A}^{-1}|=$________.

6. 已知 $\boldsymbol{\alpha}=(1,2,0,2)^{\mathrm{T}}$ 与 $\boldsymbol{\beta}=(2,k,0,-3)^{\mathrm{T}}$ 正交,则 $k=$________.

7. 设 $\boldsymbol{\alpha}=(1,2,-2,0)^{\mathrm{T}}$,$\boldsymbol{\beta}=(-1,1,-1,1)^{\mathrm{T}}$,则 $\boldsymbol{\beta}$ 的长度 $\|\boldsymbol{\beta}\|=$________,$\boldsymbol{\alpha}$

与 $\boldsymbol{\beta}$ 的夹角 $\langle\boldsymbol{\alpha},\boldsymbol{\beta}\rangle=$________，$\boldsymbol{\alpha}$ 与 $\boldsymbol{\beta}$ 之间的距离 $d(\boldsymbol{\alpha},\boldsymbol{\beta})=$________.

8. 当________时，n 元非齐次线性方程组 $\boldsymbol{AX}=\boldsymbol{b}$ 无解.

9. 三元二次型 $f(x_1,x_2,x_3)=2x_1^2-3x_3^2+4x_1x_2-6x_2x_3$ 的矩阵 $\boldsymbol{A}=$________.

10. 设 $\boldsymbol{\alpha}_1=(1,0,2)^{\mathrm{T}}$，$\boldsymbol{\alpha}_2=(2,1,5)^{\mathrm{T}}$，$\boldsymbol{\alpha}_3=(3,0,k)^{\mathrm{T}}$ 线性相关，则 $k=$________.

二、求四阶行列式的值(共 10 分)

$$D=\begin{vmatrix}1&0&1&2\\0&7&-1&3\\1&7&0&2\\2&3&5&1\end{vmatrix}.$$

三、(共 14 分) 设 $\boldsymbol{AX}=\boldsymbol{B}$，求矩阵 $\boldsymbol{X}$，其中

$$\boldsymbol{A}=\begin{pmatrix}-1&2&1\\3&-1&0\\-2&3&2\end{pmatrix},\quad \boldsymbol{B}=\begin{pmatrix}-1&1&1\\2&1&1\\0&-4&1\end{pmatrix}.$$

四、(共 14 分) λ 取何值时下面的线性方程组有唯一解、无穷多解、无解？并在有解时求出解.

$$\begin{cases}\lambda x_1+x_2+x_3=1,\\x_1+\lambda x_2+x_3=1,\\x_1+x_2+\lambda x_3=\lambda.\end{cases}$$

五、(共 14 分) 已知三阶方阵 $\boldsymbol{A}$ 的三个特征值为 $\lambda_1=1,\lambda_2=3,\lambda_3=-2$，其对应的特征向量分别为

$$\begin{pmatrix}1\\0\\0\end{pmatrix},\quad \begin{pmatrix}2\\1\\2\end{pmatrix},\quad \begin{pmatrix}2\\6\\-3\end{pmatrix}.$$

求：

1. 求矩阵 $\boldsymbol{A}$.

2. 求 $\boldsymbol{A}^{20}$.

六、(共 12 分) 求三元二次型 $f(x_1,x_2,x_3)=x_1^2-x_3^2+2x_1x_2-4x_2x_3$ 的标准形，并写出所经过的非退化线性变换.

自测题八

一、填空题(每空 4 分，共 40 分)

1. 设 $\boldsymbol{A}=\begin{pmatrix}3&-2&1\\k&3&5\\-5&7&3\end{pmatrix}$，已知 $R(\boldsymbol{A})=2$，则 $k=$________.

2. 设三阶正定矩阵 $\boldsymbol{A}$ 的三个特征值为 $4,6,\lambda$，且 $\boldsymbol{A}$ 的行列式 $|\boldsymbol{A}|=48$，则 $\lambda=$________.

3. 设 $\boldsymbol{\alpha}_1=(-1,0,1)^{\mathrm{T}},\boldsymbol{\alpha}_2=(1,-2,-1)^{\mathrm{T}},\boldsymbol{\alpha}_3=(-3,-2,a)^{\mathrm{T}}$ 线性相关，则 $a=$________.

4. 设 $\boldsymbol{A}$ 是三阶方阵，且 $|\boldsymbol{A}|=-2$，$\boldsymbol{A}^*$ 是 $\boldsymbol{A}$ 的伴随矩阵，则 $|-\boldsymbol{A}^*|=$________.

5. 设 $\boldsymbol{\alpha}_1=\begin{pmatrix}1\\0\\1\\-\sqrt{3}\end{pmatrix}$，$\boldsymbol{\alpha}_2=\begin{pmatrix}1\\1\\-1\\0\end{pmatrix}$，则向量 $\boldsymbol{\alpha}_1$ 与 $\boldsymbol{\alpha}_2$ 的夹角为________.

6. 设 $D=\begin{vmatrix}4 & x & -2\\2 & -4 & 4\\-a & 0 & -4\end{vmatrix}$，已知 x 的代数余子式等于 -16，则 $a=$________.

7. 四阶行列式 D 的项 $a_{32}a_{21}a_{14}a_{43}$ 应取________号.

8. 二次型 $f(x_1,x_2,x_3)=x_1^2+2x_2^2+x_3^2+2x_1x_2+2tx_2x_3$ 的矩阵是________.

9. n 阶方阵 $\boldsymbol{A}$ 的对应于不同特征值的特征向量一定________.

10. 设 n 阶方阵 $\boldsymbol{A}$ 的秩为 $n-1$，$\boldsymbol{\eta}_1,\boldsymbol{\eta}_2$ 是非齐次线性方程组 $\boldsymbol{AX}=\boldsymbol{\beta}$ 的两个解，则齐次线性方程组 $\boldsymbol{AX}=\boldsymbol{0}$ 的通解可表示为________.

二、计算行列式(共 10 分)

1. $\begin{vmatrix}4 & 1 & 2 & 4\\1 & 2 & 0 & 2\\10 & 5 & 2 & 0\\0 & 1 & 1 & 7\end{vmatrix}$.

2. $D_{n+1}=\begin{vmatrix}x & a_1 & a_2 & a_3 & \cdots & a_n\\a_1 & x & a_2 & a_3 & \cdots & a_n\\a_1 & a_2 & x & a_3 & \cdots & a_n\\\vdots & \vdots & \vdots & \vdots & & \vdots\\a_1 & a_2 & a_3 & a_4 & \cdots & x\end{vmatrix}$.

三、(共 10 分)　已知向量组 T：

$$\boldsymbol{\alpha}_1=\begin{pmatrix}1\\1\\2\\-1\end{pmatrix},\quad \boldsymbol{\alpha}_2=\begin{pmatrix}1\\2\\3\\1\end{pmatrix},\quad \boldsymbol{\alpha}_3=\begin{pmatrix}-2\\-6\\-8\\-6\end{pmatrix},\quad \boldsymbol{\alpha}_4=\begin{pmatrix}1\\-2\\8\\-7\end{pmatrix},$$

求向量组 T 的一个极大线性无关组，并用该极大线性无关组表示其余向量.

四、求解矩阵方程(共 10 分)

设 $\boldsymbol{AB}=\boldsymbol{B}+\boldsymbol{A}$,求 $\boldsymbol{B}$,其中,

$$\boldsymbol{A}=\begin{pmatrix}2&2&-1\\0&2&3\\0&0&-2\end{pmatrix}.$$

五、(共 10 分) 讨论 λ 分别取何值时,方程组

$$\begin{cases}x_1+x_2+x_3=1,\\x_1+\lambda x_2+2x_3=\lambda,\\x_1+\lambda^2x_2+4x_3=4\end{cases}$$

无解、有唯一解及无穷多解,并在有解时求出解.

六、(共 10 分) 已知三阶方阵 $\boldsymbol{A}$ 的特征值为 2(二重根),0,特征值 2 的两个特征向量为 $\boldsymbol{\xi}_1=(0,1,0)^{\mathrm{T}}$,$\boldsymbol{\xi}_2=(1,0,1)^{\mathrm{T}}$,特征值 0 的一个特征向量为 $\boldsymbol{\xi}_3=(-1,0,1)^{\mathrm{T}}$,求 $\boldsymbol{A}$.

七、(共 10 分) 设二次型 $f(x_1,x_2,x_3)=5x_1^2+3x_2^2+3x_3^2-4x_2x_3$.

1. 写出二次型的矩阵.
2. 用正交变换化二次型为标准形,并求出该正交变换.
3. 判断该二次型是否正定.

自测题参考答案与提示

自 测 题 一

一、1. $\frac{3}{4}$. 2. $(y-x)(z-x)(z-y)$. 3. 2. 4. $\frac{1}{16}\begin{pmatrix}6 & -2\\ -1 & 3\end{pmatrix}$. 5. $\arccos\frac{1}{\sqrt{5}}$.

6. 2. 7. 正. 8. $\begin{pmatrix}0 & 1 & 1 & -1\\ 1 & 0 & -1 & 1\\ 1 & -1 & 0 & 1\\ -1 & 1 & 1 & 0\end{pmatrix}$. 9. 正交. 10. k^3.

二、

1. $$D_4=\begin{vmatrix}1+a_1 & 1 & 1 & 1\\ 1 & 1+a_2 & 1 & 1\\ 1 & 1 & 1+a_3 & 1\\ 1 & 1 & 1 & 1+a_4\end{vmatrix}\overset{\substack{r_i-r_1\\(i=2,3,4)}}{=\!=\!=}\begin{vmatrix}1+a_1 & 1 & 1 & 1\\ -a_1 & a_2 & 0 & 0\\ -a_1 & 0 & a_3 & 0\\ -a_1 & 0 & 0 & a_4\end{vmatrix}$$

$$\overset{c_1+\sum\limits_{i=2}^{4}\frac{a_1}{a_i}c_i}{=\!=\!=\!=}\begin{vmatrix}1+a_1+\frac{a_1}{a_2}+\frac{a_1}{a_3}+\frac{a_1}{a_4} & 1 & 1 & 1\\ 0 & a_2 & 0 & 0\\ 0 & 0 & a_3 & 0\\ 0 & 0 & 0 & a_4\end{vmatrix}$$

$$=\left(1+a_1+\frac{a_1}{a_2}+\frac{a_1}{a_3}+\frac{a_1}{a_4}\right)a_2a_3a_4$$

$$=a_2a_3a_4+a_1a_2a_3a_4+a_1a_3a_4+a_1a_2a_4+a_1a_2a_3.$$

2. $$D_n=\begin{vmatrix}x & y & 0 & \cdots & 0 & 0\\ 0 & x & y & \cdots & 0 & 0\\ \vdots & \vdots & \vdots & & \vdots & \vdots\\ 0 & 0 & 0 & \cdots & x & y\\ y & 0 & 0 & \cdots & 0 & x\end{vmatrix}$$

$$\overset{\text{按第一列展开}}{=\!=\!=\!=}x\begin{vmatrix}x & y & \cdots & 0 & 0\\ \vdots & \vdots & & \vdots & \vdots\\ 0 & 0 & \cdots & x & y\\ 0 & 0 & \cdots & 0 & x\end{vmatrix}_{n-1}$$

$$+(-1)^{n+1}y\begin{vmatrix}y & 0 & \cdots & 0 & 0\\ x & y & \cdots & 0 & 0\\ \vdots & \vdots & & \vdots & \vdots\\ 0 & 0 & \cdots & x & y\end{vmatrix}_{n-1}$$

$=x^n+(-1)^{n+1}y^n$.

三、$\boldsymbol{A}=(\boldsymbol{\alpha}_1,\boldsymbol{\alpha}_2,\boldsymbol{\alpha}_3,\boldsymbol{\alpha}_4)=\begin{pmatrix}1&-1&2&1\\-2&2&-1&1\\-1&1&0&1\\0&3&2&1\end{pmatrix}\to\begin{pmatrix}1&-1&2&1\\0&0&3&3\\0&0&2&2\\0&3&2&1\end{pmatrix}\to\begin{pmatrix}1&-1&2&1\\0&3&2&1\\0&0&2&2\\0&0&3&3\end{pmatrix}$

$$\to\begin{pmatrix}1&-1&2&1\\0&3&2&1\\0&0&1&1\\0&0&1&1\end{pmatrix}\to\begin{pmatrix}1&-1&2&1\\0&3&2&1\\0&0&1&1\\0&0&0&0\end{pmatrix}\to\begin{pmatrix}1&-1&0&-1\\0&3&0&-1\\0&0&1&1\\0&0&0&0\end{pmatrix}$$

$$\to\begin{pmatrix}1&-1&0&-1\\0&1&0&-\frac{1}{3}\\0&0&1&1\\0&0&0&0\end{pmatrix}\to\begin{pmatrix}1&0&0&-\frac{4}{3}\\0&1&0&-\frac{1}{3}\\0&0&1&1\\0&0&0&0\end{pmatrix}.$$

1. 一个极大无关组为 $\boldsymbol{\alpha}_1,\boldsymbol{\alpha}_2,\boldsymbol{\alpha}_3$;

2. $\boldsymbol{\alpha}_4=-\frac{4}{3}\boldsymbol{\alpha}_1-\frac{1}{3}\boldsymbol{\alpha}_2+\boldsymbol{\alpha}_3$.

四、$(\boldsymbol{A}\mid\boldsymbol{E})=\left(\begin{array}{ccc:ccc}1&2&3&1&0&0\\2&1&2&0&1&0\\1&3&4&0&0&1\end{array}\right)\xrightarrow[r_3-r_1]{r_2-2r_1}\left(\begin{array}{ccc:ccc}1&2&3&1&0&0\\0&-3&-4&-2&1&0\\0&1&1&-1&0&1\end{array}\right)$

$$\xrightarrow{r_2\leftrightarrow r_3}\left(\begin{array}{ccc:ccc}1&2&3&1&0&0\\0&1&1&-1&0&1\\0&-3&-4&-2&1&0\end{array}\right)\xrightarrow{r_3+3r_2}\left(\begin{array}{ccc:ccc}1&2&3&1&0&0\\0&1&1&-1&0&1\\0&0&-1&-5&1&3\end{array}\right)$$

$$\xrightarrow[r_2+r_3]{r_1+3r_3}\left(\begin{array}{ccc:ccc}1&2&0&-14&3&9\\0&1&0&-6&1&4\\0&0&-1&-5&1&3\end{array}\right)\xrightarrow{r_1-2r_2}\left(\begin{array}{ccc:ccc}1&0&0&-2&1&1\\0&1&0&-6&1&4\\0&0&-1&-5&1&3\end{array}\right)$$

$$\xrightarrow{(-1)r_3}\left(\begin{array}{ccc:ccc}1&0&0&-2&1&1\\0&1&0&-6&1&4\\0&0&1&5&-1&-3\end{array}\right),$$

故

$$\boldsymbol{A}^{-1}=\begin{pmatrix}-2&1&1\\-6&1&4\\5&-1&-3\end{pmatrix}.$$

五、$D=\begin{vmatrix}1&1&a\\a&1&1\\1&1&1\end{vmatrix}=(a-1)^2$.

(1) $D\neq0$,即当 $a\neq1$ 时,有唯一解,且因为

$$D_1=\begin{vmatrix}1&1&a\\1&1&1\\a&1&1\end{vmatrix}=-(a-1)^2,\quad D_2=\begin{vmatrix}1&1&a\\a&1&1\\1&a&1\end{vmatrix}=(a-1)^2(a+2),$$

$$D_3=\begin{vmatrix}1&1&1\\a&1&1\\1&1&a\end{vmatrix}=-(a-1)^2,$$

所以 $x_1=\frac{D_1}{D}=-1, x_2=\frac{D_2}{D}=a+2, x_3=\frac{D_3}{D}=-1$.

(2) 当 $a=1$ 时,

$$\bar{\boldsymbol{A}}=\begin{pmatrix}1&1&1&1\\1&1&1&1\\1&1&1&1\end{pmatrix}\to\begin{pmatrix}1&1&1&1\\0&0&0&0\\0&0&0&0\end{pmatrix}.$$

同解方程:$x_1=1-x_2-x_3$(x_2,x_3 为自由未知量),取 $x_2=x_3=0$,得特解

$$\boldsymbol{\eta}=\begin{pmatrix}1\\0\\0\end{pmatrix}.$$

取 $\begin{pmatrix}x_2\\x_3\end{pmatrix}=\begin{pmatrix}1\\0\end{pmatrix}$ 和 $\begin{pmatrix}0\\1\end{pmatrix}$,得

$$\boldsymbol{\xi}_1=\begin{pmatrix}-1\\1\\0\end{pmatrix},\quad \boldsymbol{\xi}_2=\begin{pmatrix}-1\\0\\1\end{pmatrix}.$$

故通解为 $\boldsymbol{X}=\boldsymbol{\eta}+k_1\boldsymbol{\xi}_1+k_2\boldsymbol{\xi}_2$($k_1,k_2$ 为任意常数).

六、1. $|\boldsymbol{A}-\lambda\boldsymbol{E}|=(\lambda+1)(2-\lambda)(\lambda+2)$,故特征值为 $\lambda_1=-1,\lambda_2=2,\lambda_3=-2$.

当 $\lambda_1=-1$ 时,$\boldsymbol{AX}=\boldsymbol{0}$ 的基础解系为

$$\boldsymbol{\xi}_1=\begin{pmatrix}0\\-2\\1\end{pmatrix},$$

故对应于 $\boldsymbol{\lambda}_1=-1$ 的全部特征向量为 $k_1\boldsymbol{\xi}_1$(k_1 为不为零的常数).

当 $\lambda_2=2$ 时,$(\boldsymbol{A}-2\boldsymbol{E})\boldsymbol{X}=\boldsymbol{0}$ 的基础解系为

$$\boldsymbol{\xi}_2=\begin{pmatrix}0\\1\\1\end{pmatrix},$$

故对应于 $\lambda_2=2$ 的全部特征向量为 $k_2\boldsymbol{\xi}_2$(k_2 为不为零的常数).

当 $\lambda_3=-2$ 时,$(\boldsymbol{A}+2\boldsymbol{E})\boldsymbol{X}=\boldsymbol{0}$ 的基础解系为

$$\boldsymbol{\xi}_3=\begin{pmatrix}-1\\0\\1\end{pmatrix},$$

故对应于 $\lambda_3=-2$ 的全部特征向量为 $k_3\boldsymbol{\xi}_3$(k_3 为不为零的常数).

2. 因为 $\boldsymbol{A}$ 有三个线性无关的特征向量,故 $\boldsymbol{A}$ 可相似对角化.

令 $\boldsymbol{P}=(\boldsymbol{\xi}_1,\boldsymbol{\xi}_2,\boldsymbol{\xi}_3)=\begin{pmatrix}0&0&-1\\-2&1&0\\1&1&1\end{pmatrix}$，则 $\boldsymbol{P}^{-1}=\dfrac{1}{3}\begin{pmatrix}1&-1&1\\2&1&2\\-3&0&0\end{pmatrix}$，故

$$\boldsymbol{D}=\boldsymbol{P}^{-1}\boldsymbol{A}\boldsymbol{P}=\begin{pmatrix}-1&0&0\\0&2&0\\0&0&2\end{pmatrix},$$

则

$$\boldsymbol{A}^n=\boldsymbol{P}\boldsymbol{D}^n\boldsymbol{P}^{-1}=\frac{1}{3}\begin{pmatrix}0&0&-1\\-2&1&0\\1&1&1\end{pmatrix}\begin{pmatrix}(-1)^n&0&0\\0&2^n&0\\0&0&2^n\end{pmatrix}\begin{pmatrix}1&-1&1\\2&1&2\\-3&0&0\end{pmatrix}$$

$$=\frac{1}{3}\begin{pmatrix}3\cdot 2^n&0&0\\2^{n+1}-2\cdot(-1)^{n+1}&2^n+2\cdot(-1)^{n+2}&2\cdot(-1)^{n+1}+2^{n+1}\\(-1)^n-2^n&2^n-(-1)^n&2^{n+1}+(-1)^n\end{pmatrix}.$$

七、1. 二次型对应的矩阵 $\boldsymbol{A}=\begin{pmatrix}1&0&0\\0&1&3\\0&3&1\end{pmatrix}$. 因为

$$\boldsymbol{A}\xrightarrow{r_3-3r_2}\begin{pmatrix}1&0&0\\0&1&3\\0&0&-8\end{pmatrix},$$

所以二次型的秩 $R(f)=R(\boldsymbol{A})=3$.

2. $|\boldsymbol{A}-\lambda\boldsymbol{E}|=\begin{vmatrix}1-\lambda&0&0\\0&1-\lambda&3\\0&3&1-\lambda\end{vmatrix}=(1-\lambda)[(1-\lambda)^2-9]=(1-\lambda)(\lambda-4)(\lambda+2)=0$，

特征值为 $\lambda_1=1,\lambda_2=4,\lambda_3=-2$.

当 $\lambda_1=1$ 时，解方程组 $(\boldsymbol{A}-\boldsymbol{E})\boldsymbol{X}=\boldsymbol{0}$.

$$\boldsymbol{A}-\boldsymbol{E}=\begin{pmatrix}0&0&0\\0&0&3\\0&3&0\end{pmatrix}\to\begin{pmatrix}0&1&0\\0&0&1\\0&0&0\end{pmatrix}.$$

同解方程组 $\begin{cases}x_2=0,\\x_3=0\end{cases}$ (x_1 为自由未知量). 取 $x_1=1$，得基础解系 $\boldsymbol{\xi}_1=(1,0,0)^{\mathrm{T}}$. 单位化得 $\boldsymbol{\eta}_1=\dfrac{1}{\|\boldsymbol{\xi}_1\|}\cdot\boldsymbol{\xi}_1=(1,0,0)^{\mathrm{T}}$.

当 $\lambda_2=4$ 时，解方程组 $(\boldsymbol{A}-4\boldsymbol{E})\boldsymbol{X}=\boldsymbol{0}$.

$$\boldsymbol{A}-4\boldsymbol{E}=\begin{pmatrix}-3&0&0\\0&-3&3\\0&3&-3\end{pmatrix}\to\begin{pmatrix}1&0&0\\0&1&-1\\0&0&0\end{pmatrix}.$$

同解方程组 $\begin{cases}x_1=0,\\x_2=x_3\end{cases}$ (x_3 为自由未知量). 取 $x_3=1$，得基础解系 $\boldsymbol{\xi}_2=(0,1,1)^{\mathrm{T}}$. 单位化得 $\boldsymbol{\eta}_2$

$=\frac{1}{\|\boldsymbol{\xi}_2\|}\cdot\boldsymbol{\xi}_2=\frac{1}{\sqrt{2}}(0,1,1)^{\mathrm{T}}$.

当 $\lambda_2=-2$ 时，解方程组 $(\boldsymbol{A}+2\boldsymbol{E})\boldsymbol{X}=\boldsymbol{0}$.

$$\boldsymbol{A}+2\boldsymbol{E}=\begin{pmatrix}3&0&0\\0&3&3\\0&3&3\end{pmatrix}\to\begin{pmatrix}1&0&0\\0&1&1\\0&0&0\end{pmatrix}.$$

同解方程组 $\begin{cases}x_1=0,\\x_2=-x_3\end{cases}$ （x_3 为自由未知量）. 取 $x_3=1$，得基础解系 $\boldsymbol{\xi}_3=(0,-1,1)^{\mathrm{T}}$. 单位化得 $\boldsymbol{\eta}_3=\frac{1}{\|\boldsymbol{\xi}_3\|}\cdot\boldsymbol{\xi}_3=\frac{1}{\sqrt{2}}(0,-1,1)^{\mathrm{T}}$.

所经过的正交变换 $\boldsymbol{X}=\boldsymbol{PY}$，其中 $\boldsymbol{P}=\begin{pmatrix}1&0&0\\0&\frac{1}{\sqrt{2}}&-\frac{1}{\sqrt{2}}\\0&\frac{1}{\sqrt{2}}&\frac{1}{\sqrt{2}}\end{pmatrix}$，即

$$\begin{pmatrix}x_1\\x_2\\x_3\end{pmatrix}=\begin{pmatrix}1&0&0\\0&\frac{1}{\sqrt{2}}&-\frac{1}{\sqrt{2}}\\0&\frac{1}{\sqrt{2}}&\frac{1}{\sqrt{2}}\end{pmatrix}\begin{pmatrix}y_1\\y_2\\y_3\end{pmatrix},$$

其对应的标准形为 $f=y_1^2+4y_2^2-2y_3^2$.

自 测 题 二

一、1. 线性无关. 2. 4,4. 3. 6， 偶. 4. $0,\sqrt{11},\frac{\pi}{2}$. 5. 6. 6. -2.

二、

1. $$D_4=\begin{vmatrix}1&1&1&1\\2&1&2&-1\\0&0&-1&3\\1&-1&2&-2\end{vmatrix}=\begin{vmatrix}1&1&1&1\\0&-1&0&-3\\0&0&-1&3\\0&-2&1&-3\end{vmatrix}$$
$$=\begin{vmatrix}1&1&1&1\\0&-1&0&-3\\0&0&-1&3\\0&0&1&3\end{vmatrix}=\begin{vmatrix}1&1&1&1\\0&-1&0&-3\\0&0&-1&3\\0&0&0&6\end{vmatrix}=6.$$

2. $$D_n=\begin{vmatrix}4&2&2&\cdots&2\\2&4&2&\cdots&2\\2&2&4&\cdots&2\\\vdots&\vdots&\vdots&&\vdots\\2&2&2&\cdots&4\end{vmatrix}=[4+2(n-1)]\cdot\begin{vmatrix}1&1&1&\cdots&1\\2&4&2&\cdots&2\\2&2&4&\cdots&2\\\vdots&\vdots&\vdots&&\vdots\\2&2&2&\cdots&4\end{vmatrix}$$

$$=[4+2(n-1)]\cdot\begin{vmatrix}1&1&1&\cdots&1\\0&2&0&\cdots&0\\0&0&2&\cdots&0\\\vdots&\vdots&\vdots&&\vdots\\0&0&0&\cdots&2\end{vmatrix}$$

$$=[4+2(n-1)]\cdot 2^{n-1}=2^n\cdot(n+1).$$

三、$|\boldsymbol{A}|=\begin{vmatrix}\lambda&1&1\\1&\lambda&1\\1&2\lambda&1\end{vmatrix}=\lambda(1-\lambda).$

(1) 当 $|\boldsymbol{A}|\neq 0$ 时，即当 $\lambda\neq 0$ 且 $\lambda\neq 1$ 时，方程组有唯一解.

$$D_1=\begin{vmatrix}1&1&1\\3&\lambda&1\\3&2\lambda&1\end{vmatrix}=2\lambda;\quad D_2=\begin{vmatrix}\lambda&1&1\\1&3&1\\1&3&1\end{vmatrix}=0;\quad D_3=\begin{vmatrix}\lambda&1&1\\1&\lambda&3\\1&2\lambda&3\end{vmatrix}=\lambda(1-3\lambda),$$

则方程组的唯一解为 $x_1=\dfrac{2}{1-\lambda}, x_2=0, x_3=\dfrac{1-3\lambda}{1-\lambda}.$

(2) 当 $|\boldsymbol{A}|=0$ 时，$\lambda=0$ 或者 $\lambda=1$.

(a) 当 $\lambda=0$ 时，

$$\bar{\boldsymbol{A}}=\begin{pmatrix}0&1&1&1\\1&0&1&3\\1&0&1&3\end{pmatrix}\to\begin{pmatrix}1&0&1&3\\0&1&1&1\\0&0&0&0\end{pmatrix},$$

因为 $R(\boldsymbol{A})=R(\bar{\boldsymbol{A}})=2<3$，所以此时方程组有无穷多解.

同解方程组为 $\begin{cases}x_1=3-x_3,\\x_2=1-x_3\end{cases}$ (x_3 为自由未知量)，令 $x_3=0$，得特解为

$$\boldsymbol{\eta}^*=\begin{pmatrix}3\\1\\0\end{pmatrix};$$

对应的齐次线性方程组为 $\begin{cases}x_1=-x_3,\\x_2=-x_3\end{cases}$ (x_3 为自由未知量)，令 $x_3=1$，得特解为

$$\boldsymbol{\xi}=\begin{pmatrix}-1\\-1\\1\end{pmatrix}.$$

所以方程组的无穷多解为 $\boldsymbol{\eta}=\boldsymbol{\eta}^*+k\boldsymbol{\xi}$(其中 k 为任意常数).

(b) 当 $\lambda=1$ 时，

$$\bar{\boldsymbol{A}}=\begin{pmatrix}1&1&1&1\\1&1&1&3\\1&2&1&3\end{pmatrix}\to\begin{pmatrix}1&1&1&1\\0&0&0&2\\0&1&0&2\end{pmatrix}\to\begin{pmatrix}1&1&1&1\\0&1&0&2\\0&0&0&2\end{pmatrix},$$

因为 $R(\boldsymbol{A})=2\neq R(\bar{\boldsymbol{A}})=3$，所以此时方程组无解.

四、1. $(\boldsymbol{A}\,\vdots\,\boldsymbol{E})=\left(\begin{array}{ccc:ccc}1&0&1&1&0&0\\0&1&1&0&1&0\\2&1&0&0&0&1\end{array}\right)$

$$\rightarrow\left(\begin{array}{ccc:ccc}1&0&0&\frac{1}{3}&-\frac{1}{3}&\frac{1}{3}\\0&1&0&-\frac{2}{3}&\frac{2}{3}&\frac{1}{3}\\0&0&1&\frac{2}{3}&\frac{1}{3}&-\frac{1}{3}\end{array}\right)=(\boldsymbol{E}\vdots\boldsymbol{A}^{-1}),$$

所以

$$\boldsymbol{A}^{-1}=\begin{pmatrix}\frac{1}{3}&-\frac{1}{3}&\frac{1}{3}\\-\frac{2}{3}&\frac{2}{3}&\frac{1}{3}\\\frac{2}{3}&\frac{1}{3}&-\frac{1}{3}\end{pmatrix}.$$

2. $\boldsymbol{X}=\boldsymbol{A}^{-1}\boldsymbol{B}=\begin{pmatrix}\frac{1}{3}&-\frac{1}{3}&\frac{1}{3}\\-\frac{2}{3}&\frac{2}{3}&\frac{1}{3}\\\frac{2}{3}&\frac{1}{3}&-\frac{1}{3}\end{pmatrix}\begin{pmatrix}1&-1\\2&0\\0&3\end{pmatrix}=\begin{pmatrix}-\frac{1}{3}&\frac{2}{3}\\\frac{2}{3}&\frac{5}{3}\\\frac{4}{3}&-\frac{5}{3}\end{pmatrix}.$

五、记 $\boldsymbol{P}=(\boldsymbol{\alpha}_1,\boldsymbol{\alpha}_2,\boldsymbol{\alpha}_3)=\begin{pmatrix}1&1&-1\\0&1&0\\1&2&0\end{pmatrix}$，$\boldsymbol{D}=\begin{pmatrix}1&0&0\\0&-1&0\\0&0&0\end{pmatrix}$，则

$$|\boldsymbol{P}|=\begin{vmatrix}1&1&-1\\0&1&0\\1&2&0\end{vmatrix}=\begin{vmatrix}1&1&-1\\0&1&0\\0&1&1\end{vmatrix}=1,\quad \boldsymbol{P}^*=\begin{pmatrix}0&-2&1\\0&1&0\\-1&-1&1\end{pmatrix},$$

所以

$$\boldsymbol{P}^{-1}=\frac{1}{|\boldsymbol{P}|}\boldsymbol{P}^*=\begin{pmatrix}0&-2&1\\0&1&0\\-1&-1&1\end{pmatrix},$$

$$\boldsymbol{A}=\boldsymbol{PDP}^{-1}=\begin{pmatrix}1&1&-1\\0&1&0\\1&2&0\end{pmatrix}\begin{pmatrix}1&0&0\\0&-1&0\\0&0&0\end{pmatrix}\begin{pmatrix}0&-2&1\\0&1&0\\-1&-1&1\end{pmatrix}=\begin{pmatrix}0&-3&1\\0&-1&0\\0&-4&1\end{pmatrix}.$$

六、1. 该二次型的矩阵为 $\boldsymbol{A}=\begin{pmatrix}1&-2&-4\\-2&4&-2\\-4&-2&1\end{pmatrix}$，$\boldsymbol{A}\longrightarrow\begin{pmatrix}1&-2&-4\\0&6&17\\0&0&-10\end{pmatrix}$，并求得 $R(\boldsymbol{A})=3$.

2. $$|\boldsymbol{A}-\lambda\boldsymbol{E}|=\begin{vmatrix}1-\lambda&-2&-4\\-2&4-\lambda&-2\\-4&-2&1-\lambda\end{vmatrix}=-(\lambda-5)^2(\lambda+4),$$

所以特征值为 $\lambda_1=\lambda_2=5$，$\lambda_3=-4$.

当 $\lambda_1=\lambda_2=5$ 时,求解方程组 $(\boldsymbol{A}-5\boldsymbol{E})\boldsymbol{X}=\boldsymbol{0}$.

$$\boldsymbol{A}-5\boldsymbol{E}=\begin{pmatrix}-4&-2&-4\\-2&-1&-2\\-4&-2&-4\end{pmatrix}\to\begin{pmatrix}1&\frac{1}{2}&1\\0&0&0\\0&0&0\end{pmatrix}.$$

同解方程为 $x_1=-\dfrac{1}{2}x_2-x_3$ (x_2,x_3 为自由未知量). 取 $\begin{pmatrix}x_2\\x_3\end{pmatrix}=\begin{pmatrix}2\\0\end{pmatrix},\begin{pmatrix}0\\1\end{pmatrix}$,得基础解系 $\boldsymbol{\xi}_1=(-1,2,0)^{\mathrm{T}},\boldsymbol{\xi}_2=(-1,0,1)^{\mathrm{T}}$.

正交化得

$$\boldsymbol{\eta}_1=\boldsymbol{\xi}_1=\begin{pmatrix}-1\\2\\0\end{pmatrix},\quad \boldsymbol{\eta}_2=\boldsymbol{\xi}_2-\frac{(\boldsymbol{\xi}_2,\boldsymbol{\eta}_1)}{(\boldsymbol{\eta}_1,\boldsymbol{\eta}_1)}\boldsymbol{\eta}_1=\begin{pmatrix}-1\\0\\1\end{pmatrix}-\frac{1}{5}\begin{pmatrix}-1\\2\\0\end{pmatrix}=\begin{pmatrix}-\frac{4}{5}\\-\frac{2}{5}\\1\end{pmatrix}.$$

当 $\lambda_3=-4$ 时,求解方程组 $(\boldsymbol{A}+4\boldsymbol{E})\boldsymbol{X}=\boldsymbol{0}$.

$$\boldsymbol{A}+4\boldsymbol{E}=\begin{pmatrix}5&-2&-4\\-2&8&-2\\-4&-2&5\end{pmatrix}\to\begin{pmatrix}1&0&-1\\0&1&-\frac{1}{2}\\0&0&0\end{pmatrix}.$$

同解方程组为 $\begin{cases}x_1=x_3,\\x_2=\dfrac{1}{2}x_3\end{cases}$ (x_3 为自由未知量). 取 $x_3=2$,得基础解系 $\boldsymbol{\xi}_3=(2,1,2)^{\mathrm{T}}$.

再进行单位化得

$$\boldsymbol{p}_1=\frac{\boldsymbol{\eta}_1}{\|\boldsymbol{\eta}_1\|}=\begin{pmatrix}-\frac{1}{\sqrt5}\\\frac{2}{\sqrt5}\\0\end{pmatrix},\quad \boldsymbol{p}_2=\frac{\boldsymbol{\eta}_2}{\|\boldsymbol{\eta}_2\|}=\begin{pmatrix}-\frac{4}{3\sqrt5}\\-\frac{2}{3\sqrt5}\\\frac{5}{3\sqrt5}\end{pmatrix},\quad \boldsymbol{p}_3=\frac{\boldsymbol{\xi}_3}{\|\boldsymbol{\xi}_3\|}=\begin{pmatrix}\frac{2}{3}\\\frac{1}{3}\\\frac{2}{3}\end{pmatrix}.$$

令正交矩阵 $\boldsymbol{P}=(\boldsymbol{p}_1,\boldsymbol{p}_2,\boldsymbol{p}_3)=\begin{pmatrix}-\frac{1}{\sqrt5}&-\frac{4}{3\sqrt5}&\frac{2}{3}\\\frac{2}{\sqrt5}&-\frac{2}{3\sqrt5}&\frac{1}{3}\\0&\frac{5}{3\sqrt5}&\frac{2}{3}\end{pmatrix}$,则二次型经过正交线性变换 $\boldsymbol{X}=\boldsymbol{PY}$,化为标准形 $f=5y_1^2+5y_2^2-4y_3^2$.

自 测 题 三

一、1. $\begin{pmatrix}1&0&-2\\0&0&3\\-2&3&-2\end{pmatrix}$.　2. 6.　3. $\boldsymbol{\alpha}_1+k(\boldsymbol{\alpha}_1-\boldsymbol{\alpha}_2)$($k$ 为任意常数).　4. 2.

5. 250.　6. 1.　7. $\boldsymbol{A}+2\boldsymbol{E}$.　8. 2.　9. $x+y=2,\pm2$.

二、1. 二次型 f 的矩阵表示形式为

$$f=\boldsymbol{X}^{\mathrm{T}}\boldsymbol{A}\boldsymbol{X}=(x_1,x_2,x_3)\begin{pmatrix}3&0&0\\0&3&-1\\0&-1&3\end{pmatrix}\begin{pmatrix}x_1\\x_2\\x_3\end{pmatrix},$$

二次型 f 的矩阵为

$$\boldsymbol{A}=\begin{pmatrix}3&0&0\\0&3&-1\\0&-1&3\end{pmatrix}.$$

2. 先求矩阵 $\boldsymbol{A}$ 的特征值:

$$|\boldsymbol{A}-\lambda\boldsymbol{E}|=\begin{vmatrix}3-\lambda&0&0\\0&3-\lambda&-1\\0&-1&3-\lambda\end{vmatrix}=(3-\lambda)(4-\lambda)(2-\lambda)=0,$$

得特征值为 $\lambda_1=2,\lambda_2=3,\lambda_3=4$.

当 $\lambda_1=2$ 时,求解方程组$(\boldsymbol{A}-2\boldsymbol{E})\boldsymbol{X}=\boldsymbol{0}$.

$$\boldsymbol{A}-2\boldsymbol{E}=\begin{pmatrix}1&0&0\\0&1&-1\\0&-1&1\end{pmatrix}\longrightarrow\begin{pmatrix}1&0&0\\0&1&-1\\0&0&0\end{pmatrix},$$

得同解方程组$\begin{cases}x_1=0,\\x_2=x_3\end{cases}$($x_3$ 为自由未知量).解得一基础解系为 $\boldsymbol{\xi}_1=\begin{pmatrix}0\\1\\1\end{pmatrix}$.

当 $\lambda_2=3$ 时,求解方程组$(\boldsymbol{A}-3\boldsymbol{E})\boldsymbol{X}=\boldsymbol{0}$.

$$\boldsymbol{A}-3\boldsymbol{E}=\begin{pmatrix}0&0&0\\0&0&-1\\0&-1&0\end{pmatrix}\longrightarrow\begin{pmatrix}0&1&0\\0&0&1\\0&0&0\end{pmatrix},$$

得同解方程组$\begin{cases}x_2=0,\\x_3=0\end{cases}$($x_1$ 为自由未知量).解得一基础解系为 $\boldsymbol{\xi}_2=\begin{pmatrix}1\\0\\0\end{pmatrix}$.

当 $\lambda_3=4$ 时,求解方程组$(\boldsymbol{A}-4\boldsymbol{E})\boldsymbol{X}=\boldsymbol{0}$.

$$\boldsymbol{A}-4\boldsymbol{E}=\begin{pmatrix}-1&0&0\\0&-1&-1\\0&-1&-1\end{pmatrix}\longrightarrow\begin{pmatrix}1&0&0\\0&1&1\\0&0&0\end{pmatrix},$$

得同解方程组$\begin{cases} x_1=0, \\ x_2=-x_3 \end{cases}$（$x_3$ 为自由未知量）. 解得一基础解系为 $\boldsymbol{\xi}_3=\begin{pmatrix} 0 \\ -1 \\ 1 \end{pmatrix}$.

因为 $\boldsymbol{\xi}_1,\boldsymbol{\xi}_2,\boldsymbol{\xi}_3$ 分属不同的特征值的特征向量，所以 $\boldsymbol{\xi}_1,\boldsymbol{\xi}_2,\boldsymbol{\xi}_3$ 是一正交特征向量组. 只需再将其单位化

$$\boldsymbol{p}_1=\frac{\boldsymbol{\xi}_1}{\|\boldsymbol{\xi}_1\|}=\frac{1}{\sqrt{2}}\begin{pmatrix} 0 \\ 1 \\ 1 \end{pmatrix}, \quad \boldsymbol{p}_2=\frac{\boldsymbol{\xi}_2}{\|\boldsymbol{\xi}_2\|}=\begin{pmatrix} 1 \\ 0 \\ 0 \end{pmatrix}, \quad \boldsymbol{p}_3=\frac{\boldsymbol{\xi}_3}{\|\boldsymbol{\xi}_3\|}=\frac{1}{\sqrt{2}}\begin{pmatrix} 0 \\ -1 \\ 1 \end{pmatrix}.$$

取正交变换为 $\boldsymbol{X}=\boldsymbol{PY}$，即

$$\begin{pmatrix} x_1 \\ x_2 \\ x_3 \end{pmatrix}=\begin{pmatrix} 0 & 1 & 0 \\ \frac{1}{\sqrt{2}} & 0 & -\frac{1}{\sqrt{2}} \\ \frac{1}{\sqrt{2}} & 0 & \frac{1}{\sqrt{2}} \end{pmatrix}\begin{pmatrix} y_1 \\ y_2 \\ y_3 \end{pmatrix}.$$

二次型 f 经正交变换 $\boldsymbol{X}=\boldsymbol{PY}$ 化为标准形

$$f=2y_1^2+3y_2^2+4y_3^2.$$

三、 $D=\begin{vmatrix} 1 & 2 & 1 \\ 2 & -1 & 0 \\ 1 & -3 & a \end{vmatrix}=\begin{vmatrix} 1 & 2 & 1 \\ 2 & -1 & 0 \\ 1-a & -3-2a & 0 \end{vmatrix}=-5-5a.$

(1) 当 $D\neq 0$ 时，即 $a\neq -1$ 时，方程组有唯一解，此时

$$D_1=\begin{vmatrix} 1 & 2 & 1 \\ a & -1 & 0 \\ 3a & -3 & a \end{vmatrix}=-a-2a^2, \quad D_2=\begin{vmatrix} 1 & 1 & 1 \\ 2 & a & 0 \\ 1 & 3a & a \end{vmatrix}=3a+a^2,$$

$$D_3=\begin{vmatrix} 1 & 2 & 1 \\ 2 & -1 & a \\ 1 & -3 & 3a \end{vmatrix}=-5-10a.$$

所以

$$x_1=\frac{D_1}{D}=\frac{a+2a^2}{5+5a}, \quad x_2=\frac{D_2}{D}=\frac{3a+a^2}{-5-5a}, \quad x_3=\frac{D_3}{D}=\frac{1+2a}{1+a}.$$

(2) 当 $a=-1$ 时，

$$\bar{\boldsymbol{A}}=\begin{pmatrix} 1 & 2 & 1 & 1 \\ 2 & -1 & 0 & -1 \\ 1 & -3 & -1 & -3 \end{pmatrix}\to\begin{pmatrix} 1 & 2 & 1 & 1 \\ 0 & -5 & -2 & -3 \\ 0 & 0 & 0 & -1 \end{pmatrix}.$$

因为 $R(\boldsymbol{A})=2\neq 3=R(\bar{\boldsymbol{A}})$，所以，此时无解.

四、$\boldsymbol{X}=\boldsymbol{A}^{-1}\boldsymbol{B}$，先求 $\boldsymbol{A}^{-1}$.

$$(\boldsymbol{A}\,\vdots\,\boldsymbol{E})=\left(\begin{array}{ccc:ccc} 3 & 1 & 2 & 1 & 0 & 0 \\ -4 & -1 & -4 & 0 & 1 & 0 \\ -1 & 0 & -1 & 0 & 0 & 1 \end{array}\right)\to\left(\begin{array}{ccc:ccc} 1 & 0 & 0 & 1 & 1 & -2 \\ 0 & 1 & 0 & 0 & -1 & 4 \\ 0 & 0 & 1 & -1 & -1 & 1 \end{array}\right),$$

$$A^{-1}=\begin{pmatrix}1&1&-2\\0&-1&4\\-1&-1&1\end{pmatrix}.$$

所以

$$X=A^{-1}B=\begin{pmatrix}1&1&-2\\0&-1&4\\-1&-1&1\end{pmatrix}\begin{pmatrix}1&2\\0&-3\\2&1\end{pmatrix}=\begin{pmatrix}-3&-3\\8&7\\1&2\end{pmatrix}.$$

五、1. 特征方程：$|A-\lambda E|=\begin{vmatrix}1-\lambda&2&0\\0&-1-\lambda&0\\-4&-2&-3-\lambda\end{vmatrix}=(-3-\lambda)(\lambda^2-1)=0$. 所以 $\lambda_1=-3,\lambda_2=-1,\lambda_3=1$.

当 $\lambda_1=-3$ 时，$A+3E=\begin{pmatrix}4&2&0\\0&2&0\\-4&-2&0\end{pmatrix}\to\begin{pmatrix}1&0&0\\0&1&0\\0&0&0\end{pmatrix}$，取 $x_3=1$ 得 $\boldsymbol{\xi}_1=(0,0,1)^T$.

当 $\lambda_2=-1$ 时，$A+E=\begin{pmatrix}2&2&0\\0&0&0\\-4&-2&-2\end{pmatrix}\to\begin{pmatrix}1&0&1\\0&1&-1\\0&0&0\end{pmatrix}$，取 $x_3=1$ 得 $\boldsymbol{\xi}_2=(-1,1,1)^T$.

当 $\lambda_3=1$ 时，$A-E=\begin{pmatrix}0&2&0\\0&-2&0\\-4&-2&-4\end{pmatrix}\to\begin{pmatrix}1&0&1\\0&1&0\\0&0&0\end{pmatrix}$，取 $x_3=1$ 得 $\boldsymbol{\xi}_3=(-1,0,1)^T$.

令 $P=(\boldsymbol{\xi}_1,\boldsymbol{\xi}_2,\boldsymbol{\xi}_3)=\begin{pmatrix}0&-1&-1\\0&1&0\\1&1&1\end{pmatrix}$，则 $P^{-1}=\begin{pmatrix}1&0&1\\0&1&0\\-1&-1&0\end{pmatrix}$，$D=\begin{pmatrix}-3&&\\&-1&\\&&1\end{pmatrix}$.

2.
$$A^{100}=PD^{100}P^{-1}=\begin{pmatrix}0&-1&-1\\0&1&0\\1&1&1\end{pmatrix}\begin{pmatrix}-3&&\\&-1&\\&&1\end{pmatrix}^{100}\begin{pmatrix}1&0&1\\0&1&0\\-1&-1&0\end{pmatrix}$$
$$=\begin{pmatrix}1&0&0\\0&1&0\\3^{100}-1&0&3^{100}\end{pmatrix}.$$

六、1. $D_4=\begin{vmatrix}1&0&-1&2\\3&-1&2&-4\\0&1&0&3\\-2&1&-1&3\end{vmatrix}=\begin{vmatrix}1&0&-1&2\\0&-1&5&-10\\0&0&5&-7\\0&0&2&-3\end{vmatrix}=-1\times(-15+14)=1.$

2. **解** $D_{2016}=(2016+2015^2)\begin{vmatrix}1&2015&2015&\cdots&2015\\1&2016&2015&\cdots&2015\\1&2015&2016&\cdots&2015\\\vdots&\vdots&\vdots&&\vdots\\1&2015&2015&\cdots&2016\end{vmatrix}_{2016}$

$$=(2016+2015^2)\begin{vmatrix}1&0&0&\cdots&0\\1&1&0&\cdots&0\\1&0&1&\cdots&0\\\vdots&\vdots&\vdots&&\vdots\\1&0&0&\cdots&1\end{vmatrix}_{2016}=2016+2015^2.$$

七、$\boldsymbol{A}=(\boldsymbol{\alpha}_1,\boldsymbol{\alpha}_2,\boldsymbol{\alpha}_3,\boldsymbol{\alpha}_4)=\begin{pmatrix}1&2&-3&-3\\2&-1&0&5\\0&3&1&-2\\1&0&4&6\end{pmatrix}\to\begin{pmatrix}1&2&-3&-3\\0&-5&6&11\\0&3&1&-2\\0&-2&7&9\end{pmatrix}$

$$\to\begin{pmatrix}1&2&-3&-3\\0&1&8&7\\0&0&1&1\\0&0&0&0\end{pmatrix}\to\begin{pmatrix}1&0&0&2\\0&1&0&-1\\0&0&1&1\\0&0&0&0\end{pmatrix}.$$

所以，$\boldsymbol{\alpha}_1,\boldsymbol{\alpha}_2,\boldsymbol{\alpha}_3$ 为向量组 T 的一个极大线性无关组，且 $\boldsymbol{\alpha}_4=2\boldsymbol{\alpha}_1-\boldsymbol{\alpha}_2+\boldsymbol{\alpha}_3$.

自测题四

一、1. 4;8.　2. 1.　3. 线性无关.　4. $\begin{pmatrix}-1&-2\\7&5\\3&6\end{pmatrix}$.　5. $\begin{pmatrix}3&0&\frac{3}{2}\\0&-2&-1\\\frac{3}{2}&-1&0\end{pmatrix}$.

二、1. D.　2. D.　3. C.　4. D.　5. C.

三、1. $D_4=\begin{vmatrix}1&1&5&1\\2&3&10&0\\2&0&2&1\\4&2&0&7\end{vmatrix}\xlongequal[r_4-4r_1]{\substack{r_2-2r_1\\r_3-2r_1}}\begin{vmatrix}1&1&5&1\\0&1&0&-2\\0&-2&-8&-1\\0&-2&-20&3\end{vmatrix}$

$$\xlongequal[r_4+2r_2]{r_3+2r_2}\begin{vmatrix}1&1&5&1\\0&1&0&-2\\0&0&-8&-5\\0&0&-20&-1\end{vmatrix}=\begin{vmatrix}-8&-5\\-20&-1\end{vmatrix}=-92.$$

2. $D_n=\begin{vmatrix}1&1&1&\cdots&1\\1&2&1&\cdots&1\\1&1&3&\cdots&1\\\vdots&\vdots&\vdots&&\vdots\\1&1&1&\cdots&n\end{vmatrix}$

$$\xlongequal{r_i-r_1(i=2,3,\cdots,n)}\begin{vmatrix}1&1&1&\cdots&1\\0&1&0&\cdots&0\\0&0&2&\cdots&0\\\vdots&\vdots&\vdots&&\vdots\\0&0&0&\cdots&n-1\end{vmatrix}=(n-1)!.$$

3. $(\boldsymbol{A}\mid\boldsymbol{E})=\left(\begin{array}{ccc:ccc}1&2&-1&1&0&0\\3&1&0&0&1&0\\-1&-1&-2&0&0&1\end{array}\right)$

$$\xrightarrow[r_3+r_1]{r_2-3r_1}\left(\begin{array}{ccc:ccc}1&2&-1&1&0&0\\0&-5&3&-3&1&0\\0&1&-3&1&0&1\end{array}\right)$$

$$\xrightarrow{r_2\leftrightarrow r_3}\left(\begin{array}{ccc:ccc}1&2&-1&1&0&0\\0&1&-3&1&0&1\\0&-5&3&-3&1&0\end{array}\right)$$

$$\xrightarrow{r_3+5r_2}\left(\begin{array}{ccc:ccc}1&2&-1&1&0&0\\0&1&-3&1&0&1\\0&0&-12&2&1&5\end{array}\right)$$

$$\xrightarrow{-\frac{1}{12}r_3}\left(\begin{array}{ccc:ccc}1&2&-1&1&0&0\\0&1&-3&1&0&1\\0&0&1&-\frac{1}{6}&-\frac{1}{12}&-\frac{5}{12}\end{array}\right)$$

$$\xrightarrow[r_2+3r_3]{r_1+r_3}\left(\begin{array}{ccc:ccc}1&2&0&\frac{5}{6}&-\frac{1}{12}&-\frac{5}{12}\\0&1&0&\frac{1}{2}&-\frac{1}{4}&-\frac{1}{4}\\0&0&1&-\frac{1}{6}&-\frac{1}{12}&-\frac{5}{12}\end{array}\right)$$

$$\xrightarrow{r_1-2r_2}\left(\begin{array}{ccc:ccc}1&0&0&-\frac{1}{6}&\frac{5}{12}&\frac{1}{12}\\0&1&0&\frac{1}{2}&-\frac{1}{4}&-\frac{1}{4}\\0&0&1&-\frac{1}{6}&-\frac{1}{12}&-\frac{5}{12}\end{array}\right),$$

所以

$$\boldsymbol{A}^{-1}=\begin{pmatrix}-\frac{1}{6}&\frac{5}{12}&\frac{1}{12}\\\frac{1}{2}&-\frac{1}{4}&-\frac{1}{4}\\-\frac{1}{6}&-\frac{1}{12}&-\frac{5}{12}\end{pmatrix}.$$

4. 令 $A=(\alpha_1,\alpha_2,\alpha_3,\alpha_4)=\begin{pmatrix}1&-1&3&-2\\1&-3&2&-6\\1&5&-1&10\\3&1&p+2&p\end{pmatrix}$

$$\xrightarrow[\substack{r_3-r_1\\r_4-3r_1}]{r_2-r_1}\begin{pmatrix}1&-1&3&-2\\0&-2&-1&-4\\0&6&-4&12\\0&4&p-7&p+6\end{pmatrix}\xrightarrow[r_4+2r_2]{r_3+3r_2}\begin{pmatrix}1&-1&3&-2\\0&-2&-1&-4\\0&0&-7&0\\0&0&p-9&p-2\end{pmatrix}$$

$$\xrightarrow{r_4+\frac{1}{7}(p-9)r_3}\begin{pmatrix}1&-1&3&-2\\0&-2&-1&-4\\0&0&-7&0\\0&0&0&p-2\end{pmatrix},$$

所以,当 $p=2$ 时,向量组 $\alpha_1,\alpha_2,\alpha_3,\alpha_4$ 线性相关.

此时向量组的秩等于 3,$\alpha_1,\alpha_2,\alpha_3$(或 $\alpha_1,\alpha_3,\alpha_4$)为其一个极大线性无关组.

当 $p=2$ 时,$A\to\begin{pmatrix}1&0&0&0\\0&1&0&2\\0&0&1&0\\0&0&0&0\end{pmatrix}$,$\alpha_4=2\alpha_2$.

5. 1. $$|A-\lambda E|=\begin{vmatrix}2-\lambda&-1&-1\\-1&2-\lambda&-1\\-1&-1&2-\lambda\end{vmatrix}=-\lambda(\lambda-3)^2.$$

所以 A 的特征值是 $\lambda_1=0,\lambda_2=\lambda_3=3$.

当 $\lambda_1=0$ 时,求得

$$\begin{pmatrix}2&-1&-1\\-1&2&-1\\-1&-1&2\end{pmatrix}\begin{pmatrix}x_1\\x_2\\x_3\end{pmatrix}=\begin{pmatrix}0\\0\\0\end{pmatrix}$$

的基础解系是 $\xi_1=(1,1,1)^{\mathrm T}$,对应 $\lambda_1=0$ 的全部特征向量为 $k_1\xi_1(k_1\neq0)$.

当 $\lambda_2=\lambda_3=3$ 时,求得

$$\begin{pmatrix}-1&-1&-1\\-1&-1&-1\\-1&-1&-1\end{pmatrix}\begin{pmatrix}x_1\\x_2\\x_3\end{pmatrix}=\begin{pmatrix}0\\0\\0\end{pmatrix}$$

的基础解系是

$$\xi_2=(-1,1,0)^{\mathrm T},\quad \xi_3=(-1,0,1)^{\mathrm T},$$

对应 $\lambda_2=\lambda_3=3$ 的全部特征向量为 $k_2\xi_2+k_3\xi_3$(k_2,k_3 不同时为零).

2. 取 $P=\begin{pmatrix}1&-1&-1\\1&1&0\\1&0&1\end{pmatrix}$,对角形矩阵为 $D=\begin{pmatrix}0&0&0\\0&3&0\\0&0&3\end{pmatrix}$,使得 $P^{-1}AP=D$.

3. 因为$\boldsymbol{P}^{-1}\boldsymbol{A}\boldsymbol{P}=\begin{pmatrix}0&0&0\\0&3&0\\0&0&3\end{pmatrix}$,所以

$$(\boldsymbol{P}^{-1}\boldsymbol{A}\boldsymbol{P})^n=\boldsymbol{P}^{-1}\boldsymbol{A}^n\boldsymbol{P}=\begin{pmatrix}0&0&0\\0&3&0\\0&0&3\end{pmatrix}^n=\begin{pmatrix}0&0&0\\0&3^n&0\\0&0&3^n\end{pmatrix},$$

从而

$$\begin{aligned}\boldsymbol{A}^n&=\boldsymbol{P}\begin{pmatrix}0&0&0\\0&3^n&0\\0&0&3^n\end{pmatrix}\boldsymbol{P}^{-1}\\&=\begin{pmatrix}1&-1&-1\\1&1&0\\1&0&1\end{pmatrix}\begin{pmatrix}0&0&0\\0&3^n&0\\0&0&3^n\end{pmatrix}\cdot\frac{1}{3}\cdot\begin{pmatrix}1&1&1\\-1&2&-1\\-1&-1&2\end{pmatrix}\\&=3^{n-1}\begin{pmatrix}2&-1&-1\\-1&2&-1\\-1&-1&2\end{pmatrix}.\end{aligned}$$

四、1.　$\boldsymbol{A}=\begin{pmatrix}1&-1&1&-1\\2&1&1&-2\\3&3&1&-3\end{pmatrix}\xrightarrow[r_3-3r_1]{r_2-2r_1}\begin{pmatrix}1&-1&1&-1\\0&3&-1&0\\0&6&-2&0\end{pmatrix}$

$$\xrightarrow{r_3-2r_2}\begin{pmatrix}1&-1&1&-1\\0&3&-1&0\\0&0&0&0\end{pmatrix}\xrightarrow[\frac{1}{3}r_2]{r_1+\frac{1}{3}r_2}\begin{pmatrix}1&0&\frac{2}{3}&-1\\0&1&-\frac{1}{3}&0\\0&0&0&0\end{pmatrix},$$

对应的同解方程组为

$$\begin{cases}x_1=-\dfrac{2}{3}x_3+x_4,\\x_2=\dfrac{1}{3}x_3,\end{cases}$$

其中 x_3,x_4 为自由变量,分别取$\begin{pmatrix}x_3\\x_4\end{pmatrix}=\begin{pmatrix}1\\0\end{pmatrix},\begin{pmatrix}0\\1\end{pmatrix}$,则得基础解系为

$$\boldsymbol{\xi}_1=\left(-\frac{2}{3},\frac{1}{3},1,0\right)^{\mathrm{T}},\quad \boldsymbol{\xi}_2=(1,0,0,1)^{\mathrm{T}}.$$

2. $D=\begin{vmatrix}a&1&1\\1&a&1\\1&1&a\end{vmatrix}=(a+2)(a-1)^2$.

(1) 当 $D\neq0$,即 $a\neq-2$ 且 $a\neq1$ 时,方程组有唯一解.

(2) 当 $D=0$,即 $a=-2$ 或 $a=1$ 时,有

① 当 $a=-2$ 时,原方程组为

$$\begin{cases}-2x_1+x_2+x_3=-5,\\ x_1-2x_2+x_3=-2,\\ x_1+x_2-2x_3=-2,\end{cases}$$

$$\overline{\mathbf{A}}=\begin{pmatrix}-2&1&1&-5\\1&-2&1&-2\\1&1&-2&-2\end{pmatrix}\to\begin{pmatrix}1&-2&1&-2\\-2&1&1&-5\\1&1&-2&-2\end{pmatrix}\to\begin{pmatrix}1&-2&1&-2\\0&-3&3&-9\\0&0&0&-9\end{pmatrix},$$

因为 $R(\mathbf{A})=2,R(\overline{\mathbf{A}})=3$,所以方程组无解.

② 当 $a=1$ 时,原方程组为

$$x_1+x_2+x_3=-2,$$

所以

$$x_1=-x_2-x_3-2\quad(x_2,x_3\text{ 为自由未知量}),$$

此时方程组有无穷多解.

自测题五

一、1. 4. 2. 2. 3. 9. 4. 0. 5. 1.

二、1. D. 2. C. 3. C. 4. C. 5. B.

三、1. $D_4=\begin{vmatrix}3&1&-1&2\\-5&1&3&-4\\2&0&1&-1\\1&-5&3&-3\end{vmatrix}=-\begin{vmatrix}1&-5&3&-3\\-5&1&3&-4\\2&0&1&-1\\3&1&-1&2\end{vmatrix}$

$$=-\begin{vmatrix}1&-5&3&-3\\0&-24&18&-19\\0&10&-5&5\\0&16&-10&11\end{vmatrix}=-5\begin{vmatrix}-24&18&-19\\2&-1&1\\16&-10&11\end{vmatrix}$$

$$=5\begin{vmatrix}2&-1&1\\-24&18&-19\\16&-10&11\end{vmatrix}=5\begin{vmatrix}2&-1&1\\0&6&-7\\0&-2&3\end{vmatrix}$$

$$=10\begin{vmatrix}6&-7\\-2&3\end{vmatrix}=40.$$

2. $D_n=[x+(n-2)b]\begin{vmatrix}1&b&b&\cdots&b\\1&x-b&b&\cdots&b\\1&b&x-b&\cdots&b\\\vdots&\vdots&\vdots&&\vdots\\1&b&b&\cdots&x-b\end{vmatrix}_n$

$$=[x+(n-2)b]\begin{vmatrix}1&b&b&\cdots&b\\&x-2b&0&\cdots&0\\&&x-2b&\cdots&0\\&&&\ddots&\vdots\\&&&&x-2b\end{vmatrix}_n$$

$=[x+(n-2)b](x-2b)^{n-1}$.

四、设 $\boldsymbol{A}=(\boldsymbol{\alpha}_1,\boldsymbol{\alpha}_2,\boldsymbol{\alpha}_3,\boldsymbol{\alpha}_4)$，则

$$\boldsymbol{A}=\begin{pmatrix}1&1&1&4\\2&-1&1&2\\2&-3&-1&2\\3&6&7&9\end{pmatrix}\xrightarrow[r_4-3r_1]{\substack{r_2-2r_1\\r_3-2r_1}}\begin{pmatrix}1&1&1&4\\0&-3&-1&-6\\0&-5&-3&-6\\0&3&4&-3\end{pmatrix}$$

$$\xrightarrow{r_3-2r_2}\begin{pmatrix}1&1&1&4\\0&-3&-1&-6\\0&1&-1&6\\0&3&4&-3\end{pmatrix}\xrightarrow{r_2\leftrightarrow r_3}\begin{pmatrix}1&1&1&4\\0&1&-1&6\\0&-3&-1&-6\\0&3&4&-3\end{pmatrix}$$

$$\xrightarrow[r_3+3r_2]{r_4+r_3}\begin{pmatrix}1&1&1&4\\0&1&-1&6\\0&0&-4&12\\0&0&3&-9\end{pmatrix}\xrightarrow[r_4-3r_3]{-\frac{1}{4}r_3}\begin{pmatrix}1&1&1&4\\0&1&-1&6\\0&0&1&-3\\0&0&0&0\end{pmatrix}$$

$$\xrightarrow[r_1-r_3]{r_2+r_3}\begin{pmatrix}1&1&0&7\\0&1&0&3\\0&0&1&-3\\0&0&0&0\end{pmatrix}\xrightarrow{r_1-r_2}\begin{pmatrix}1&0&0&4\\0&1&0&3\\0&0&1&-3\\0&0&0&0\end{pmatrix},$$

所以

1. 向量组 T 的秩为 3；
2. $R=3<n=4$，所以向量组线性相关；
3. $\boldsymbol{\alpha}_1,\boldsymbol{\alpha}_2,\boldsymbol{\alpha}_3$ 是向量组的一个极大线性无关组；
4. $\boldsymbol{\alpha}_4=4\boldsymbol{\alpha}_1+3\boldsymbol{\alpha}_2-3\boldsymbol{\alpha}_3$.

五、$\boldsymbol{A}^{-1}=\begin{pmatrix}3&-2&1\\-1&1&-\frac{1}{2}\\-3&2&-\frac{1}{2}\end{pmatrix}$，　$\boldsymbol{X}=\boldsymbol{A}^{-1}\boldsymbol{B}=\begin{pmatrix}4&-1\\-\frac{3}{2}&\frac{1}{2}\\-\frac{7}{2}&\frac{5}{2}\end{pmatrix}$.

六、因为 $|\boldsymbol{A}|=\begin{vmatrix}1&1&1\\1&2&\lambda\\1&4&\lambda^2\end{vmatrix}=(\lambda-1)(\lambda-2)$（范德蒙德行列式），所以

(1) 当 $\lambda\neq1$ 且 $\lambda\neq2$ 时，有唯一解，且

$$D_1=\begin{vmatrix}1&1&1\\1&2&\lambda\\\lambda&4&\lambda^2\end{vmatrix}=\begin{vmatrix}1&1&1\\0&1&\lambda-1\\0&4-\lambda&\lambda^2-\lambda\end{vmatrix}=2(\lambda-1)(\lambda-2),$$

$$D_2=\begin{vmatrix}1&1&1\\1&1&\lambda\\1&\lambda&\lambda^2\end{vmatrix}=\begin{vmatrix}1&1&1\\0&0&\lambda-1\\0&\lambda-1&\lambda^2-1\end{vmatrix}=-(\lambda-1)^2,$$

$$D_3=\begin{vmatrix}1&1&1\\1&2&1\\1&4&\lambda\end{vmatrix}=\begin{vmatrix}1&1&1\\0&1&0\\0&3&\lambda-1\end{vmatrix}=\lambda-1,$$

故

$$x_1=\frac{D_1}{|\boldsymbol{A}|}=2,\quad x_2=\frac{D_2}{|\boldsymbol{A}|}=-\frac{\lambda-1}{\lambda-2},\quad x_3=\frac{D_3}{|\boldsymbol{A}|}=\frac{1}{\lambda-2}.$$

(2) 当 $\lambda=1$ 时,

$$\bar{\boldsymbol{A}}=\begin{pmatrix}1&1&1&1\\1&2&1&1\\1&4&1&1\end{pmatrix}\xrightarrow[r_3-r_1]{r_2-r_1}\begin{pmatrix}1&1&1&1\\0&1&0&0\\0&3&0&0\end{pmatrix}\xrightarrow[r_3-3r_2]{r_1-r_2}\begin{pmatrix}1&0&1&1\\0&1&0&0\\0&0&0&0\end{pmatrix},$$

因为 $R(\boldsymbol{A})=R(\bar{\boldsymbol{A}})=2<3$,故方程组有无穷多解,通解为

$$\boldsymbol{X}=\begin{pmatrix}1\\0\\0\end{pmatrix}+k\begin{pmatrix}-1\\0\\1\end{pmatrix}\quad(k\text{ 为任意常数}).$$

(3) 当 $\lambda=2$ 时,

$$\bar{\boldsymbol{A}}=\begin{pmatrix}1&1&1&1\\1&2&2&1\\1&4&4&2\end{pmatrix}\xrightarrow[r_3-r_1]{r_2-r_1}\begin{pmatrix}1&1&1&1\\0&1&1&0\\0&3&3&1\end{pmatrix}\xrightarrow[r_3-3r_2]{r_1-r_2}\begin{pmatrix}1&0&0&1\\0&1&1&0\\0&0&0&1\end{pmatrix},$$

因为 $R(A)\neq R(\bar{A})=3$,故方程组无解.

七、1. $|\boldsymbol{A}-\lambda\boldsymbol{E}|=-\lambda^2(\lambda+2)$,故特征值为 $\lambda_1=\lambda_2=0,\lambda_3=-2$.

对于 $\lambda_1=\lambda_2=0$,解 $\boldsymbol{AX}=\boldsymbol{0}$ 得基础解系为

$$\boldsymbol{\xi}_1=\begin{pmatrix}1\\1\\0\end{pmatrix},\quad \boldsymbol{\xi}_2=\begin{pmatrix}-1\\0\\1\end{pmatrix},$$

故对应于 $\lambda_1=\lambda_2=0$ 的全部特征向量为

$$k_1\boldsymbol{\xi}_1+k_2\boldsymbol{\xi}_2\quad(k_1,k_2\text{ 为不全为零的任意常数}).$$

对于 $\lambda_3=-2$,解 $(\boldsymbol{A}+2\boldsymbol{E})\boldsymbol{X}=\boldsymbol{0}$ 得基础解系为

$$\boldsymbol{\xi}_3=\begin{pmatrix}-1\\-2\\1\end{pmatrix},$$

故对应于 $\lambda_3=-2$ 的全部特征向量为 $k_3\boldsymbol{\xi}_3$(k_3 为不为零的任意常数).

2. 因为 $\boldsymbol{A}$ 有三个线性无关的特征向量,故 $\boldsymbol{A}$ 可相似对角化,且

$$\boldsymbol{P}=(\boldsymbol{\xi}_1,\boldsymbol{\xi}_2,\boldsymbol{\xi}_3)=\begin{pmatrix}1&-1&-1\\1&0&-2\\0&1&1\end{pmatrix},\quad \boldsymbol{P}^{-1}=\begin{pmatrix}1&0&1\\-\frac{1}{2}&\frac{1}{2}&\frac{1}{2}\\\frac{1}{2}&-\frac{1}{2}&\frac{1}{2}\end{pmatrix},$$

$$\boldsymbol{D}=\boldsymbol{P}^{-1}\boldsymbol{AP}=\begin{pmatrix}0&0&0\\0&0&0\\0&0&-2\end{pmatrix}.$$

3. $\boldsymbol{A}^n=\boldsymbol{P}\boldsymbol{D}^n\boldsymbol{P}^{-1}=\begin{pmatrix}1&-1&-1\\1&0&-2\\0&1&1\end{pmatrix}\begin{pmatrix}0&0&0\\0&0&0\\0&0&(-2)^n\end{pmatrix}\begin{pmatrix}1&0&1\\-\frac{1}{2}&\frac{1}{2}&\frac{1}{2}\\\frac{1}{2}&-\frac{1}{2}&\frac{1}{2}\end{pmatrix}$

$$=\begin{pmatrix}-\frac{1}{2}(-2)^n&\frac{1}{2}(-2)^n&-\frac{1}{2}(-2)^n\\-(-2)^n&(-2)^n&-(-2)^n\\\frac{1}{2}(-2)^n&-\frac{1}{2}(-2)^n&\frac{1}{2}(-2)^n\end{pmatrix}.$$

八、因为$\boldsymbol{A}=\begin{pmatrix}1&a&-1\\a&1&2\\-1&2&5\end{pmatrix}$,所以 f 正定当且仅当 $D_1=1>0$,且 $D_2=\begin{vmatrix}1&a\\a&1\end{vmatrix}=1-a^2>0$,且 $D_3=\begin{vmatrix}1&a&-1\\a&1&2\\-1&2&5\end{vmatrix}=-5a^2-4a>0$,即

$$\begin{cases}1-a^2>0,\\-5a^2-4a>0\end{cases}\Rightarrow\begin{cases}-1<a<1,\\-\frac{4}{5}<a<0,\end{cases}$$

故当$-\frac{4}{5}<a<0$时,f 是正定二次型.

自测题六

一、1. $-\frac{4^n}{6}$. 2. -3. 3. 1. 4. 2. 5. $-\frac{3}{2}$.

二、1. D. 2. C. 3. D. 4. D. 5. C.

三、1. $D=\begin{vmatrix}0&2&-1&0\\0&-7&-2&0\\2&2&1&3\\3&-1&-2&3\end{vmatrix}=\begin{vmatrix}0&2&-1&0\\0&-7&-2&0\\2&2&1&3\\1&-3&-3&0\end{vmatrix}$

$$=-3\begin{vmatrix}0&2&-1\\0&-7&-2\\1&-3&-3\end{vmatrix}=-3\times\begin{vmatrix}2&-1\\-7&-2\end{vmatrix}=-3\times(-11)=33.$$

2. $D=\begin{vmatrix}1&3&3&\cdots&3\\3&2&3&\cdots&3\\3&3&3&\cdots&3\\\vdots&\vdots&\vdots&&\vdots\\3&3&3&\cdots&n\end{vmatrix}=\begin{vmatrix}-2&0&0&\cdots&0\\0&-1&0&\cdots&0\\3&3&3&\cdots&3\\\vdots&\vdots&\vdots&&\vdots\\0&0&0&\cdots&n-3\end{vmatrix}$

$$=-2\times(-1)\times3\times1\times2\times\cdots\times(n-3)=6(n-3)!.$$

四、1. $\boldsymbol{A}=(\boldsymbol{\alpha}_1,\boldsymbol{\alpha}_2,\boldsymbol{\alpha}_3,\boldsymbol{\alpha}_4)=\begin{pmatrix}1&-1&2&1\\-2&2&-1&1\\-1&1&0&1\\0&3&2&1\end{pmatrix}\longrightarrow\begin{pmatrix}1&-1&2&1\\0&0&3&3\\0&0&2&2\\0&3&2&1\end{pmatrix}$

$$\rightarrow\begin{pmatrix}1&-1&2&1\\0&3&2&1\\0&0&1&1\\0&0&3&3\end{pmatrix}\rightarrow\begin{pmatrix}1&-1&0&-1\\0&3&0&-1\\0&0&1&1\\0&0&0&0\end{pmatrix}\rightarrow\begin{pmatrix}1&0&0&-\frac{4}{3}\\0&1&0&-\frac{1}{3}\\0&0&1&1\\0&0&0&0\end{pmatrix}.$$

(1) 一个极大无关组为 $\boldsymbol{\alpha}_1,\boldsymbol{\alpha}_2,\boldsymbol{\alpha}_3$；

(2) $\boldsymbol{\alpha}_4=-\frac{4}{3}\boldsymbol{\alpha}_1-\frac{1}{3}\boldsymbol{\alpha}_2+\boldsymbol{\alpha}_3$.

2. 由于 $\boldsymbol{A}=\begin{pmatrix}1&0&-1\\0&1&2\\-1&0&0\end{pmatrix}$，求得 $\boldsymbol{A}^{-1}=\begin{pmatrix}0&0&-1\\2&1&2\\-1&0&-1\end{pmatrix}$，所以

$$\boldsymbol{X}=\boldsymbol{A}^{-1}\boldsymbol{B}=\begin{pmatrix}0&0&-1\\2&1&2\\-1&0&-1\end{pmatrix}\begin{pmatrix}1&2\\2&0\\3&1\end{pmatrix}=\begin{pmatrix}-3&-1\\10&6\\-4&-3\end{pmatrix}.$$

五、系数矩阵的行列式为

$$D=\begin{vmatrix}1&1&1\\1&1&a\\a&1&1\end{vmatrix}=\begin{vmatrix}1&1&1\\0&0&a-1\\a&1&1\end{vmatrix}=(1-a)^2.$$

(1) 当 $D\neq0$，即 $a\neq1$ 时，方程组有唯一零解；

(2) 当 $D=0$，即 $a=1$ 时，方程组有非零解.

此时，系数矩阵

$$\boldsymbol{A}=\begin{pmatrix}1&1&1\\1&1&1\\1&1&1\end{pmatrix}\rightarrow\begin{pmatrix}1&1&1\\0&0&0\\0&0&0\end{pmatrix},$$

同解方程组为

$$x_1=-x_2-x_3\quad(x_2,x_3\text{ 为自由未知量}),$$

取 $(x_2,x_3)^{\mathrm{T}}=(1,0)^{\mathrm{T}}$ 和 $(0,1)^{\mathrm{T}}$，得一组基础解系为

$$\boldsymbol{\xi}_1=(-1,1,0)^{\mathrm{T}},\quad\boldsymbol{\xi}_2=(-1,0,1)^{\mathrm{T}}.$$

六、 1. 记 $\boldsymbol{C}=\begin{pmatrix}1&1&1\\1&1&0\\1&0&0\end{pmatrix}$，$\boldsymbol{D}=\begin{pmatrix}1&&\\&0&\\&&-1\end{pmatrix}$，由方阵的相似对角化有

$$\boldsymbol{C}^{-1}\boldsymbol{A}\boldsymbol{C}=\boldsymbol{D},\quad\boldsymbol{C}^{-1}=\begin{pmatrix}0&0&1\\0&1&-1\\1&-1&0\end{pmatrix},$$

所以

$$\boldsymbol{A}=\boldsymbol{C}\boldsymbol{D}\boldsymbol{C}^{-1}=\begin{pmatrix}-1&1&1\\0&0&1\\0&0&1\end{pmatrix}.$$

2. $\boldsymbol{A}^{2n}=\boldsymbol{C}\boldsymbol{D}^{2n}\boldsymbol{C}^{-1}=\begin{pmatrix}1&-1&1\\0&0&1\\0&0&1\end{pmatrix}$.

七、1. $\boldsymbol{A}=(\boldsymbol{\alpha}_1,\boldsymbol{\alpha}_2,\boldsymbol{\alpha}_3)=\begin{pmatrix}1&1&1\\1&0&1\\1&-1&-1\\1&0&0\end{pmatrix}\to\begin{pmatrix}1&0&0\\0&1&1\\0&0&1\\0&0&0\end{pmatrix}$,因为 $R(\boldsymbol{A})=3$ 等于向量的个数,所以此向量组线性无关.

2. 施密特正交化方法：

正交化得

$$\boldsymbol{\beta}_1=\boldsymbol{\alpha}_1,$$

$$\boldsymbol{\beta}_2=\boldsymbol{\alpha}_2-\frac{(\boldsymbol{\alpha}_2,\boldsymbol{\beta}_1)}{(\boldsymbol{\beta}_1,\boldsymbol{\beta}_1)}\boldsymbol{\beta}_1=\begin{pmatrix}1\\0\\-1\\0\end{pmatrix},$$

$$\boldsymbol{\beta}_3=\boldsymbol{\alpha}_3-\frac{(\boldsymbol{\alpha}_3,\boldsymbol{\beta}_2)}{(\boldsymbol{\beta}_2,\boldsymbol{\beta}_2)}\boldsymbol{\beta}_2-\frac{(\boldsymbol{\alpha}_3,\boldsymbol{\beta}_1)}{(\boldsymbol{\beta}_1,\boldsymbol{\beta}_1)}\boldsymbol{\beta}_1=\begin{pmatrix}-\frac{1}{4}\\\frac{3}{4}\\-\frac{1}{4}\\-\frac{1}{4}\end{pmatrix}.$$

单位化得

$$\boldsymbol{\gamma}_1=\frac{\boldsymbol{\beta}_1}{\|\boldsymbol{\beta}_1\|}=\begin{pmatrix}\frac{1}{2}\\\frac{1}{2}\\\frac{1}{2}\\\frac{1}{2}\end{pmatrix},\quad \boldsymbol{\gamma}_2=\frac{\boldsymbol{\beta}_2}{\|\boldsymbol{\beta}_2\|}=\begin{pmatrix}\frac{\sqrt{2}}{2}\\0\\-\frac{\sqrt{2}}{2}\\0\end{pmatrix},$$

$$\boldsymbol{\gamma}_3=\frac{\boldsymbol{\beta}_3}{\|\boldsymbol{\beta}_3\|}=\frac{\sqrt{3}}{3}\begin{pmatrix}-\frac{1}{2}\\ \frac{3}{2}\\ -\frac{1}{2}\\ -\frac{1}{2}\end{pmatrix}.$$

$\boldsymbol{\gamma}_1,\boldsymbol{\gamma}_2,\boldsymbol{\gamma}_3$ 即为所求.

自测题七

一、1. 4. 2. 11. 3. 正. 4. -1. 5. -4. 6. 2. 7. $2,\frac{\pi}{3},\sqrt{7}$.

8. $R(\boldsymbol{A})\neq R(\boldsymbol{A},\boldsymbol{b})$. 9. $\begin{pmatrix}2&2&0\\2&0&-3\\0&-3&-3\end{pmatrix}$. 10. 6.

二、$D=\begin{vmatrix}1&0&1&2\\0&7&-1&3\\1&7&0&2\\2&3&5&1\end{vmatrix}=\begin{vmatrix}1&0&1&2\\0&7&-1&3\\0&7&-1&0\\0&3&3&-3\end{vmatrix}=\begin{vmatrix}1&0&1&2\\0&7&-1&3\\0&0&0&-3\\0&3&3&-3\end{vmatrix}$

$=\begin{vmatrix}1&0&1&2\\0&3&3&-3\\0&7&-1&3\\0&0&0&-3\end{vmatrix}=\begin{vmatrix}1&0&1&2\\0&3&3&-3\\0&0&-8&10\\0&0&0&-3\end{vmatrix}=72.$

三、$|\boldsymbol{A}|=-3,\boldsymbol{A}^*=\begin{pmatrix}-2&-1&1\\-6&0&3\\7&-1&-5\end{pmatrix}$,所以

$$\boldsymbol{A}^{-1}=\frac{1}{|\boldsymbol{A}|}\boldsymbol{A}^*=-\frac{1}{3}\begin{pmatrix}-2&-1&1\\-6&0&3\\7&-1&-5\end{pmatrix}.$$

$$\boldsymbol{X}=\boldsymbol{A}^{-1}\boldsymbol{B}=-\frac{1}{3}\begin{pmatrix}-2&-1&1\\-6&0&3\\7&-1&-5\end{pmatrix}\begin{pmatrix}-1&1&1\\2&1&1\\0&-4&1\end{pmatrix}=\begin{pmatrix}0&\frac{7}{3}&\frac{2}{3}\\-2&6&1\\3&-\frac{26}{3}&-\frac{1}{3}\end{pmatrix}$$

(或者用$(\boldsymbol{A}\,\vdots\,\boldsymbol{B})\xrightarrow{\text{初等行变换}}(\boldsymbol{E}\,\vdots\,\boldsymbol{X})$求得).

四、$D=\begin{vmatrix}\lambda&1&1\\1&\lambda&1\\1&1&\lambda\end{vmatrix}=(\lambda+2)(\lambda-1)^2.$

(1) $D\neq 0$,即当 $\lambda\neq -2$ 且 $\lambda\neq 1$ 时,有唯一解.且解为

$$x_1=\frac{D_1}{D}=0,\quad x_2=\frac{D_2}{D}=0,\quad x_3=\frac{D_3}{D}=1.$$

(2) 当 $\lambda=-2$ 时,

$$\overline{\boldsymbol{A}}=\begin{pmatrix}-2&1&1&1\\1&-2&1&1\\1&1&-2&-2\end{pmatrix}\to\begin{pmatrix}1&1&-2&-2\\0&-3&3&3\\0&3&-3&-3\end{pmatrix}\to\begin{pmatrix}1&0&-1&-1\\0&1&-1&-1\\0&0&0&0\end{pmatrix},$$

同解方程组为

$$\begin{cases}x_1=-1+x_3,\\x_2=-1+x_3\end{cases}\quad(x_3\text{ 为自由未知量}),$$

取 $x_3=0$,得特解 $\boldsymbol{\eta}=\begin{pmatrix}-1\\-1\\0\end{pmatrix}$;对应的齐次线性方程组 $\begin{cases}x_1=x_3,\\x_2=x_3,\end{cases}$ 取 $x_3=1$,得 $\boldsymbol{\xi}=\begin{pmatrix}1\\1\\1\end{pmatrix}$.所以通解为 $\boldsymbol{X}=\boldsymbol{\eta}+k\boldsymbol{\xi}$($k$ 为任意常数).

(3) 当 $\lambda=1$ 时,

$$\overline{\boldsymbol{A}}=\begin{pmatrix}1&1&1&1\\1&1&1&1\\1&1&1&1\end{pmatrix}\to\begin{pmatrix}1&1&1&1\\0&0&0&0\\0&0&0&0\end{pmatrix},$$

同解方程组为

$$x_1=1-x_2-x_3\quad(x_2,x_3\text{ 为自由变量}),$$

取 $\begin{pmatrix}x_2\\x_3\end{pmatrix}=\begin{pmatrix}0\\0\end{pmatrix}$,得特解 $\boldsymbol{\eta}=\begin{pmatrix}1\\0\\0\end{pmatrix}$;对应的齐次线性方程 $x_1=-x_2-x_3$,取 $\begin{pmatrix}x_2\\x_3\end{pmatrix}=\begin{pmatrix}1\\0\end{pmatrix},\begin{pmatrix}0\\1\end{pmatrix}$,得

$$\boldsymbol{\xi}_1=\begin{pmatrix}-1\\1\\0\end{pmatrix},\quad\boldsymbol{\xi}_2=\begin{pmatrix}-1\\0\\1\end{pmatrix},$$

所以通解为 $\boldsymbol{X}=\boldsymbol{\eta}+k_1\boldsymbol{\xi}_1+k_2\boldsymbol{\xi}_2$($k_1,k_2$ 为任意常数).

没有无解情况出现.

五、1. 因为 $\boldsymbol{A}$ 有三个线性无关的特征向量,所以 $\boldsymbol{A}$ 能相似对角化.因此

$$\boldsymbol{P}=\begin{pmatrix}1&2&2\\0&1&6\\0&2&-3\end{pmatrix},\quad\boldsymbol{D}=\begin{pmatrix}1&0&0\\0&3&0\\0&0&-2\end{pmatrix},\quad\boldsymbol{P}^{-1}=-\frac{1}{15}\begin{pmatrix}-15&10&10\\0&-3&-6\\0&-2&1\end{pmatrix},$$

故

$$\boldsymbol{P}^{-1}\boldsymbol{AP}=\boldsymbol{D}\Rightarrow\boldsymbol{A}=\boldsymbol{PDP}^{-1}=\begin{pmatrix}1&0&2\\0&-1&2\\0&2&2\end{pmatrix}.$$

2. $$\boldsymbol{A}^{20}=\boldsymbol{PD}^{20}\boldsymbol{P}^{-1}=-\frac{1}{15}\begin{pmatrix}-15&10-6\times3^{20}-2^{22}&10-12\times3^{20}+2^{21}\\0&-3^{21}-12\times2^{20}&-6\times3^{20}+6\times2^{20}\\0&-6\times3^{20}+6\times2^{20}&-12\times3^{20}-3\times2^{20}\end{pmatrix}.$$

六、$f(x_1,x_2,x_3)=x_1^2+2x_1x_2+x_2^2-x_2^2-x_3^2-4x_2x_3$

$$=(x_1+x_2)^2-(x_2^2+4x_2x_3+4x_3^2)+3x_3^2$$

$$=(x_1+x_2)^2-(x_2+2x_3)^2+3x_3^2.$$

令$\begin{cases}y_1=x_1+x_2,\\ y_2=x_2+2x_3,\\ y_3=x_3,\end{cases}$即$\begin{cases}x_1=y_1-y_2+2y_3,\\ x_2=y_2-2y_3,\\ x_3=y_3\end{cases}$为所用的可逆变换,则标准形为 $f=y_1^2-y_2^2+3y_3^2$.

自 测 题 八

一、1. 1. 2. 2. 3. 3. 4. -4. 5. $\frac{\pi}{2}$. 6. 6. 7. 负. 8. $\begin{pmatrix}1&1&0\\1&2&t\\0&t&1\end{pmatrix}$.

9. 线性无关. 10. $k(\boldsymbol{\eta}_1-\boldsymbol{\eta}_2)$,$k$ 为任意常数.

二、1. $\begin{vmatrix}4&1&2&4\\1&2&0&2\\10&5&2&0\\0&1&1&7\end{vmatrix}\xlongequal{r_1\leftrightarrow r_2}-\begin{vmatrix}1&2&0&2\\4&1&2&4\\10&5&2&0\\0&1&1&7\end{vmatrix}$

$$\xlongequal[r_3-10r_1]{r_2-4r_1}-\begin{vmatrix}1&2&0&2\\0&-7&2&-4\\0&-15&2&-20\\0&1&1&7\end{vmatrix}$$

$$\xlongequal{r_2\leftrightarrow r_4}\begin{vmatrix}1&2&0&2\\0&1&1&7\\0&-15&2&-20\\0&-7&2&-4\end{vmatrix}\xlongequal[r_4+7r_2]{r_3+15r_2}\begin{vmatrix}1&2&0&2\\0&1&1&7\\0&0&17&85\\0&0&9&45\end{vmatrix}$$

$$\xlongequal{r_4-\frac{9}{17}r_3}\begin{vmatrix}1&2&0&2\\0&1&1&7\\0&0&17&85\\0&0&0&0\end{vmatrix}=0.$$

2. $D_{n+1}=\begin{vmatrix}x&a_1&a_2&a_3&\cdots&a_n\\a_1&x&a_2&a_3&\cdots&a_n\\a_1&a_2&x&a_3&\cdots&a_n\\\vdots&\vdots&\vdots&\vdots&&\vdots\\a_1&a_2&a_3&a_4&\cdots&x\end{vmatrix}$

$$\xlongequal[i=2,3,\cdots,n]{c_1+c_i}\begin{vmatrix} x+\sum\limits_{i=1}^{n}a_i & a_1 & a_2 & \cdots & a_n \\ x+\sum\limits_{i=1}^{n}a_i & x & a_2 & \cdots & a_n \\ x+\sum\limits_{i=1}^{n}a_i & a_2 & x & \cdots & a_n \\ \vdots & \vdots & \vdots & & \vdots \\ x+\sum\limits_{i=1}^{n}a_i & a_2 & a_3 & \cdots & x \end{vmatrix}$$

$$=\left(x+\sum_{i=1}^{n}a_i\right)\begin{vmatrix} 1 & a_1 & a_2 & \cdots & a_n \\ 1 & x & a_2 & \cdots & a_n \\ 1 & a_2 & x & \cdots & a_n \\ \vdots & \vdots & \vdots & & \vdots \\ 1 & a_2 & a_3 & \cdots & x \end{vmatrix}$$

$$\xlongequal[i=2,3,\cdots,n,n+1]{c_i-a_{i-1}c_1}\left(x+\sum_{i=1}^{n}a_i\right)\begin{vmatrix} 1 & 0 & 0 & \cdots & 0 \\ 1 & x-a_1 & 0 & \cdots & 0 \\ 1 & a_2-a_1 & x-a_2 & \cdots & 0 \\ \vdots & \vdots & \vdots & & \vdots \\ 1 & a_2-a_1 & a_3-a_2 & \cdots & x-a_n \end{vmatrix}$$

$$=\left(x+\sum_{i=1}^{n}a_i\right)\prod_{i=1}^{n}(x-a_i).$$

三、$\boldsymbol{A}=(\boldsymbol{\alpha}_1,\boldsymbol{\alpha}_2,\boldsymbol{\alpha}_3,\boldsymbol{\alpha}_4)=\begin{pmatrix} 1 & 1 & -2 & 1 \\ 1 & 2 & -6 & -2 \\ 2 & 3 & -8 & 8 \\ -1 & 1 & -6 & -7 \end{pmatrix}$

$$\xrightarrow[r_4+r_1]{\substack{r_2-r_1\\ r_3-2r_1}}\begin{pmatrix} 1 & 1 & -2 & 1 \\ 0 & 1 & -4 & -3 \\ 0 & 1 & -4 & 6 \\ 0 & 2 & -8 & -6 \end{pmatrix}\xrightarrow[r_4-2r_2]{r_3-r_2}\begin{pmatrix} 1 & 1 & -2 & 1 \\ 0 & 1 & -4 & -3 \\ 0 & 0 & 0 & 9 \\ 0 & 0 & 0 & 0 \end{pmatrix}$$

$$\xrightarrow{\frac{1}{9}r_3}\begin{pmatrix} 1 & 1 & -2 & 1 \\ 0 & 1 & -4 & -3 \\ 0 & 0 & 0 & 1 \\ 0 & 0 & 0 & 0 \end{pmatrix}\xrightarrow[r_1-r_3]{r_2+3r_3}\begin{pmatrix} 1 & 1 & -2 & 0 \\ 0 & 1 & -4 & 0 \\ 0 & 0 & 0 & 1 \\ 0 & 0 & 0 & 0 \end{pmatrix}$$

$$\xrightarrow{r_1-r_2}\begin{pmatrix} 1 & 0 & 2 & 0 \\ 0 & 1 & -4 & 0 \\ 0 & 0 & 0 & 1 \\ 0 & 0 & 0 & 0 \end{pmatrix}.$$

向量组 T 的一个极大无关组为 $\boldsymbol{\alpha}_1,\boldsymbol{\alpha}_2,\boldsymbol{\alpha}_4$，且 $\boldsymbol{\alpha}_3=2\boldsymbol{\alpha}_1-4\boldsymbol{\alpha}_2$.

四、由于 $\boldsymbol{A}=\begin{pmatrix}2&2&-1\\0&2&3\\0&0&-2\end{pmatrix}$,所以

$$\boldsymbol{A}-\boldsymbol{E}=\begin{pmatrix}1&2&-1\\0&1&3\\0&0&-3\end{pmatrix},$$

$$(\boldsymbol{A}-\boldsymbol{E})^{-1}=\frac{1}{-3}\begin{pmatrix}-3&6&7\\0&-3&-3\\0&0&1\end{pmatrix}=\begin{pmatrix}1&-2&-\frac{7}{3}\\0&1&1\\0&0&-\frac{1}{3}\end{pmatrix}.$$

由 $\boldsymbol{AB}=\boldsymbol{B}+\boldsymbol{A}$,得

$$\boldsymbol{AB}-\boldsymbol{B}=\boldsymbol{A},\quad (\boldsymbol{A}-\boldsymbol{E})\boldsymbol{B}=\boldsymbol{A},$$

所以

$$\begin{aligned}\boldsymbol{B}&=(\boldsymbol{A}-\boldsymbol{E})^{-1}\boldsymbol{A}\\&=\begin{pmatrix}1&-2&-\frac{7}{3}\\0&1&1\\0&0&-\frac{1}{3}\end{pmatrix}\begin{pmatrix}2&2&-1\\0&2&3\\0&0&-2\end{pmatrix}=\begin{pmatrix}2&-2&-\frac{7}{3}\\0&2&1\\0&0&\frac{2}{3}\end{pmatrix}.\end{aligned}$$

五、因为 $|\boldsymbol{A}|=\begin{vmatrix}1&1&1\\1&\lambda&2\\1&\lambda^2&4\end{vmatrix}=(\lambda-1)(2-\lambda)$(范德蒙德行列式),所以

(1) 当 $\lambda\neq1$ 且 $\lambda\neq2$ 时,有唯一解,且

$$D_1=\begin{vmatrix}1&1&1\\\lambda&\lambda&2\\4&\lambda^2&4\end{vmatrix}=\begin{vmatrix}1&1&1\\0&0&2-\lambda\\0&\lambda^2-4&0\end{vmatrix}=(\lambda+2)(\lambda-2)^2,$$

$$D_2=\begin{vmatrix}1&1&1\\1&\lambda&2\\1&4&4\end{vmatrix}=\begin{vmatrix}1&1&1\\0&\lambda-1&1\\0&3&3\end{vmatrix}=3(\lambda-2),$$

$$D_3=\begin{vmatrix}1&1&1\\1&\lambda&\lambda\\1&\lambda^2&4\end{vmatrix}=\begin{vmatrix}1&1&1\\0&\lambda-1&\lambda-1\\0&\lambda^2-1&3\end{vmatrix}=(\lambda-1)(4-\lambda^2),$$

故

$$x_1=\frac{D_1}{|\boldsymbol{A}|}=\frac{4-\lambda^2}{\lambda-1},\quad x_2=\frac{D_2}{|\boldsymbol{A}|}=\frac{3}{1-\lambda},\quad x_3=\frac{D_3}{|\boldsymbol{A}|}=\lambda+2.$$

(2) 当 $\lambda=1$ 时,

$$\overline{\boldsymbol{A}}=\begin{pmatrix}1&1&1&1\\1&1&2&1\\1&1&4&4\end{pmatrix}\xrightarrow[r_3-r_1]{r_2-r_1}\begin{pmatrix}1&1&1&1\\0&0&1&0\\0&0&3&3\end{pmatrix}\xrightarrow[r_3-3r_2]{r_1-r_2}\begin{pmatrix}1&1&0&1\\0&0&1&0\\0&0&0&3\end{pmatrix},$$

故方程组无解.

(3) 当 $\lambda=2$ 时,

$$\overline{A}=\begin{pmatrix}1&1&1&1\\1&2&2&2\\1&4&4&4\end{pmatrix}\xrightarrow[r_3-r_1]{r_2-r_1}\begin{pmatrix}1&1&1&1\\0&1&1&1\\0&3&3&3\end{pmatrix}\xrightarrow[r_3-3r_2]{r_1-r_2}\begin{pmatrix}1&0&0&0\\0&1&1&1\\0&0&0&0\end{pmatrix},$$

故方程组有无穷多解,通解为

$$\boldsymbol{X}=\begin{pmatrix}0\\1\\0\end{pmatrix}+k\begin{pmatrix}0\\-1\\1\end{pmatrix}\quad(k\text{ 为任意常数}).$$

六、因为 3 个特征向量 $\boldsymbol{\xi}_1,\boldsymbol{\xi}_2,\boldsymbol{\xi}_3$ 线性无关,所以 $\boldsymbol{A}$ 能相似对角化.

令 $\boldsymbol{P}=\begin{pmatrix}0&1&-1\\1&0&0\\0&1&1\end{pmatrix}$,对角阵 $\boldsymbol{D}=\begin{pmatrix}2&&\\&2&\\&&0\end{pmatrix}$,则 $\boldsymbol{P}^{-1}\boldsymbol{AP}=\boldsymbol{D}$,所以

$$\boldsymbol{A}=\boldsymbol{PDP}^{-1}=\begin{pmatrix}1&0&1\\0&2&0\\1&0&1\end{pmatrix},\quad 其中\quad \boldsymbol{P}^{-1}=\begin{pmatrix}0&1&0\\\frac{1}{2}&0&\frac{1}{2}\\-\frac{1}{2}&0&\frac{1}{2}\end{pmatrix}.$$

七、1. 矩阵 $\boldsymbol{A}=\begin{pmatrix}5&0&0\\0&3&-2\\0&-2&3\end{pmatrix}$.

2. 特征方程

$$|\boldsymbol{A}-\lambda\boldsymbol{E}|=(5-\lambda)(\lambda-1)(\lambda-5)=0,$$

所以特征值为 $\lambda_1=5,\lambda_2=5,\lambda_3=1$.

当 $\lambda_1=\lambda_2=5$ 时,

$$\boldsymbol{A}-5\boldsymbol{E}=\begin{pmatrix}0&0&0\\0&-2&-2\\0&-2&-2\end{pmatrix}\to\begin{pmatrix}0&1&1\\0&0&0\\0&0&0\end{pmatrix},$$

同解方程组 $x_2=-x_3$,取 $(x_1,x_3)^{\mathrm{T}}=(1,0)^{\mathrm{T}}$ 和 $(0,1)^{\mathrm{T}}$,得

$$\boldsymbol{\xi}_1=\begin{pmatrix}1\\0\\0\end{pmatrix},\quad \boldsymbol{\xi}_2=\begin{pmatrix}0\\-1\\1\end{pmatrix}.$$

当 $\lambda_3=1$ 时,

$$\boldsymbol{A}-\boldsymbol{E}=\begin{pmatrix}4&0&0\\0&2&-2\\0&-2&2\end{pmatrix}\to\begin{pmatrix}1&0&0\\0&1&-1\\0&0&0\end{pmatrix},$$

同解方程组 $\begin{cases}x_1=0,\\x_2=x_3,\end{cases}$ 取 $x_3=1$,得

$$\boldsymbol{\xi}_3=\begin{pmatrix}0\\1\\1\end{pmatrix}.$$

单位化得

$$\boldsymbol{p}_1=\frac{\boldsymbol{\xi}_1}{\|\boldsymbol{\xi}_1\|}=\begin{pmatrix}1\\0\\0\end{pmatrix},\quad \boldsymbol{p}_2=\frac{\boldsymbol{\xi}_2}{\|\boldsymbol{\xi}_2\|}=\begin{pmatrix}0\\-\frac{1}{\sqrt{2}}\\\frac{1}{\sqrt{2}}\end{pmatrix},\quad \boldsymbol{p}_3=\frac{\boldsymbol{\xi}_3}{\|\boldsymbol{\xi}_3\|}=\begin{pmatrix}0\\\frac{1}{\sqrt{2}}\\\frac{1}{\sqrt{2}}\end{pmatrix}.$$

记

$$\boldsymbol{P}=(\boldsymbol{p}_1,\boldsymbol{p}_2,\boldsymbol{p}_3)=\begin{pmatrix}1&0&0\\0&-\frac{1}{\sqrt{2}}&\frac{1}{\sqrt{2}}\\0&\frac{1}{\sqrt{2}}&\frac{1}{\sqrt{2}}\end{pmatrix},$$

则正交变换为 $\boldsymbol{X}=\boldsymbol{PY}$,所以标准形为 $f=5y_1^2+5y_2^2+y_3^2$.

3. 因为 $\boldsymbol{A}$ 的各阶顺序主子式：

$$5>0,\quad \begin{vmatrix}5&0\\0&3\end{vmatrix}=15>0,\quad |\boldsymbol{A}|=25>0,$$

所以 f 正定.

(3 的另解:因为实对称矩阵 $\boldsymbol{A}=\begin{pmatrix}5&0&0\\0&3&-2\\0&-2&3\end{pmatrix}$ 的三个特征值分别为 5,5,1,全大于零,所以 $\boldsymbol{A}$ 正定,即 f 正定.)

参考文献

安希忠,崔文善. 2005. 新编线性代数. 长春:吉林科学技术出版社.

北京大学数学系几何与代数教研室代数小组. 2003. 高等代数. 3 版. 北京:高等教育出版社.

毕守东. 2010. 线性代数. 北京: 中国农业出版社.

崔克俭, 方桂英. 2013. 线性代数. 北京:科学出版社.

蒋尔雄,高坤敏,吴景琨. 1978. 线性代数. 北京:人民教育出版社.

李尚志. 2006. 线性代数. 北京:高等教育出版社.

刘建亚, 吴臻. 2018. 线性代数. 3 版. 北京:高等教育出版社.

同济大学数学科学学院. 2020. 线性代数及其应用. 3 版. 北京:高等教育出版社.

同济大学应用数学系. 2003. 线性代数. 4 版. 北京:高等教育出版社.

王品超. 1989. 高等代数新方法. 济南:山东教育出版社.

谢邦杰. 1978. 线性代数. 北京:人民教育出版社.

张禾瑞,郝鈵新. 2007. 高等代数. 5 版. 北京:高等教育出版社.

张洪谦. 2014. 线性代数. 3 版. 北京: 中国农业出版社.

Berberian S K. 1992. Linear Algebra. Oxford: Oxford University Press.

Lipschutz S. 1991. Theory and Problems of Linear Algebra. New York: McGraw-Hill.

附　　录

附录 1　线性代数知识应用案例

一、行星轨道方程的确定

由开普勒第一定律知，小行星绕太阳运行的轨道是以太阳为原点的直角坐标系内的椭圆曲线．某天文学家对某颗小行星的轨道进行研究，在两个坐标轴上取天文测量单位(1 天文单位约等于 1.496 亿千米)，在五个不同时间对小行星进行观测，得轨道上的五个坐标点(5.764，0.648)，(6.286，1.202)，(6.759，1.823)，(7.168，2.562)，(7.408，3.360)，求椭圆曲线轨道方程．

解　设平面上曲线椭圆方程为

$$a_1x^2+a_2xy+a_3y^2+a_4x+a_5y+a_6=0,$$

方程中有 6 个待定系数，方程除以某一个不为零的系数后，方程只含有 5 个待定系数．通过 5 个不同点(x_1,y_1)，(x_2,y_2)，(x_3,y_3)，(x_4,y_4)，(x_5,y_5)的一般椭圆曲线方程为

$$\begin{vmatrix} x^2 & xy & y^2 & x & y & 1 \\ x_1^2 & x_1y_1 & y_1^2 & x_1 & y_1 & 1 \\ x_2^2 & x_2y_2 & y_2^2 & x_2 & y_2 & 1 \\ x_3^2 & x_3y_3 & y_3^2 & x_3 & y_3 & 1 \\ x_4^2 & x_4y_4 & y_4^2 & x_4 & y_4 & 1 \\ x_5^2 & x_5y_5 & y_5^2 & x_5 & y_5 & 1 \end{vmatrix}=0,$$

将 5 个坐标点代入上述行列式计算，化简后可得小行星椭圆曲线轨道方程：

$$x^2-1.472xy+2.422y^2+1.566x-7.161y-33.133=0.$$

二、利用可逆矩阵设置密码

将字母和数字建立对应规则，常见的可以将 26 个字母和 1 到 26 这 26 个数字建立一一对应来进行编码，也可以用 ASCII 进行编码，当然还可以用其他的形式来编码，比如用奇数来编码，即

a	b	c	d	…	x	y	z
1	3	5	7	…	47	49	51

解　对“HAI SHANG DI YI MING SHAN”进行编码,对应的向量为(15,1,17,37,15,1,27,13,7,17,49,17,25,17,27,13,37,15,1,27),对这 20 个元素,用一个 4 行 5 列的矩阵存储.

原信息矩阵:$\boldsymbol{A}=\begin{pmatrix}15&1&17&37&15\\1&27&13&7&17\\49&17&25&17&27\\13&37&15&1&27\end{pmatrix}$.

设置加密矩阵:$\boldsymbol{B}=\begin{pmatrix}1&9&2&1\\0&5&3&2\\1&9&5&1\\2&0&0&7\end{pmatrix}$.

用 $\boldsymbol{BA}$ 得到信息加密矩阵:

$$\boldsymbol{C}=\boldsymbol{BA}=\begin{pmatrix}135&315&199&135&249\\178&260&170&88&220\\282&366&274&186&330\\121&261&139&81&219\end{pmatrix},$$

需要解密的时候,用 $\boldsymbol{B}^{-1}\boldsymbol{C}$ 就可以得到原信息矩阵,再根据对应表,就可以还原为原来的信息了.

三、城市间航线问题

某航空公司在 4 个城市间的航行运行图如图 1 所示.

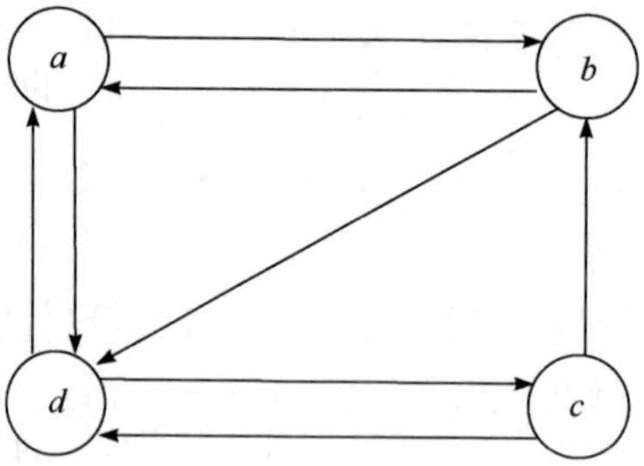

图 1　城市间航行运行图

问题:(1) 如何将图 1 的航行运行图用数学式子表示出来?

(2) 没有直达航线的城市如城市 a 和 c 间如何实现通航?

(3) 从城市 b 出发经 3 次航行再回到城市 b 的线路有几条?

解　(1) 设 $a_{ij}=1$ 表示从城市 i 到城市 j 有航线,$a_{ij}=0$ 表示从城市 i 到城市 j 没有航线,用数字 1234 对应 $abcd$,图 1 的航行运行图可用邻接矩阵表示为

$$
\boldsymbol{A}=\begin{pmatrix} a_{11} & a_{12} & a_{13} & a_{14} \\ a_{21} & a_{22} & a_{23} & a_{24} \\ a_{31} & a_{32} & a_{33} & a_{34} \\ a_{41} & a_{42} & a_{43} & a_{44} \end{pmatrix}=\begin{pmatrix} 0 & 1 & 0 & 1 \\ 1 & 0 & 0 & 1 \\ 0 & 1 & 0 & 1 \\ 1 & 0 & 1 & 0 \end{pmatrix}.
$$

(2) 没有直达航线的城市可经过其他城市中转实现通航.

$$
\boldsymbol{A}^2=\begin{pmatrix} a_{11}^{(2)} & a_{12}^{(2)} & a_{13}^{(2)} & a_{14}^{(2)} \\ a_{21}^{(2)} & a_{22}^{(2)} & a_{23}^{(2)} & a_{24}^{(2)} \\ a_{31}^{(2)} & a_{32}^{(2)} & a_{33}^{(2)} & a_{34}^{(2)} \\ a_{41}^{(2)} & a_{42}^{(2)} & a_{43}^{(2)} & a_{44}^{(2)} \end{pmatrix}=\begin{pmatrix} 2 & 0 & 1 & 1 \\ 1 & 1 & 1 & 1 \\ 2 & 0 & 1 & 1 \\ 0 & 2 & 0 & 2 \end{pmatrix},
$$

其中 $a_{ij}^{(2)}$ 表示从城市 i 到城市 j 中转一次经 2 次航行有几条线路. 因为 $a_{13}^{(2)}=1$,所以从城市 a 到城市 c 中转一次只有一条线路:$a\to d\to c$,$a_{31}^{(2)}=2$,说明从城市 c 到城市 a 中转一次有两条线路:$c\to d\to a$,$c\to b\to a$.

(3) 因为

$$
\boldsymbol{A}^3=\boldsymbol{A}^2\boldsymbol{A}=\begin{pmatrix} 2 & 0 & 1 & 1 \\ 1 & 1 & 1 & 1 \\ 2 & 0 & 1 & 1 \\ 0 & 2 & 0 & 2 \end{pmatrix}\begin{pmatrix} 0 & 1 & 0 & 1 \\ 1 & 0 & 0 & 1 \\ 0 & 1 & 0 & 1 \\ 1 & 0 & 1 & 0 \end{pmatrix}=\begin{pmatrix} 1 & 3 & 1 & 3 \\ 2 & 2 & 1 & 3 \\ 1 & 3 & 1 & 3 \\ 4 & 0 & 2 & 2 \end{pmatrix},
$$

所以从城市 b 出发经 3 次航行中转两次再回到城市 b 的线路有两条:

$$
b\to d\to a\to b,\quad b\to d\to c\to b.
$$

四、企业投入产出分析模型

某地区有三个重要产业:煤矿、发电厂和地方铁路. 开采一元钱的煤,煤矿要支付 0.25 元的电费及 0.25 元的运输费. 生产一元钱的电力,发电厂要支付 0.65 元的煤费、0.05 元的电费及 0.05 元的运输费. 创收一元钱的运输费,铁路要支付 0.55 元的煤费及 0.10 元的电费. 在某一周内,煤矿接到外地金额为 50000 元的订货,发电厂接到外地金额为 25000 元的订货,外界对地方铁路没有需求. 问三个企业在这一周内总产值多少才能满足自身及外界的需求?

解　设 x_1 为煤矿本周内的总产值,x_2 为电厂本周的总产值,x_3 为铁路本周内的总产值,则

$$
\begin{cases} x_1-(0\times x_1+0.65x_2+0.55x_3)=50000, \\ x_2-(0.25x_1+0.05x_2+0.10x_3)=25000, \\ x_3-(0.25x_1+0.05x_2+0\times x_3)=0, \end{cases} \tag{1}
$$

即

$$\begin{pmatrix} x_1 \\ x_2 \\ x_3 \end{pmatrix} - \begin{pmatrix} 0 & 0.65 & 0.55 \\ 0.25 & 0.05 & 0.10 \\ 0.25 & 0.05 & 0 \end{pmatrix} \begin{pmatrix} x_1 \\ x_2 \\ x_3 \end{pmatrix} = \begin{pmatrix} 50000 \\ 25000 \\ 0 \end{pmatrix}.$$

令

$$\boldsymbol{X} = \begin{pmatrix} x_1 \\ x_2 \\ x_3 \end{pmatrix}, \quad \boldsymbol{A} = \begin{pmatrix} 0 & 0.65 & 0.55 \\ 0.25 & 0.05 & 0.10 \\ 0.25 & 0.05 & 0 \end{pmatrix}, \quad \boldsymbol{Y} = \begin{pmatrix} 50000 \\ 25000 \\ 0 \end{pmatrix}.$$

其中,矩阵 $\boldsymbol{A}$ 称为直接消耗矩阵,$\boldsymbol{X}$ 称为产出向量,$\boldsymbol{Y}$ 称为需求向量,方程组(1)可写为

$$\boldsymbol{X} - \boldsymbol{AX} = \boldsymbol{Y},$$

即

$$(\boldsymbol{E} - \boldsymbol{A})\boldsymbol{X} = \boldsymbol{Y}, \tag{2}$$

其中矩阵 $\boldsymbol{E}$ 为单位矩阵,$\boldsymbol{E}-\boldsymbol{A}$ 称为列昂惕夫矩阵,列昂惕夫矩阵为非奇异矩阵.

设 $\boldsymbol{B} = (\boldsymbol{E} - \boldsymbol{A})^{-1} - \boldsymbol{E}, \boldsymbol{C} = \boldsymbol{A} \begin{pmatrix} x_1 & 0 & 0 \\ 0 & x_2 & 0 \\ 0 & 0 & x_3 \end{pmatrix}, \boldsymbol{D} = (1,1,1)\boldsymbol{C}$. 矩阵 $\boldsymbol{B}$ 称为完全消耗矩阵,它与矩阵 $\boldsymbol{A}$ 一起在各个部门之间的投入产出中起平衡作用. 矩阵 $\boldsymbol{C}$ 称为投入产出矩阵,它的元素表示煤矿、电厂、铁路之间的投入产出关系. 向量 $\boldsymbol{D}$ 称为总投入向量,它的元素是矩阵 $\boldsymbol{C}$ 的对应列元素之和,分别表示煤矿、电厂、铁路得到的总投入.

由矩阵 $\boldsymbol{C}$,向量 $\boldsymbol{Y}$,$\boldsymbol{X}$ 和 $\boldsymbol{D}$,可得投入产出分析表 1.

表 1　投入产出分析表　　单位:元

	煤矿	电厂	铁路	外界需求	总产出
煤矿	c_{11}	c_{12}	c_{13}	y_1	x_1
电厂	c_{21}	c_{22}	c_{23}	y_2	x_2
铁路	c_{31}	c_{32}	c_{33}	y_3	x_3
总投入	d_1	d_2	d_3		

按(2)式解方程组可得产出向量 $\boldsymbol{X}$,于是可计算矩阵 $\boldsymbol{C}$ 和向量 $\boldsymbol{D}$,计算结果如表 2.

表 2　投入产出计算结果　　单位:元

	煤矿	电厂	铁路	外界需求	总产出
煤矿	0	36505.96	15581.51	50000	102087.47
电厂	25521.87	2808.15	2833.00	25000	56163.02
铁路	25521.87	2808.15	0	0	28330.02
总投入	51043.74	42122.26	18414.51		

五、城市交通网络流量问题

对城市道路网中每条道路、每个交叉路口的车流量进行调查,是分析、评价及改善城市交通状况的基础. 根据实际车流量信息可以设计流量控制方案,必要时设置单行线或潮汐车道,以免车辆长时间拥堵.

某城市单行线如图 2 所示,其中的数字表示该路段每小时按箭头方向行驶的车流量(单位:辆),假设每条道路都是单行线,每个交叉路口进入和离开的车辆数目相等,建立确定每条道路流量的线性方程组.

(1) 为了唯一确定未知车流量,还需要增加哪几条道路的流量信息?

(2) 当 $x_4=150$ 时,确定 x_1,x_2,x_3 的值.

(3) 当 $x_4=50$ 时,单行线该如何改动才合理?

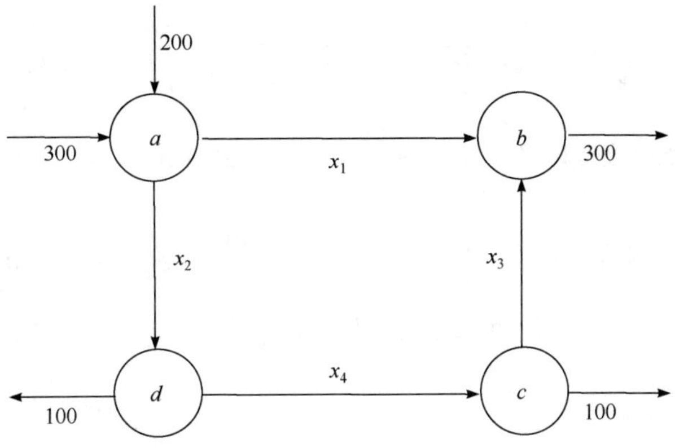

图 2

解　(1) 根据图 2 和问题假设,在 $abcd$ 这 4 个路口进出车辆数目分别满足

$$\begin{cases}300+200=x_1+x_2,\\ x_2=x_4+100,\\ x_1+x_3=300,\\ x_4=x_3+100.\end{cases}$$

对线性方程组的增广矩阵进行初等行变换化为行最简形矩阵,有

$$\overline{\boldsymbol{A}}=\begin{pmatrix}1&1&0&0&500\\0&1&0&-1&100\\1&0&1&0&300\\0&0&-1&1&100\end{pmatrix}\to\begin{pmatrix}1&0&0&1&400\\0&1&0&-1&100\\0&0&1&-1&-100\\0&0&0&0&0\end{pmatrix}.$$

由此可得

$$\begin{cases}x_1=400-x_4,\\x_2=100+x_4,\\x_3=-100+x_4.\end{cases}$$

由此可知,为了唯一确定未知车流量,只要增加 x_4 的流量信息即可.

(2) 当 $x_4=150$ 时,可确定 $x_1=250,x_2=250,x_3=50$.

(3) 当 $x_4=50$ 时,得 $x_1=350,x_2=150,x_3=-50<0$,这表明单行线 $c\to b$ 应该为 $b\to c$.

六、农村与都市人口的分布

设某一地区的总人口在若干年内保持相对稳定,每年该地区有 5%的农村人口流动到都市,有 3%的都市人口流动到农村. 目前该地区人口的 60%为农村人口,40%为都市人口. 试分析若干年后该地区农村与都市人口的分布情况.

解 构造一个人口流动矩阵 $\boldsymbol{A}=\begin{pmatrix}0.95&0.03\\0.05&0.97\end{pmatrix}$,表示人口流动状况. 用 $\begin{pmatrix}x_0\\y_0\end{pmatrix}=\begin{pmatrix}0.6\\0.4\end{pmatrix}$表示该地区的人口比例,则一年后农村和都市人口的比例可表示为 $\begin{pmatrix}x_1\\y_1\end{pmatrix}=\boldsymbol{A}\begin{pmatrix}x_0\\y_0\end{pmatrix}$,$n$ 年后的人口比例为 $\begin{pmatrix}x_n\\y_n\end{pmatrix}=\boldsymbol{A}^n\begin{pmatrix}x_0\\y_0\end{pmatrix}$. 显然,要求 n 年后的人口比例,关键是计算 $\boldsymbol{A}^n$. 当 n 较大时,$\boldsymbol{A}^n$ 的计算量相当大. 为此,可以通过对 $\boldsymbol{A}$ 进行对角化来处理.

通过计算,可得

$$\begin{aligned}\boldsymbol{A}&=\begin{pmatrix}-1&0.6\\1&1\end{pmatrix}\begin{pmatrix}0.92&0\\0&1\end{pmatrix}\begin{pmatrix}-1&0.6\\1&1\end{pmatrix}^{-1}\\&=\begin{pmatrix}-1&0.6\\1&1\end{pmatrix}\begin{pmatrix}0.92&0\\0&1\end{pmatrix}\begin{pmatrix}-0.625&0.375\\0.625&0.625\end{pmatrix},\end{aligned}$$

从而,

$$\begin{pmatrix}x_n\\y_n\end{pmatrix}=\begin{pmatrix}-1&0.6\\1&1\end{pmatrix}\begin{pmatrix}0.92^n&0\\0&1\end{pmatrix}\begin{pmatrix}-0.625&0.375\\0.625&0.625\end{pmatrix}\begin{pmatrix}x_0\\y_0\end{pmatrix}.$$

当 $n\to\infty$ 时，$\begin{pmatrix}x_n\\y_n\end{pmatrix}=(x_0+y_0)\begin{pmatrix}0.375\\0.625\end{pmatrix}$，即若干年后，该地区农村与都市人口的比例将稳定在 0.375∶0.625=3∶5.

七、动物数量的按年龄段预测问题

某农场饲养的某种动物所能达到的最大年龄为 15 岁，将其分成三个年龄组：第一组，0～5 岁；第二组，6～10 岁；第三组，11～15 岁. 动物从第二年龄组起开始繁殖后代，经过长期统计，第二组和第三组的繁殖率分别为 4 和 3. 第一年龄组和第二年龄组的动物能顺利进入下一个年龄组的存活率分别为 $\frac{1}{2}$ 和 $\frac{1}{4}$. 假设农场现有三个年龄段的动物各 1000 头，问 15 年后农场三个年龄段的动物各有多少头？

因年龄分组为 5 岁一段，故将时间周期也取为 5 年. 15 年后就经过了 3 个时间周期. 设 $x_i^{(k)}$ 表示第 k 个时间周期的第 i 组年龄阶段动物的数量($k=1,2,3$；$i=1,2,3$).

因为某一时间周期第二年龄组和第三年龄组动物的数量是上一时间周期上一年龄组存活下来动物的数量，所以有

$$x_2^{(k)}=\frac{1}{2}x_1^{(k-1)},\quad x_3^{(k)}=\frac{1}{4}x_2^{(k-1)}\quad (k=1,2,3).$$

又因为某一时间周期，第一年龄组动物的数量是上一时间周期各年龄组出生的动物的数量，所以有

$$x_1^{(k)}=4x_2^{(k-1)}+3x_3^{(k-1)}\quad (k=1,2,3).$$

于是我们得到递推关系式：

$$\begin{cases}x_1^{(k)}=4x_2^{(k-1)}+3x_3^{(k-1)},\\ x_2^{k}=\dfrac{1}{2}x_1^{(k-1)},\\ x_3^{(k)}=\dfrac{1}{4}x_2^{(k-1)}.\end{cases}$$

用矩阵表示为

$$\begin{pmatrix}x_1^{(k)}\\x_2^{(k)}\\x_3^{(k)}\end{pmatrix}=\begin{pmatrix}0&4&3\\\frac{1}{2}&0&0\\0&\frac{1}{4}&0\end{pmatrix}\begin{pmatrix}x_1^{(k-1)}\\x_2^{(k-1)}\\x_3^{(k-1)}\end{pmatrix}\quad (k=1,2,3),$$

则

$$\boldsymbol{x}^{(k)}=\boldsymbol{L}\boldsymbol{x}^{(k-1)}\quad (k=1,2,3),$$

其中

$$\boldsymbol{L}=\begin{pmatrix}0 & 4 & 3\\ \frac{1}{2} & 0 & 0\\ 0 & \frac{1}{4} & 0\end{pmatrix},\quad \boldsymbol{x}^{(0)}=\begin{pmatrix}1000\\1000\\1000\end{pmatrix},\quad \boldsymbol{x}^{(k)}=\begin{pmatrix}x_1^{(k)}\\x_2^{(k)}\\x_3^{(k)}\end{pmatrix}\quad (k=1,2,3),$$

则有

$$\boldsymbol{x}^{(1)}=\boldsymbol{L}\boldsymbol{x}^{(0)}=\begin{pmatrix}0 & 4 & 3\\ \frac{1}{2} & 0 & 0\\ 0 & \frac{1}{4} & 0\end{pmatrix}\begin{pmatrix}1000\\1000\\1000\end{pmatrix}=\begin{pmatrix}7000\\500\\250\end{pmatrix},$$

$$\boldsymbol{x}^{(2)}=\boldsymbol{L}\boldsymbol{x}^{(1)}=\begin{pmatrix}0 & 4 & 3\\ \frac{1}{2} & 0 & 0\\ 0 & \frac{1}{4} & 0\end{pmatrix}\begin{pmatrix}7000\\500\\250\end{pmatrix}=\begin{pmatrix}2750\\3500\\125\end{pmatrix},$$

$$\boldsymbol{x}^{(3)}=\boldsymbol{L}\boldsymbol{x}^{(2)}=\begin{pmatrix}0 & 4 & 3\\ \frac{1}{2} & 0 & 0\\ 0 & \frac{1}{4} & 0\end{pmatrix}\begin{pmatrix}2750\\3500\\125\end{pmatrix}=\begin{pmatrix}14375\\1375\\875\end{pmatrix}.$$

15 年后,农场饲养的动物总数将达到 16625 头,其中 0～5 岁的有 14375 头,占 86.47%;6～10 岁的有 1375 头,占 8.27%;11～15 岁的有 875 头,占 5.26%. 15 年间,动物总增长 16625−3000=13625 头,总增长率为 13625/3000=454.17%.

注 要知道很多年以后的情况,可通过研究 $\boldsymbol{x}^{(k)}=\boldsymbol{L}\boldsymbol{x}^{(k-1)}=\boldsymbol{L}^k\boldsymbol{x}^{(0)}$ 式中当 k 趋于无穷大时的极限状况得到.

一般地,我们将某种动物按相同的年限(比如 5 年)分成若干年龄组,同时假设各年龄段的雄性、雌性数量分布相同,这样就可以只考虑雌性数量. 动物数量随时间变化,一个时间周期的幅度使之对应于基本年龄组间距(如前面的 5 年),令 $x_i^{(k)}$ 是在时间周期 k 时第 i 个年龄组的(雌性)数量,$i=1,2,\cdots,n$. 用 1 表示最低年龄组,用 n 表示最高年龄组,这意味着不考虑更大年龄组动物数量的变化.

假如排除死亡的情形,那么在一个周期内第 i 个年龄组的成员将全部转移到第 $i+1$ 个年龄组. 但是,实际上必须考虑到死亡率,因此这一转移过程可由一存活系数所衰减. 于是,这一转移过程可由下述过程简单地描述

$$x_{i+1}^{(k)}=b_i x_i^{(k-1)}\quad (i=1,2,\cdots,n-1),$$

其中 b_i 是在第 i 个年龄组在一个周期的存活率，因子 b_i 可由统计资料确定.

唯一不能由上述过程确定的年龄组是 $x_1^{(k)}$，其中的成员是在后面的周期内出生的，它们是后面的周期内成员的后代，因此这个年龄组的成员取决于后面的周期内各组的出生率及其数量.

于是有方程

$$x_1^{(k)}=a_1x_1^{(k-1)}+a_2x_2^{(k-1)}+\cdots+a_nx_n^{(k-1)},$$

这里 $a_i(i=1,2,\cdots,n)$ 是第 i 个年龄组的出生率，它是由每个时间周期内，第 i 个年龄组的每一个成员的雌性后代的数量来表示的，通常可由统计资料来确定.

于是我们得到了单性别分组的动物数量模型，用矩阵表示便是

$$\begin{pmatrix} x_1^{(k)} \\ x_2^{(k)} \\ x_3^{(k)} \\ \vdots \\ x_n^{(k)} \end{pmatrix}=\begin{pmatrix} a_1 & a_2 & a_3 & \cdots & a_{n-1} & a_n \\ b_1 & 0 & 0 & \cdots & 0 & 0 \\ 0 & b_2 & 0 & \cdots & 0 & 0 \\ \vdots & \vdots & \vdots & & \vdots & \vdots \\ 0 & 0 & 0 & \cdots & b_{n-1} & 0 \end{pmatrix}\begin{pmatrix} x_1^{(k-1)} \\ x_2^{(k-1)} \\ x_3^{(k-1)} \\ \vdots \\ x_n^{(k-1)} \end{pmatrix}$$

或者简写成

$$\boldsymbol{x}^{(k)}=\boldsymbol{L}\boldsymbol{x}^{(k-1)}. \tag{1}$$

矩阵

$$\boldsymbol{L}=\begin{pmatrix} a_1 & a_2 & a_3 & \cdots & a_{n-1} & a_n \\ b_1 & 0 & 0 & \cdots & 0 & 0 \\ 0 & b_2 & 0 & \cdots & 0 & 0 \\ \vdots & \vdots & \vdots & & \vdots & \vdots \\ 0 & 0 & 0 & \cdots & b_{n-1} & 0 \end{pmatrix}$$

称为 Leslie(莱斯利)矩阵.

由(1)式递推可得

$$\boldsymbol{x}^{(k)}=\boldsymbol{L}\boldsymbol{x}^{(k-1)}=\boldsymbol{L}^k\boldsymbol{x}^{(0)},$$

这就是莱斯利模型.

八、常染色体遗传模型

为了揭示生命的奥秘，遗传学的研究已引起人们的广泛兴趣. 动植物在产生下一代的过程中，总是将自己的特征遗传给下一代，从而完成一种“生命的延续”.

在常染色体遗传中，后代从每个亲体的基因对中各继承一个基因，形成自己的基因对. 人类眼睛颜色即是通过常染色体控制的，其特征遗传由两个基因 A 和 a 控制. 基因对是 AA 和 Aa 的人，眼睛是棕色；基因对是 aa 的人，眼睛为蓝色. 由于

AA 和 Aa 都表示了同一外部特征,或认为基因 A 支配 a,也可认为基因 a 对于基因 A 来说是隐性的(或称 A 为显性基因,a 为隐性基因).

下面我们选取一个常染色体遗传——植物后代问题进行讨论.

某植物园中植物的基因型为 AA,Aa,aa. 人们计划用 AA 型植物与每种基因型植物相结合的方案培育植物后代. 经过若干年后,这种植物后代的三种基因型分布将出现什么情形?

解　我们假设 $a_n, b_n, c_n (n=0,1,2,\cdots)$ 分别代表第 n 代植物中,基因型为 AA,Aa 和 aa 的植物占植物总数的百分率,令 $\boldsymbol{x}^{(n)}=(a_n, b_n, c_n)^{\mathrm{T}}$ 为第 n 代植物的基因分布,$\boldsymbol{x}^{(0)}=(a_0, b_0, c_0)^{\mathrm{T}}$ 表示植物基因型的初始分布,显然,我们有

$$a_0+b_0+c_0=1. \tag{1}$$

先考虑第 n 代中的 AA 型,第 $n-1$ 代 AA 型与 AA 型相结合,后代全部是 AA 型;第 $n-1$ 代的 Aa 型与 AA 相结合,后代是 AA 型的可能性为 $\frac{1}{2}$;$n-1$ 代的 aa 型与 AA 型相结合,后代不可能是 AA 型. 因此,我们有

$$a_n=1\cdot a_{n-1}+\frac{1}{2}\cdot b_{n-1}+0\cdot c_{n-1}. \tag{2}$$

同理,我们有

$$b_n=\frac{1}{2}b_{n-1}+c_{n-1}, \tag{3}$$

$$c_n=0. \tag{4}$$

将(2),(3),(4)式相加,得

$$a_n+b_n+c_n=a_{n-1}+b_{n-1}+c_{n-1}. \tag{5}$$

将(5)式递推,并利用(1)式,易得

$$a_n+b_n+c_n=1.$$

我们利用矩阵表示(2),(3)及(4)式,即

$$\boldsymbol{x}^{(n)}=\boldsymbol{M}\boldsymbol{x}^{(n-1)}, \quad n=1,2,\cdots, \tag{6}$$

其中

$$\boldsymbol{M}=\begin{pmatrix} 1 & \frac{1}{2} & 0 \\ 0 & \frac{1}{2} & 1 \\ 0 & 0 & 0 \end{pmatrix}.$$

这样,(6)式递推得到

$$\boldsymbol{x}^{(n)}=\boldsymbol{M}\boldsymbol{x}^{(n-1)}=\boldsymbol{M}^2\boldsymbol{x}^{(n-2)}=\cdots=\boldsymbol{M}^n\boldsymbol{x}^{(0)}. \tag{7}$$

(7)式即为第 n 代基因分布与初始分布的关系. 下面,我们计算 $\boldsymbol{M}^n$.

对矩阵 $\boldsymbol{M}$ 作相似变换，我们可找到可逆矩阵 $\boldsymbol{P}$ 和对角阵 $\boldsymbol{D}$，使

$$\boldsymbol{M}=\boldsymbol{P}\boldsymbol{D}\boldsymbol{P}^{-1},$$

其中

$$\boldsymbol{D}=\begin{pmatrix}1&0&0\\0&\frac{1}{2}&0\\0&0&0\end{pmatrix},\quad \boldsymbol{P}=\boldsymbol{P}^{-1}=\begin{pmatrix}1&1&1\\0&-1&-2\\0&0&1\end{pmatrix}.$$

这样，经(7)得到

$$\begin{aligned}\boldsymbol{x}^{(n)}&=(\boldsymbol{P}\boldsymbol{D}\boldsymbol{P}^{-1})^n\boldsymbol{x}^{(0)}=\boldsymbol{P}\boldsymbol{D}^n\boldsymbol{P}^{-1}\boldsymbol{x}^{(0)}\\&=\begin{pmatrix}1&1&1\\0&-1&-2\\0&0&1\end{pmatrix}\begin{pmatrix}1&0&0\\0&\left(\frac{1}{2}\right)^n&0\\0&0&0\end{pmatrix}\begin{pmatrix}1&1&1\\0&-1&-2\\0&0&1\end{pmatrix}\begin{pmatrix}a_0\\b_0\\c_0\end{pmatrix}\\&=\begin{pmatrix}a_0+b_0+c_0-\frac{1}{2^n}b_0-\frac{1}{2^{n-1}}c_0\\\frac{1}{2^n}b_0+\frac{1}{2^{n-1}}c_0\\0\end{pmatrix}.\end{aligned}$$

最终有

$$\begin{cases}a_n=1-\frac{1}{2^n}b_0-\frac{1}{2^{n-1}}c_0,\\b_n=\frac{1}{2^n}b_0+\frac{1}{2^{n-1}}c_0,\\c_n=0.\end{cases}$$

显然，当 $n\to+\infty$ 时，由上述三式，得到

$$a_n\to1,\quad b_n\to0,\quad c_n\to0,$$

即在足够长的时间后，培育出的植物基本上呈现 AA 型.

通过本问题的讨论，可以对许多植物(动物)遗传分布有一个具体的了解，同时这个结果也验证了生物学中的一个重要结论：显性基因多次遗传后占主导因素，这也是称它为显性的原因.

九、捕食者与被捕食者系统问题

某森林中猫头鹰以鼠为食，用 O_n 表示该区域内猫头鹰的数量，M_n 表示鼠的

数量(单位:千只),其中 n 表示月数.假定猫头鹰与鼠的自然系统模型如下:

$$\begin{cases} O_{n+1}=0.5O_n+0.4M_n, \\ M_{n+1}=-pO_n+1.1M_n, \end{cases}$$

其中 p 是待定的正参数.第一个方程的 $0.5O_n$ 表示若没有鼠来做食物,每个月只有 50%的猫头鹰能存活,若鼠足够多,猫头鹰的数量将增加 $0.4M_n$;第二个方程的 $1.1M_n$ 表示若没有猫头鹰捕食,鼠的数量每个月增加 10%,$-pO_n$ 表示由于猫头鹰的捕食导致鼠的死亡数.

问题:(1)如何将该系统用数学式子表示出来?

(2) 当捕食参数 $p=0.125$ 时,该系统如何演化?

(3) 当捕食参数 $p=0.125$ 时,猫头鹰与鼠的数量随着时间如何变化?

解　(1) 用 $\boldsymbol{x}_n=\begin{bmatrix} O_n \\ M_n \end{bmatrix}$ 表示猫头鹰与鼠在时间 n 的数量,则系统可表示为 $\boldsymbol{x}_{n+1}=\boldsymbol{A}\boldsymbol{x}_n$,其中系数矩阵 $\boldsymbol{A}=\begin{pmatrix} 0.5 & 0.4 \\ -p & 1.1 \end{pmatrix}$,由 $\boldsymbol{x}_{n+1}=\boldsymbol{A}\boldsymbol{x}_n$,可推得 $\boldsymbol{x}_n=\boldsymbol{A}^n\boldsymbol{x}_0$,其中 $\boldsymbol{x}_0$ 为初始向量.

(2) 求 $\boldsymbol{x}_n$ 的关键在于计算 $\boldsymbol{A}^n$,需要利用矩阵的相似对角化来解决.当 $p=0.125$ 时,系数矩阵 $\boldsymbol{A}=\begin{pmatrix} 0.5 & 0.4 \\ -0.125 & 1.1 \end{pmatrix}$,求得 $\boldsymbol{A}$ 的特征值为 $\lambda_1=1,\lambda_2=0.6$,对应的特征向量分别为 $\boldsymbol{p}_1=\begin{pmatrix} 4 \\ 5 \end{pmatrix},\boldsymbol{p}_2=\begin{pmatrix} 4 \\ 1 \end{pmatrix}$.

为方便计算,设初始向量 $\boldsymbol{x}_0=c_1\boldsymbol{p}_1+c_2\boldsymbol{p}_2$.令 $\boldsymbol{P}=(\boldsymbol{p}_1,\boldsymbol{p}_2)=\begin{pmatrix} 4 & 4 \\ 5 & 1 \end{pmatrix}$,则 $\boldsymbol{P}^{-1}\boldsymbol{A}\boldsymbol{P}=\boldsymbol{D}=\begin{pmatrix} 1 & 0 \\ 0 & 0.6 \end{pmatrix}$.故 $\boldsymbol{A}=\boldsymbol{P}\boldsymbol{D}\boldsymbol{P}^{-1}$,因而

$$\begin{aligned} \boldsymbol{x}_n &=\boldsymbol{A}^n\boldsymbol{x}_0 \\ &=\boldsymbol{P}\boldsymbol{D}^n\boldsymbol{P}^{-1}\boldsymbol{x}_0=\begin{pmatrix} 4 & 4 \\ 5 & 1 \end{pmatrix}\begin{pmatrix} 1 & 0 \\ 0 & 0.6^n \end{pmatrix}\begin{pmatrix} 4 & 4 \\ 5 & 1 \end{pmatrix}^{-1}\boldsymbol{x}_0 \\ &=c_1\begin{pmatrix} 4 \\ 5 \end{pmatrix}+c_2\,0.6^n\begin{pmatrix} 4 \\ 1 \end{pmatrix}. \end{aligned}$$

(3) 假定 $c_1>0$,则对足够大的 n,0.6^n 趋近于 0,进而 $x_n=c_1\begin{pmatrix} 4 \\ 5 \end{pmatrix}$,即时间足够长时,每 4 只猫头鹰对应 5000 只鼠.

附录 2　线性代数 MATLAB 示例

MATLAB(Matrix Laboratory)是 MathWorks 公司出品的，目前国际上最流行、应用最广泛的科学与工程计算软件之一. 它是一个集数值计算、符号分析、图像显示、文字处理于一体的大型集成化软件. 它最初是由美国的 Cleve Moler 博士所编写的，其目的是为线性代数等课程中的矩阵计算提供一种方便可行的实验手段. 经过几十年的市场竞争和发展，MATLAB 已广泛应用于自动控制、生物医学工程、图像信号处理、统计分析、计算机技术、金融界和数学界等各行各业.

本书以 MATLAB 2020a 版本为基础进行编写.

1. 用 MATLAB 计算行列式

在 MATLAB 中，利用“det(A)”函数命令计算矩阵的行列式，其中 A 是数值矩阵或符号矩阵.

例 1　计算行列式：$\begin{vmatrix} -1 & 0 & 2 & -2 \\ 2 & 3 & 1 & -1 \\ 0 & -2 & 4 & 1 \\ 3 & 1 & 2 & -2 \end{vmatrix}$.

解

```
>> A= [-1 0 2 -2;2 3 1 -1;0 -2 4 1;3 1 2 -2]
A =
    -1   0   2  -2
     2   3   1  -1
     0  -2   4   1
     3   1   2  -2
>> det(A)
ans =
   95.0000
```

例 2　计算行列式：$\begin{vmatrix} x & y & y & y \\ y & x & y & y \\ y & y & x & y \\ y & y & y & x \end{vmatrix}$.

解

```
>> syms x y                                  % 生成符号变量
>> A= [x y y y;y x y y;y y x y;y y y x]
```

```
A =
[ x, y, y, y]
[ y, x, y, y]
[ y, y, x, y]
[ y, y, y, x]
>> det(A)
ans =
x^4 - 6* x^2* y^2 + 8* x* y^3 - 3* y^4
```

例 3　计算行列式：$\begin{vmatrix} a_{11} & a_{12} & a_{13} \\ a_{21} & a_{22} & a_{23} \\ a_{31} & a_{32} & a_{33} \end{vmatrix}$.

解

```
>> A= sym('a% d% d',[3,3])
A =
[ a11, a12, a13]
[ a21, a22, a23]
[ a31, a32, a33]
>> det(A)
ans =
a11* a22* a33 - a11* a23* a32 - a12* a21* a33 + a12* a23* a31 + a13
* a21* a32 - a13* a22* a31
```

2. MATLAB 中关于向量及向量组的有关操作

例 1　用不同命令生成向量.

解

```
>> a= [-1 2 5 4]                                % 括号生成命令
a =
   -1     2     5     4
>> b= 1:2:9                                     % 冒号生成命令
b =
    1     3     5     7     9
>> c= linspace(1,10,10)                         % 函数生成命令
c =
    1     2     3     4     5     6     7     8     9    10
```

例 2　设 $\boldsymbol{a}=\begin{pmatrix}-1\\0\\1\end{pmatrix},\boldsymbol{b}=\begin{pmatrix}2\\4\\6\end{pmatrix},\boldsymbol{c}=\begin{pmatrix}0\\2\\3\end{pmatrix}$,计算 $2\boldsymbol{a}+\boldsymbol{b}-3\boldsymbol{c}$.

解

```
>> a= [-1 0 1]';                                % ' 表示转置
>> b= [2 4 6]';
>> c= [0 2 3]';
>> 2* a+ b- 3* c                                % 数乘要加 * ,表示乘以
ans =
     0
    - 2
    - 1
```

例 3　判断向量组 $\boldsymbol{\alpha}_1=\begin{pmatrix}2\\3\\0\\7\end{pmatrix},\boldsymbol{\alpha}_2=\begin{pmatrix}-1\\-3\\1\\-4\end{pmatrix},\boldsymbol{\alpha}_3=\begin{pmatrix}5\\0\\15\\25\end{pmatrix}\boldsymbol{\alpha}_4=\begin{pmatrix}-1\\6\\-5\\-1\end{pmatrix}$的线性相关性,求它的一个极大线性无关组,并用其表示其余向量.

解

```
>> A= [2 3 0 7;-1 -3 1 -4;5 0 15 25;-1 6 -5 -1]'  % 由向量构成一个矩阵
A =
     2    -1     5    -1
     3    -3     0     6
     0     1    15    -5
     7    -4    25    -1
>> rank(A)                                      % 求向量组的秩
ans =
     3
>> B= rref(A)                                   % 计算行最简形
B =
     1     0     0    -3
     0     1     0    -5
     0     0     1     0
     0     0     0     0
```

由秩等于 3,说明向量组线性相关,由行最简形矩阵 $\boldsymbol{B}$ 可以看出,$\boldsymbol{\alpha}_1,\boldsymbol{\alpha}_2,\boldsymbol{\alpha}_3$ 是向量的一个极大线性无关组,并且 $\boldsymbol{\alpha}_4=-3\boldsymbol{\alpha}_1-5\boldsymbol{\alpha}_2+0\cdot\boldsymbol{\alpha}_3$.

在 MATLAB 中,可以利用"qr(A)"函数命令求向量组的一个标准正交向量组.

例 4　求向量组 $\boldsymbol{\alpha}_1=\begin{pmatrix}1\\0\\1\\0\end{pmatrix},\boldsymbol{\alpha}_2=\begin{pmatrix}0\\-1\\1\\-1\end{pmatrix},\boldsymbol{\alpha}_3=\begin{pmatrix}1\\1\\1\\1\end{pmatrix},\boldsymbol{\alpha}_4=\begin{pmatrix}0\\1\\0\\-1\end{pmatrix}$ 的一个标准正交向量组.

解

```
>>  A= [1 0 1 0;0 -1 1 -1;1 1 1 1;0 1 0 -1]'
A =
     1     0     1     0
     0    -1     1     1
     1     1     1     0
     0    -1     1    -1
>>  rank(A)                                    % 判断线性相关性
ans =
     4
>>  [Q,R]= qr(A)                                   % qr 分解
Q =
   -0.7071   -0.3162    0.6325   -0.0000
         0   -0.6325   -0.3162   -0.7071
   -0.7071    0.3162   -0.6325    0.0000
         0   -0.6325   -0.3162    0.7071
R =
   -1.4142   -0.7071   -1.4142         0
         0    1.5811   -1.2649         0
         0         0   -0.6325   - 0.0000
         0         0         0   -1.4142
>>  Q'* Q                           % 验证 Q 的各列向量标准正交
ans =
     1.0000   -0.0000    0.0000   -0.0000
    -0.0000    1.0000    0.0000    0.0000
     0.0000    0.0000    1.0000    0.0000
    -0.0000    0.0000    0.0000    1.0000
```

所以，$\boldsymbol{\beta}_1=\begin{pmatrix}-0.7071\\0\\-0.7071\\0\end{pmatrix}$，$\boldsymbol{\beta}_2=\begin{pmatrix}-0.3162\\-0.6325\\0.3162\\-0.6325\end{pmatrix}$，$\boldsymbol{\beta}_3=\begin{pmatrix}0.6325\\-0.3162\\-0.6325\\-0.3162\end{pmatrix}$，$\boldsymbol{\beta}_4=\begin{pmatrix}-0.0000\\-0.7071\\0.0000\\0.7071\end{pmatrix}$为向量组 $\boldsymbol{\alpha}_1,\boldsymbol{\alpha}_2,\boldsymbol{\alpha}_3,\boldsymbol{\alpha}_4$ 的一个标准正交向量组.

3. MATLAB 中关于矩阵的有关操作

MATLAB 以矩阵作为数据操作的基本单位，这使得矩阵运算变得非常简洁、高效. 下面通过实例来演示说明.

例 1　已知 $\boldsymbol{A}=\begin{pmatrix}1&2&0\\-1&3&4\end{pmatrix}$，$\boldsymbol{B}=\begin{pmatrix}-1&0&2\\2&1&3\end{pmatrix}$，求 $\boldsymbol{A}+\boldsymbol{B}$，$2\boldsymbol{A}-3\boldsymbol{B}$.

解

```
>> A= [1 2 0;-1 3 4],B= [-1 0 2;2 1 3]
A =
     1     2     0
    -1     3     4
B =
    -1     0     2
     2     1     3
>> A+ B
ans =
     0     2     2
     1     4     7
>> 2* A- 3* B
ans =
     5     4    -6
    -8     3    -1
```

例 2　已知 $\boldsymbol{A}=\begin{pmatrix}1&2&0\\-1&3&4\end{pmatrix}$，$\boldsymbol{B}=\begin{pmatrix}1&0&-1\\-2&2&4\\1&3&0\end{pmatrix}$，求 $\boldsymbol{AB}$ 和 $\boldsymbol{B}^2$.

解

```
>> A= [1 2 0;- 1 3 4];
```

```
>> B= [1 0 - 1;- 2 2 4;1 3 0];
>> A* B
ans =
   -3     4     7
   -3    18    13
>> B* B
ans =
    0    -3    -1
   -2    16    10
   -5     6    11
>> B^2
ans =
    0    -3    -1
   -2    16    10
   -5     6    11
```

例 3　已知 $\boldsymbol{A}=\begin{pmatrix}1 & 2 & 0\\-1 & 3 & 4\end{pmatrix}$,求 $\boldsymbol{A}^{\mathrm{T}}$.

解

```
>> A= [1 2 0;-1 3 4];
>> A'                              % 注意'(共轭转置)与.'(仅转置)的区别
ans =
    1    -1
    2     3
    0     4
```

例 4　设 $\boldsymbol{A}$ 为三阶魔方阵,验证 $\boldsymbol{A}$ 是否可逆,若可逆求 $\boldsymbol{A}^{-1}$.

解

```
>> A= magic(3)
A =
    8     1     6
    3     5     7
    4     9     2
>> det(A)                              % 验证A是否可逆
ans =
  -360
>> B= inv(A)                                  % 求矩阵的逆
```

```
B =
    0.1472   -0.1444    0.0639
   -0.0611    0.0222    0.1056
   -0.0194    0.1889   -0.1028
>>  A* B                                  %  验证 B 是否为 A 的逆
ans =
    1.0000         0  - 0.0000
  - 0.0000    1.0000         0
    0.0000         0    1.0000
```

例 5　计算矩阵 $\boldsymbol{A}=\begin{pmatrix}2&-1&5&-1\\3&-3&0&6\\0&1&15&-5\end{pmatrix}$ 的秩,并求其行最简形矩阵.

解

```
>>  A= [2 -1 5 -1;3 -3 0 6;0 1 15 -5];
>>  rank(A)                               %  求秩
ans =
     3
>>  rref(A)                               %  化行最简形
ans =
     1     0     0    -3
     0     1     0    -5
     0     0     1     0
```

4. 用 MATLAB 求解线性方程组

在 MATLAB 中,可以利用函数命令“null(A)”求齐次线性方程组 $\boldsymbol{AX}=\boldsymbol{0}$ 的一个基础解系. 其中 $\boldsymbol{A}$ 可以是数值矩阵,也可以是符号矩阵. 如果 $\boldsymbol{A}$ 是数值矩阵,则返回的基础解系是标准正交的.

例 1　求齐次线性方程组 $\begin{cases}x_1+x_2-3x_3-x_4=0,\\3x_1-x_2-3x_3+4x_4=0,\\x_1+5x_2-9x_3-8x_4=0\end{cases}$ 的一个基础解系并写出其通解.

解

```
>>  A= [1 1 -3 -1;3 -1 -3 4;1 5 -9 -8]         %  构造系数矩阵
A =
     1     1    -3    -1
```

```
     3    -1    -3     4
     1     5    -9    -8
>> A1= sym(A)                          % 将非符号对象转化为符号对象
A1 =
[ 1,1,-3,-1]
[ 3,-1,-3,4]
[ 1,5,-9,-8]
>> null(A1)                            % 求基础解系
ans =
[ 3/2,- 3/4]
[ 3/2,7/4]
[   1,0]
[   0,1]
```

于是,基础解系为 $\boldsymbol{\xi}_1=\begin{pmatrix}\frac{3}{2}\\ \frac{3}{2}\\ 1\\ 0\end{pmatrix}$, $\boldsymbol{\xi}_2=\begin{pmatrix}-\frac{3}{4}\\ \frac{7}{4}\\ 0\\ 1\end{pmatrix}$,方程组的通解为 $\boldsymbol{X}=k_1\boldsymbol{\xi}_1+k_2\boldsymbol{\xi}_2$ (k_1,k_2 为任意常数).

例 2 求非齐次线性方程组 $\begin{cases}x_1+x_2-3x_3-x_4=1,\\ 3x_1-x_2-3x_3+4x_4=4,\\ x_1+5x_2-9x_3-8x_4=0\end{cases}$ 的一个基础解系,并写出其通解.

解

```
>> A= [1 1 -3 -1;3 -1 -3 4;1 5 -9 -8];
A =
     1     1    -3    -1
     3    -1    -3     4
     1     5    -9    -8
>> b= [1;4;0];
>> B= [A b]                           % 构造增广矩阵
B =
     1     1    -3    -1     1
     3    -1    -3     4     4
```

```
    1     5    -9    -8     0
>>  r= [rank(A),rank(B)]                 % 判断解的情况
r =
    2     2
>>  format rat                           % 调整数值显示格式为分数显示
>>  rref(B)
ans =
       1          0          - 3/2         3/4          5/4
       0          1          - 3/2       - 7/4        - 1/4
       0          0            0           0            0
```

由此得同解方程组 $\begin{cases} x_1=\dfrac{5}{4}+\dfrac{3}{2}x_3-\dfrac{3}{4}x_4, \\ x_2=-\dfrac{1}{4}+\dfrac{3}{2}x_3+\dfrac{7}{4}x_4, \end{cases}$ 记 $\boldsymbol{\xi}_1=\begin{pmatrix} \dfrac{3}{2} \\ \dfrac{3}{2} \\ 1 \\ 0 \end{pmatrix}$，$\boldsymbol{\xi}_2=\begin{pmatrix} -\dfrac{3}{4} \\ \dfrac{7}{4} \\ 0 \\ 1 \end{pmatrix}$，$\boldsymbol{\eta}=\begin{pmatrix} \dfrac{5}{4} \\ -\dfrac{1}{4} \\ 0 \\ 0 \end{pmatrix}$，所以通解为 $\boldsymbol{X}=\boldsymbol{\eta}+k_1\boldsymbol{\xi}_1+k_2\boldsymbol{\xi}_2$（$k_1$，$k_2$ 为任意常数）.

例 3　求非齐次线性方程组 $\begin{cases} -x_1+2x_2-2x_3=1, \\ x_1+x_2-2x_3=1, \\ x_1+2x_2-x_3=2 \end{cases}$ 的解.

解

```
>>  A= [-1 2 -2;1 1 -2;1 2 -1];
>>  b= [1;1;2];
>>  B= [A,b];
>>  r= [rank(A),rank(B)]                    % 判断解的情况
    r =
      3             3
>>  format rat
>>  x= inv(A)* b
x =
```

```
      3/7
      6/7
      1/7
>> A* x                                        % 验证结果是否正确
ans =
      1
      1
      2
```

于是，$x_1=\frac{3}{7}, x_2=\frac{6}{7}, x_3=\frac{1}{7}$.

5. 用 MATLAB 求矩阵的特征值与特征向量及对角化问题

在 MATLAB 中，可以利用函数命令“eig(A)”求 $\boldsymbol{A}$ 的特征值与特征向量.

例 1　求矩阵 $\boldsymbol{A}=\begin{pmatrix}-1 & 1 & 0\\ -4 & 3 & 0\\ 1 & 0 & 2\end{pmatrix}$ 的特征多项式、特征值与特征向量.

解

```
>> A= [-1 1 0;-4 3 0;1 0 2];
>> A1= sym(A)
A1 =
[ -1,1,0]
[ -4,3,0]
[1,0,2]
>> p= charpoly(A1)                         % 求矩阵的特征多项式
p =
[1, -4, 5, -2]
>> [V,D]= eig(A1)                          % V 为特征向量矩阵,D 为特征值矩阵
V =
[0, -1]
[0, -2]
[1,  1]
D =
[2, 0, 0]
[0, 1, 0]
[0, 0, 1]
```

```
>> roots(p)                    % 验证:特征多项式的根就是矩阵的特征值
ans =
      1
      1
      2
```

于是,矩阵的特征多项式为 $f(\lambda)=\lambda^3-4\lambda^2+5\lambda-2$;当 $\lambda_1=2$ 时,对应的特征向量为 $k_1\begin{pmatrix}0\\0\\1\end{pmatrix}$,$k_1\neq0$;当 $\lambda_2=\lambda_3=1$ 时,对应的特征向量为 $k_2\begin{pmatrix}-1\\-2\\1\end{pmatrix}$,$k_2\neq0$.

例 2　判断矩阵 $\boldsymbol{A}=\begin{pmatrix}3&0&2\\0&-1&0\\1&0&2\end{pmatrix}$ 能否对角化,若能,求相似因子 $\boldsymbol{P}$ 及对角阵 $\boldsymbol{D}$.

解

```
>> A= [3 0 2;0 -1 0;1 0 2];
>> A1= sym(A)
A1 =
[3,  0,  2]
[0,  -1,  0]
[1,  0,  2]
>> [V,D]= eig(A1)
V =
[ -1, 2, 0]
[  0, 0, 1]
[  1, 1, 0]
D =
[ 1, 0,  0]
[ 0, 4,  0]
[ 0, 0, -1]
>> inv(V)* A* V                    % 验证结果的正确性
ans =
[ 1, 0,  0]
[ 0, 4,  0]
[ 0, 0, -1]
```

因为 $\boldsymbol{V}$ 中列向量的个数等于特征值的个数,所以矩阵 $\boldsymbol{A}$ 能相似对角化,可得

$$\boldsymbol{P}=\begin{pmatrix}-1 & 2 & 0\\ 0 & 0 & 1\\ 1 & 1 & 0\end{pmatrix},\quad \boldsymbol{D}=\begin{pmatrix}1 & 0 & 0\\ 0 & 4 & 0\\ 0 & 0 & -1\end{pmatrix}.$$

例 3　设矩阵 $\boldsymbol{A}=\begin{pmatrix}2 & -2 & 0\\ -2 & 1 & -2\\ 0 & -2 & 0\end{pmatrix}$,求正交阵 $\boldsymbol{P}$ 及对角阵 $\boldsymbol{D}$,使得 $\boldsymbol{P}^{\mathrm{T}}\boldsymbol{A}\boldsymbol{P}=\boldsymbol{D}$.

解

```
>> A= [2 -2 0;-2 1 -2;0 -2 0];
>> A1= sym(A)
A1 =
[2, -2,  0]
[-2,  1, -2]
[0, -2,  0]
>> [V,D]= eig(A1)
V =
[-1, 1/2,  2]
[-1/2,  1, -2]
[1,   1,  1]
D =
[1,  0, 0]
[0, -2, 0]
[0,  0, 4]
>> V'* V                                    % 验证 V 的各列是否标准正交
ans =
[9/4,   0, 0]
[0, 9/4, 0]
[0,   0, 9]
>> p= V./sqrt(sum(V'* V))                        % 对 V 的每一列单位化
p =
[-2/3, 1/3,  2/3]
[-1/3, 2/3, -2/3]
[2/3, 2/3,  1/3]
>> p'* A1* p                                  % 验证结果的正确性
ans =
```

```
[1,  0, 0]
[0, -2, 0]
[0,  0, 4]
```

于是,正交阵 $\boldsymbol{P}=\begin{pmatrix}-\frac{2}{3} & \frac{1}{3} & \frac{2}{3}\\ -\frac{1}{3} & \frac{2}{3} & -\frac{2}{3}\\ \frac{2}{3} & \frac{2}{3} & \frac{1}{3}\end{pmatrix}$,$\boldsymbol{D}=\begin{pmatrix}1 & 0 & 0\\ 0 & -2 & 0\\ 0 & 0 & 4\end{pmatrix}$.

```
>> A= [2 -2 0;-2 1 -2;0 -2 0];
>> [V,D]= eig(A)
V =
      -1/3          2/3          -2/3
      -2/3          1/3           2/3
      -2/3         -2/3          -1/3
D =
      -2            0            0
       0            1            0
       0            0            4
```

6. 用 MATLAB 化二次型为标准形以及正定二次型的判定

在 MATLAB 中,可以利用函数命令"eig(A)"求一个正交阵,进而通过正交变换法,化二次型为标准形.对于二次型正定性的判定,可用函数命令"eig(A)"求出二次型矩阵 **A** 的所有特征值,然后进行进一步的判断.

例 1　化三元二次型 $f=2x_1^2+x_2^2-4x_1x_2-4x_2x_3$ 为标准形.

解

```
>> format rat
>> A= [2 -2 0;-2 1 -2;0 -2 0];
>> [P,D]= eig(A)                              % A 为数值矩阵
P =
      -1/3          2/3          -2/3
      -2/3          1/3           2/3
      -2/3         -2/3          -1/3
D =
      -2            0            0
```

```
     0                 1                 0
     0                 0                 4
```

$\boldsymbol{P}$ 就是所求的正交矩阵,通过正交变换 $\boldsymbol{x}=\boldsymbol{P}\boldsymbol{y}$,化 f 为标准形:

$$f=-2y_1^2+y_2^2+4y_3^2.$$

例 2　判断三元二次型 $f=2x_1^2+3x_2^2+3x_3^2+4x_2x_3$ 是否正定.

解

```
>> A=[2 0 0;0 3 2;0 2 3];
>> D=eig(A)

D =
     1.0000
     2.0000
     5.0000
```

因为特征值都大于 0,所以此二次型为正定二次型.